Hannes Hofer

Der Kleine Hufschmied von Meisterhand

Hannes Hofer

Der Kleine Hufschmied

von Meisterhand

VERLAG BERGER

Impressum
© Hannes Hofer, 2021
Verlag Berger Horn/Wien
www.verlag-berger.at
Lektorat: Mag. Margot Bacher
Layout: Jana Große
Titelfoto: Kathrin Werth
Druck: Ferdinand Berger & Söhne GmbH, 3580 Horn
2. unv. Auflage 2025
ISBN 978-3-85028-963-4

Inhalt

Die genaue Hufkorrektur

WERKMAN BLACK

Wie werde ich erfolgreich

DER GENAUE HUFBESCHLAG

Barhuf und Kunststoff

Schmieden von Hufeisen

Kranke Hufe in Kurzform – Beschreibung, Ursache, Prognose, Korrektur, Beschlag

Ein Praxisbuch für alle, die weiter lernen wollen ...

HANNES HOFER
Hufschmied, Schmiedemeister, Prüfer bei Hufbeschlagsprüfungen und Berufsschullehrer für Hufschmiede

Der Hufschmied

Der genaue Hufbeschlag

Hufkrankheiten und Unregelmäßigkeiten

Über mich

Ich habe bei meinem Vater gelernt und war wenig talentiert. Da nützt es auch nichts, wenn ich nun schon die

5. Generation Hufschmied in unserer Familie bin. Mein Vater war ein fantastischer Schmied, doch sein Können weiterzugeben, gehörte nicht zu seinen Stärken. So waren Hufe aufhalten und die einfachen Arbeiten am Pferd an der Tagesordnung meiner Lehrzeit. Ein Reitstallbesitzer bezeichnete mich eines Tages als ewigen Lehrling. Ein sehr bekannter Reitlehrer sagte: Du wirst nie ein guter Hufschmied. Zu dieser Zeit hat mich das sehr getroffen. Auf der anderen Seite wurde ich dadurch wachgerüttelt und versuchte immer besser zu werden.

„Ein Meister ist ein Lehrling, der nie aufgehört hat zu lernen."

Schon bald, als junger Hufschmied und Schmiedemeister, wurde ich als Prüfer zu Hufbeschlags-Prüfungen eingeladen. Diese Gelegenheit nutzte ich, um meine immer mehr werdenden Fragen um den Hufbeschlag, den Lehrschmieden und anderen anwesenden Meistern zu stellen. Meine Tätigkeit als Prüfer inspirierte mich zusätzlich, mich weiterzubilden. Bei einer Prüfung stellte ich einem Kandidaten die Frage über die Besonderheiten eines Western-Beschlages. Mit dem Wissen, dass er mit seinem Chef viele Westernpferde beschlägt. Ich hatte jedoch selber keine Ahnung darüber ... Daher war ich garantiert nervöser als der Prüfling und beschloss anschließend, mich in Zukunft vorher zu informieren ...

Erst viele Jahre später nahm ich an meinem ersten Hufschmiedewettbewerb teil. Zu

Beginn nur, um zu beweisen, dass ich nicht nur prüfen, sondern auch selber ein Hufeisen schmieden kann. Meine anfangs negative Einstellung zu diesen Bewerben hat sich völlig gewandelt. Ein Hufeisen perfekt anzupassen, in die Balance zu bringen, effizientes Arbeiten und die genaue Hufkorrektur, die in unserem Land noch immer weitgehend unbekannt ist, habe ich dort gelernt. Die Teilnahme an Wettbewerben erleichtert und verbessert die tägliche Arbeit.

Nach wie vor lerne ich, bin motiviert, habe Spaß und versuche, mein kleines Wissen weiterzugeben.

Hannes

Über dieses Buch

TITEL

Der kleine Hufschmied bezieht sich auf den Inhalt und meine Einstellung zum Lernen und Weiterlernen. Dieses Buch ist lange nicht vollständig und füllt nur einen kleinen Teil aus. Manche Bereiche sind nur kurz und übersichtlich dargestellt, da es darüber ohnehin gute Fachliteratur gibt. Es ist ein 100%iges Praxisbuch mit wenig Theorie. Der Titel sagt weiters: Obwohl ich erst einen kleinen Teil weiß, bin ich stolz auf mein Können und Wissen! Dieses Buch ist vollständig von mir geschrieben und zeigt meine Erfahrungen und meine Ideologie.

INHALT

Schwerpunkte sind die genaue Hufkorrektur und der genaue Beschlag. Grant Moon hat mich in die genaue Hufkorrektur eingeführt und seitdem bin ich fasziniert. Das Schmieden und Umrichten ist ein ebenso großes Kapitel. Die wichtigsten Hufkrankheiten und unsere Korrekturmöglichkeiten werden übersichtlich in Kurzform dargestellt. Themen wie Hufrehe oder Fohlenkorrektur wären alleine buchfüllend ... Ich habe viel zum Thema Barhufkorrektur und Korrekturmöglichkeiten einfließen lassen. Ganz wichtig ist mir alles um unseren wunderbaren Beruf herum, um sich im Markt erfolgreich durchzusetzen und um die Qualität des schönsten Handwerkes der Welt anzuheben. Von der Leidenschaft zur Rhetorik, bis hin zur Ganganalyse mit Werkman Black.

FÜR WEN

Für alle, die lernen wollen, wie ich auch. Für alle, die nachschlagen wollen und andere Möglichkeiten und Ideen suchen. Für alle, denen das Wohl der Pferde wichtig ist. Für alle Berufsgruppen, die sich mit dem Gang des Pferdes und den Hufen auseinandersetzen. Für ein erfolgreiches Berufsleben.

WARUM

Weil ich meine Erfahrungen teilen möchte und meinem Beruf, von dem ich so viel Positives bekommen habe, etwas zurückgeben will. Weil ich weiter lernen will und deshalb mich auf konstruktive Kritik und Anregungen freue. Dieses Buch ist selbst finanziert. Es wird von keiner Firma gesponsert. Alle verwendeten Materialien und Werkzeuge verwende ich bei meiner täglichen Arbeit. Ich habe jeden Satz selbst geschrieben und auch die meisten Fotos während der letzten zwei Jahre selbst gemacht.

GENDERN

Ich behandle Menschen gleich und habe Respekt vor jedem. Wertigkeit und Gleichbehandlung muss gelebt werden! Aus Gründen der besseren Lesbarkeit wird bei Personenbezeichnungen und personenbezogenen Hauptwörtern die männliche Form verwendet. Entsprechende Begriffe gelten im Sinne der Gleichbehandlung grundsätzlich für alle Geschlechter.

Kleine Geschichte für Lehrlinge

Eines Tages kam ein junger Mann in ein Shaolin-Kloster und bat um Aufnahme, um die Künste der Shaolin-Mönche zu erlernen. Er war voller Tatendrang und Energie. Schließlich hatte er sich Jahre auf diesen großen Moment vorbereitet. Der Großmeister fragte ihn: Was kannst du schon alles? Darauf erzählte der junge Mann stolz von den vielen Dingen, die er bereits konnte. Der Meister hörte ihm zu und sagte: Es tut mir leid. Wir können dich nicht aufnehmen. Du bist bei uns falsch. Denn wenn du schon alles kannst, können wir dir nichts mehr lernen …

Mein ehemaliger Lehrling Lukas Juster, hier bei den Werkman Spring Games, nahm schon zweimal bei Europameisterschaften teil

Für Lehrherren

„Du musst deinen Lehrling so ausbilden, dass er besser wird, als du es bist. Ansonsten hast du versagt. Nur wenn die Lehrlinge besser als der Chef werden, kann sich die Evolution fortsetzen.“

(GRANT MOON)

Die kleine Formel zu einem erfolgreichen Hufschmied

(Nach einer Idee der 7 Farrier Skills, Butler)

KÖNNEN
Am Pferd und am Amboss

KOPF
Wissen und Anatomie

KOMMUNIKATION
Mit Pferden, Kunden und Kollegen

KÖRPER
Halte deinen Body scharf

KALKULATION
Kaufmännisches Wissen

MAL
Kontinuität

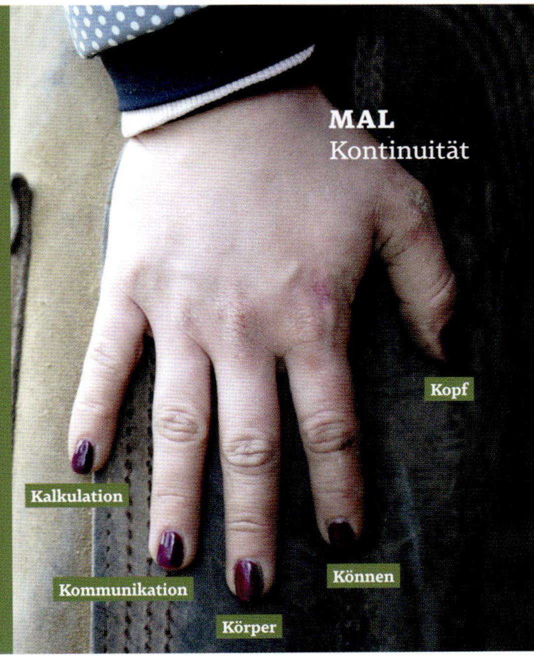

Dora Visnjevski bei der Arbeit

Jeder erfolgreiche Hufschmied erfüllt diese Formel, obwohl jeder einzelne seine Stärken und Schwächen vorweist. Jedes K ist unerlässlich und wir müssen unsere Schwachstellen stärken.

Ohne KÖNNEN werden wir nicht erfolgreich sein. Wissen im KOPF ist absolut notwendig. KOMMUNIKATION mit dem Pferd, anstatt gegen das Pferd kämpfen. Kundenkommunikation, fachliche Erklärungen, pünktliche Termine und Vertrauen sind Eckpunkte unserer Arbeit. Positiv über und mit Kollegen sprechen zeigt Größe. Der KÖRPER ist neben dem Kopf unser wichtigstes Werkzeug. Wir müssen ihn trainieren, um den Anforderungen über Jahre hindurch gerecht zu werden. Tja, ewig bückt sich der Hufschmied … KALKULATION und wirtschaftliches Denken wird unterschätzt. Bei einem Fachbuch zahlst du nicht das Papier, sondern den Inhalt und das Know-how. Bei unserer Arbeit sollte das genau so sein.

Die KONTINUITÄT in allen fünf K's ist der Schlüssel. Eine Fortbildung, einmal nett sein zum Pferd, einmal Fitness Center, ein teurer Beschlag ist höchstens ein Beginn. Wer ständig an sich arbeitet, wird auf Dauer erfolgreich sein.

Der Huf

Teile des Hufes

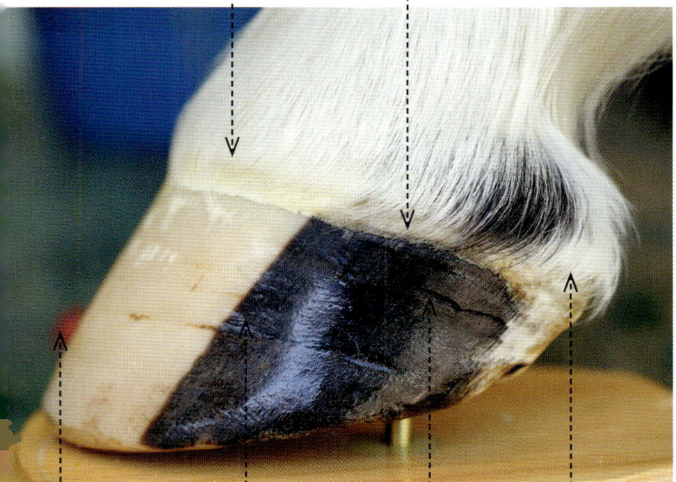

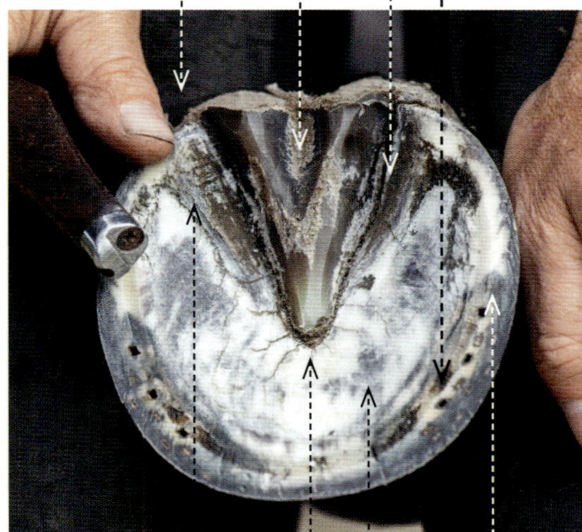

(Foto: Kathrin Mautner)

Der Huf besteht aus verschiedenen Hornarten und Schichten.

Harthorn: Röhrchenhorn

Weichhorn: aus elastischem Röhrchenhorn

Blättchenhorn: innen an der Hornwand als Verbindungsschicht

Deck- oder Glasurschicht: Durchsichtige glatte dünne Schicht auf der Hornwand. Schutzschicht vor Umwelteinflüssen und Regelung des Wassergehaltes des Hufes. Sie ist aufgrund des Abriebs auf Sandböden und Hufbearbeitung nur mehr selten vorhanden.

Indifferente Linie: Verbindungslinie zwischen dem weitesten Punkt am Kronrand mit dem weitesten Punkt am Tragrand. Hinter dieser Linie sollen keine Nägel genagelt werden.

Unter der Hornkapsel befindet sich die Matrix oder Huflederhaut. Sie bildet das Horn.

Die weiße Linie reicht vom Tragrand bis zur Huflederhaut (Sohlendicke).

Die Aufgabe des Hufes: dämpfen, tasten, schützen, Blutzirkulation, Kraftübertragung.

Knochen

Röhrbein: Ein langer Röhrenknochen vom Vorderfußwurzelgelenk bis zum Fesselgelenk.

Griffelbeine: Zwei längliche Knochen hinten am Röhrbein, einer innen, der andere außen. Sie sind ein Überbleibsel der Evolution und haben am oberen Ende ein Griffelbeinköpfchen und am unteren Ende ein Griffelbeinknöpfchen.

Gleichbeine: Sie liegen hinten am Fesselgelenk an. Von oben setzt der Fesselträger an, nach unten verbinden die Gleichbeinbänder die Knochen mit Kronbein und Fesselbein. Die Gleichbeine gehören zum Fesseltrageapparat.

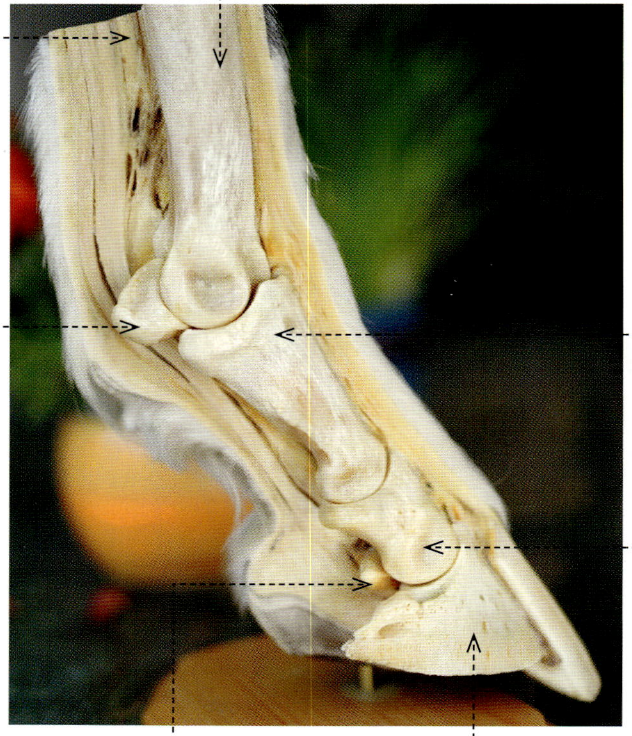

Fesselbein P1: Der oberste Zehenknochen mit der oberen Gelenkfläche zum Röhrbein und der unteren zum Kronbein.

Kronbein P2: Der mittlere würfelförmige Zehenknochen mit der oberen Gelenksfläche zum Fesselbein, der unteren Gelenksfläche zum Hufbein und Strahlbein ins Hufgelenk, und der Lehne für den Ansatz der oberflächlichen Beugesehne.

Strahlbein: Ein schiffchenförmiger Knochen, der hinten als Teil des Hufgelenks an Kron und Hufbein anliegt. Das Strahlbein dient als Umlenkrolle für die tiefe Beugesehne und ist das Zentrum der Hufrolle.

Hufbein P3: Der unterste Zehenknochen in der Hornkapsel mit einer Wandfläche, Sohlenfläche, Gelenksfläche zu Kron und Strahlbein, zwei Hufbeinäste nach hinten und der Hufbeinkappe oben an der Wandfläche.

Gelenke

Fesselgelenk: Scharniergelenk zwischen Röhrbein und Fesselbein
Krongelenk: Sattelgelenk zwischen Fesselbein und Kronbein
Hufgelenk: Sattelgelenk zwischen Kronbein und Hufbein/Strahlbein

Hufbein

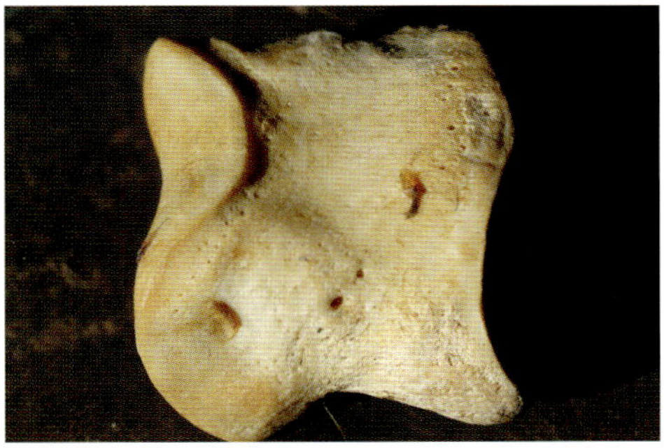
Kronbein

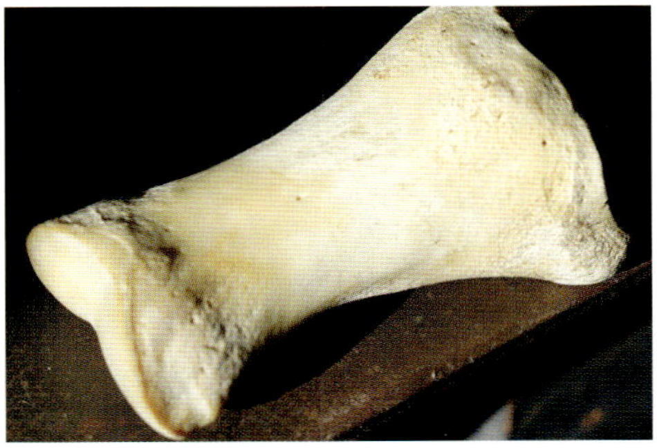
Fesselbein

Strahlbein

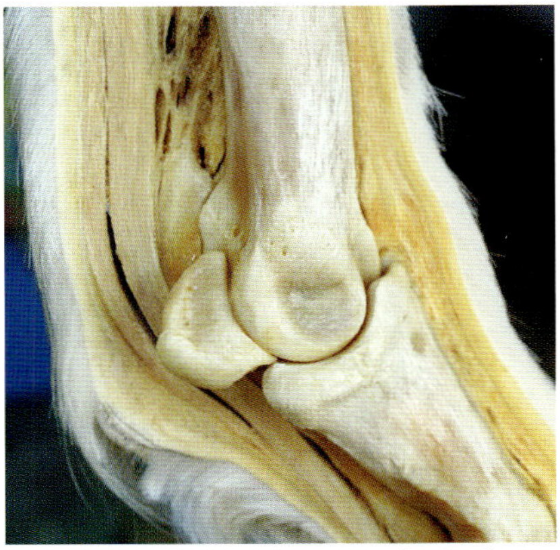
Gleichbeine hinter dem Fesselgelenk

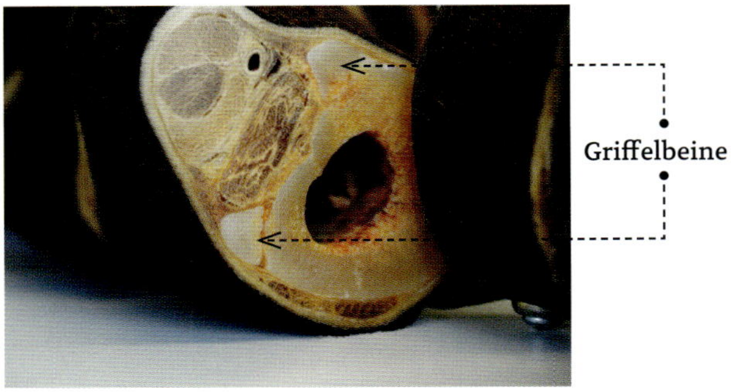

Schnitt durch das Röhrbein mit den 2 Griffelbeinen außen und innen
(Präparat Vetmeduni Vienna)

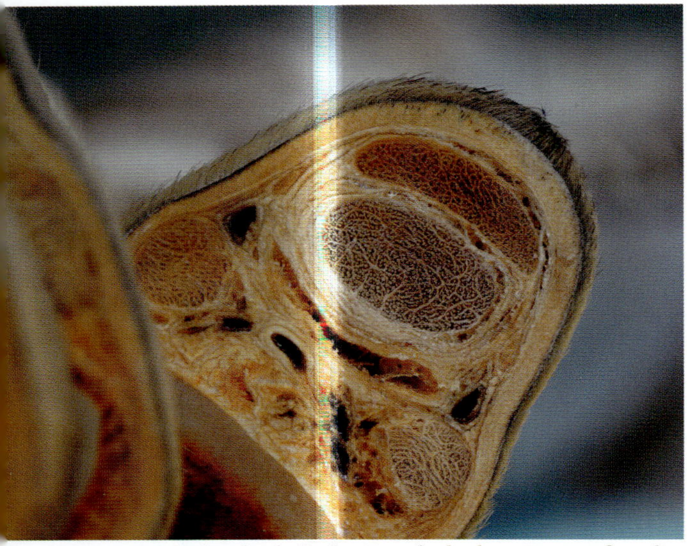

Schnitt oberhalb des Fesselgelenkes. Ganz außen die OBS, die ovale TBS in der Mitte, der bereits geteilte Fesselträger mit dem inneren und äußeren Schenkel und ein kleiner Teil des Röhrbeines.
(Präparat Vetmeduni Vienna)

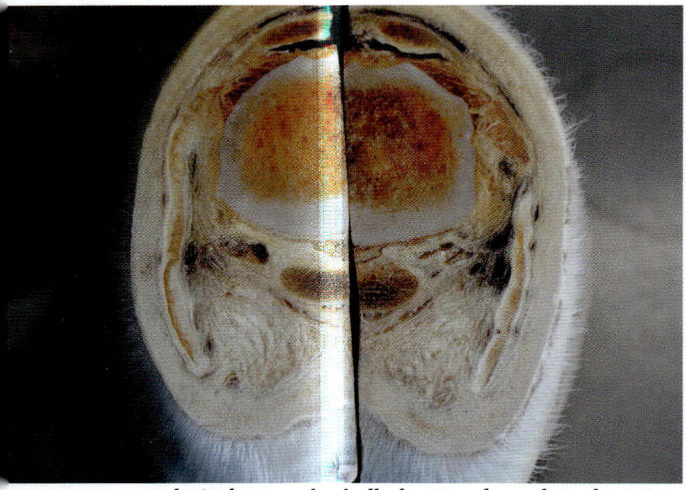

Schnitt knapp oberhalb der Hornkapsel. In der Mitte das Kronbein, davor die Strecksehne, dahinter die TBS, links und rechts außen die Hufknorpel mit dem Strahlkissen dazwischen.
(Präparat: Vetmeduni Vienna)

Sehnen

Strecksehne: seitlich des Karpalgelenkes bis Mitte Röhrbein und setzt vorne fächerartig am Hufbein an.

Oberflächliche Beugesehne (OBS): Vom Muskel des Zehenbeugers über dem Karpalgelenk, hinter der tiefen Beugesehne, bis zur Hälfte des Fesselbeines verlaufen OBS und TBS übereinander, dann teilt sie sich in zwei Teile, die am Kron und Fesselbein ansetzen. Sie ist breiter und dünner als die TBS.

Tiefe Beugesehne (TBS): Knapp über dem Karpalgelenk vereinigen sich Muskeln zur TBS. Sie verläuft entlang des Röhrbeines, mit der OBS über die Gleichbeine, durch die geteilte OBS bis zum Ansatz am Hufbein. Sie beugt das Hufgelenk.

Fesselträger: Sehnig ohne Muskelansatz hinten am Röhrbein und vor der TBS. Entspringt am Röhrbein und teilt sich im unteren Drittel in den inneren und äußeren Schenkel, verwächst mit den Gleichbeinen und führt zum unteren Ende der Strecksehne. Er stützt beim Durchtreten das Fesselgelenk.

Sehnen sind die Verlängerung eines Muskels. Bänder hingegen stabilisieren Gelenke. Sehnenscheiden sind mit Flüssigkeit gefüllt und helfen beim Gleiten. Schleimbeutel versorgen die Gelenke.

Hufknorpel

Aus Knorpel gebogene dünne Platten, die als Basis die Hufbeinäste haben. Ragen bei einem Pferd mittlerer Größe ca. 15 mm über die Hornkapsel hinaus, sind tastbar und sollen elastisch sein.

Bänder

Bänder stabilisieren Gelenke und sind um diese angeordnet. Als Kollateralbänder bezeichnet man Bänder, die seitlich ein Gelenk überspannen und damit die Beweglichkeit eines Gelenkes stabilisieren. Wir finden diese z. B. beim Fesselgelenk und Hufgelenk. Ringbänder umschließen das Gelenk. Das Fesselringband auf der Höhe des Fesselkopfes hält die Beugesehnen in ihrer Position. Das Unterstützungsband der tiefen Beugesehne vereinigt sich mit dieser am Röhrbein und unterstützt die Sehne.

Ein paar Lebensfunktionen

Der Ruhepuls eines Pferdes liegt zwischen 32 und 44 Pulsationen pro Minute. Ein Großpferd atmet in Ruhe zwischen 8 und 16 Atemzüge pro Minute. Das Lungenvolumen bei einem Pferd mit 500 kg beträgt ca. 40–55 Liter.

Die Normaltemperatur des Pferdes liegt zwischen 37,5 und 38,5 Grad Celsius. Die Wirbelsäule besteht aus 7 Halswirbeln, 18 Rückenwirbeln und 6 Lendenwirbeln.

Dickdarm und Dünndarm haben zusammen eine Länge von ca. 30 Metern. Ein ausgewachsenes Pferd hat 36–44 Zähne. Das Gehirn des Pferdes wiegt etwa 400–700 Gramm (Mensch ca. 1300 Gramm). Pferde haben mit ihren Augen ein Sichtfeld von ca. 330 Grad.

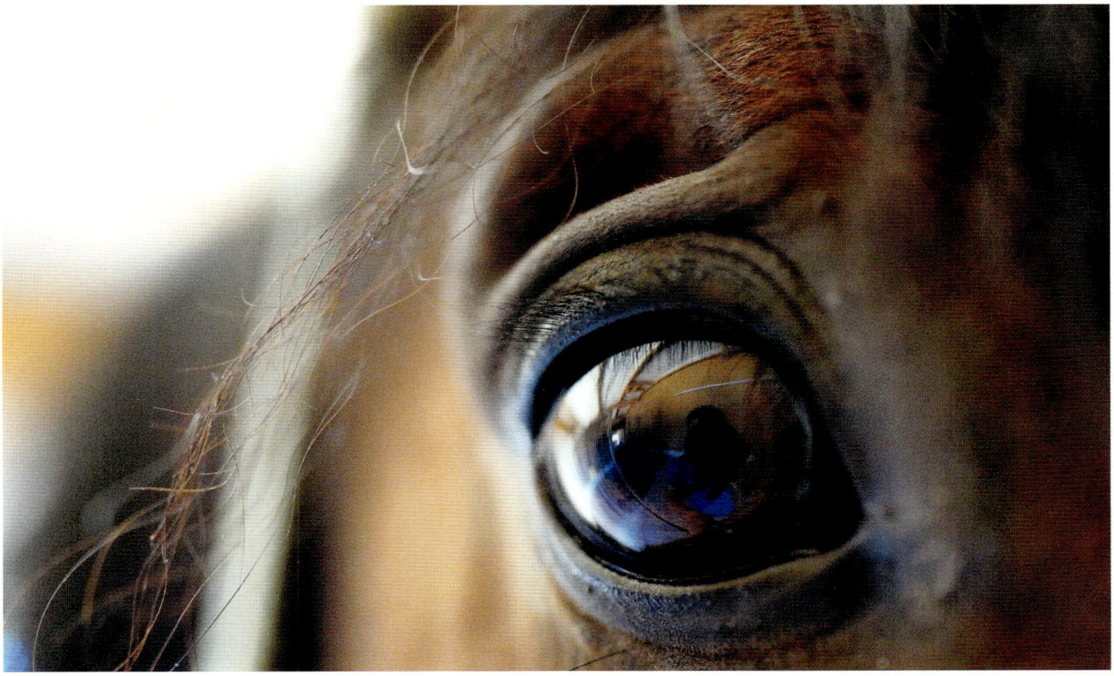

Blutversorgung im Huf

Die Zehenarterie teilt sich oberhalb des Fesselkopfes in einen äußeren und einen inneren Ast und versorgt den Huf mit Blut. Die beiden Arterien dringen zwischen der tiefen Beugesehne und dem Strahlbein in den Huf und unterhalb des Hufgelenkes in die beiden Kanäle des Hufbeines von hinten ein. Dort verzweigen sie sich und treten an der Wandfläche des Hufbeines aus, um die Huflederhaut zu versorgen. Am unteren Hufbeinrand verläuft eine Randarterie. Die kleinsten Gefäße heißen Kapillaren. Das Blut sammelt sich in der Lederhaut und wird als sauerstoffarmes Blut über die Venen wieder zurückgeführt.

Das Blut versorgt den Huf mit Nährstoffen und Sauerstoff. Die Bewegung des Pferdes und der damit verbundene Hufmechanismus fördern die Zirkulation und helfen, das Blut durch die Venen zurück zu pumpen.

Arterien sind dickwandiger als Venen, da sie mehr Druck aushalten müssen. Das sauerstoffreiche Blut in den Arterien ist heller und das sauerstoffarme Blut in den Venen ist dunkelrot.

(Präparat und Foto: Dr. Christoph von Horst)

Das Nervensystem

Das Nervensystem ist ein Kommunikations- und Steuerungsorgan, das alle Organe umfasst. Reize werden von Rezeptoren aufgenommen und verarbeitet und der Körper bzw. das Pferd reagiert. Das vegetative Nervensystem steuert die Grundfunktionen wie Atmung, Verdauung und Stoffwechsel. Das somatische Nervensystem dagegen wird weitgehend willkürlich kontrolliert. Es leitet Informationen wie Berührungen, Reize oder Temperatur weiter. Die Sinnesorgane und das Nervensystem ermöglichen die Umgebung wahrzunehmen und zu reagieren.

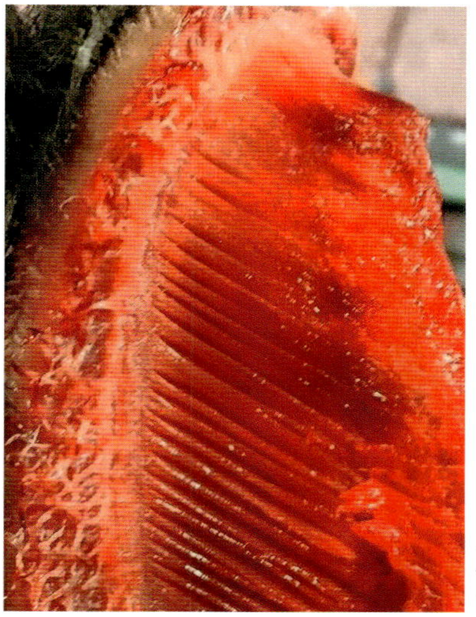

Die Huflederhaut unter der Hornkapsel

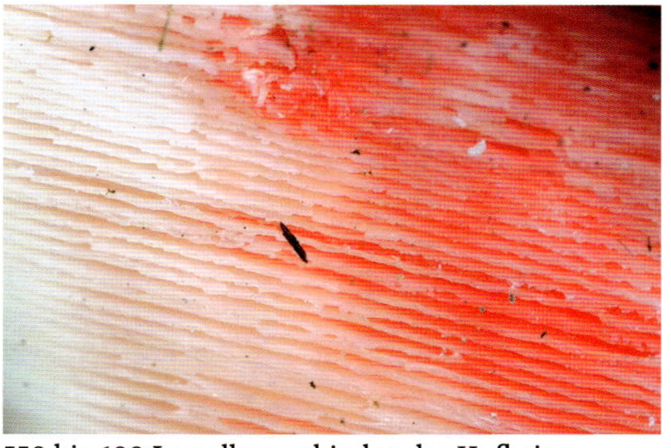

550 bis 600 Lamellen verbinden das Hufbein mit der Hornkapsel

Hornbildung

Direkt unter dem Horn befindet sich die Lederhaut. Die Huflederhaut bildet das Horn, bestehend aus Hornröhrchen und Zwischenhorn. Die Zotten der Lederhaut bilden die Röhrchen, die durch ununterbrochenes Wachsen weitergeschoben werden. Die zwischen den Zotten befindliche Lederhaut produziert das Zwischenhorn. Das Horn innerhalb der Röhrchen wird von den Spitzen der Zöttchen/Papillen als lockeres Röhrchenmark gebildet.

Horn besteht aus Keratin und Wasser. Der Wasser- und Feuchtigkeitsanteil der Hornwand ist außen geringer als innen. Der Durchmesser der Hornröhrchen in der Hornwand nimmt nach außen ab. Am Kronwulst wird das Wandhorn gebildet und die Blättchenschicht an der Innenseite der Wand verbindet sich reißverschlussartig mit der Wandlederhaut und diese mit dem Hufbein. Die Saumlederhaut produziert die feuchtigkeitsregulierende, dünne Glasurschicht mit Weichhorn. Sie wächst mit dem Wandhorn als Außenschicht herab.

Weiches Strahlhorn hat einen höheren Wasseranteil als das harte Wandhorn. Das Wassergehalt der Sohlenlederhaut liegt dazwischen.

Pigmente zwischen den Hornzellen sorgen für helleres oder dunkleres Hufhorn.

Einfluss auf das Hornwachstum hat die Bewegung und Durchblutung, die Haltung, die Ernährung, Pflege und Hufkorrektur, Haltungsbedingungen, die Jahreszeiten und die Genetik.

Gliedmaßenstellungen

Die Beurteilung der Gliedmaßenstellung erfolgt im Stand an allen vier Gliedmaßen. Die Vorderhand von vorne und von der Seite, die Hinterhand von hinten und von der Seite. Am besten kann man sie aus 4–5 Metern Entfernung beurteilen.

Vordergliedmaße von vorne: Regelmäßig und gerade, regelmäßig weit, regelmäßig eng

Bodenweit, Bodeneng, x-beinig und o-beinig (Vorderfußwurzelgelenk)

Von der Seite: Regelmäßig, vorständig, rückständig, vorbiegig und rückbiegig (Vorderfußwurzelgelenk)

Hintergliedmaße von hinten: Regelmäßig und gerade, bodenweit, bodeneng, kuhhessig, fassbeinig

Von der Seite: Regelmäßig, unterständig, rückständig, säbelbeinig, stuhlbeinig

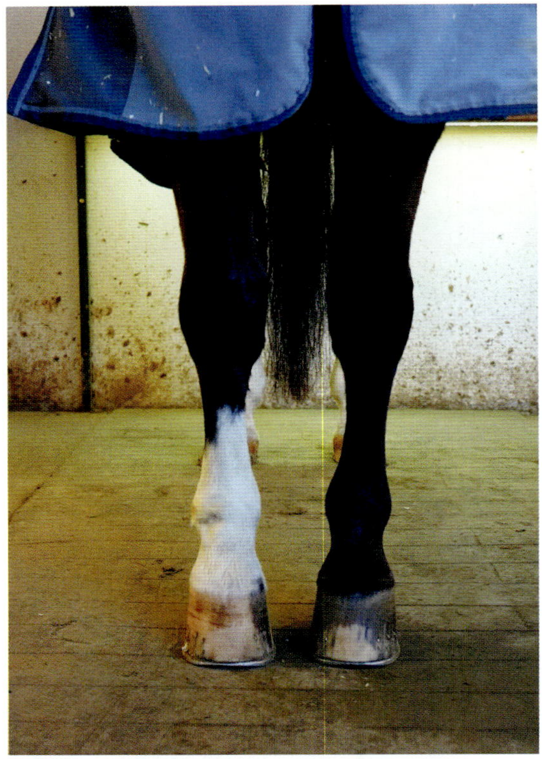

Bodeneng/Zeheneng: Die Gliedmaße ist am Boden enger als bei der Brust und die Zehen vom Fesselgelenk abwärts zeigen nach innen.

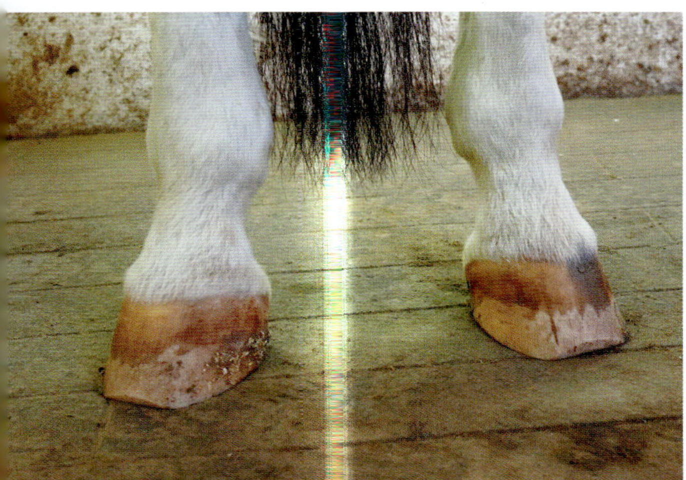

Zehenstellungen

Die Zehenstellung wird an allen vier Beinen von vorne und der Seite beurteilt. Es wird die Richtung der Zehe festgestellt.

Von vorne: Regelmäßig, zehenweit und zeheneng

Von der Seite: Regelmäßig, spitz gewinkelt und stumpf gewinkelt

Zehenweit: Die Zehen unter dem Fesselgelenk zeigen nach außen.

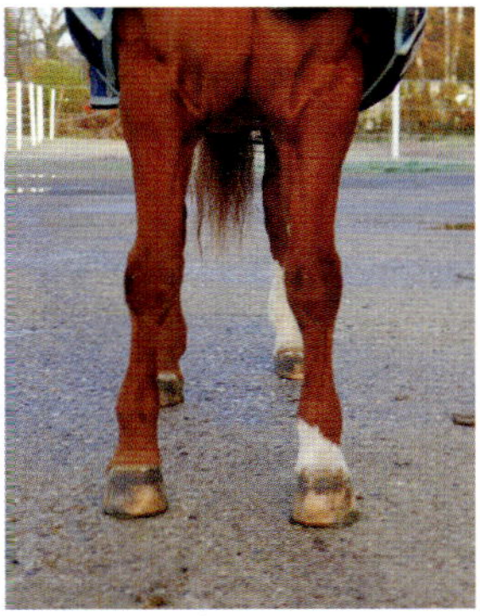

Bodenweit/Zeheneng: Zusätzlich eine Rotation ab dem Vorderfußwurzelgelenk nach innen

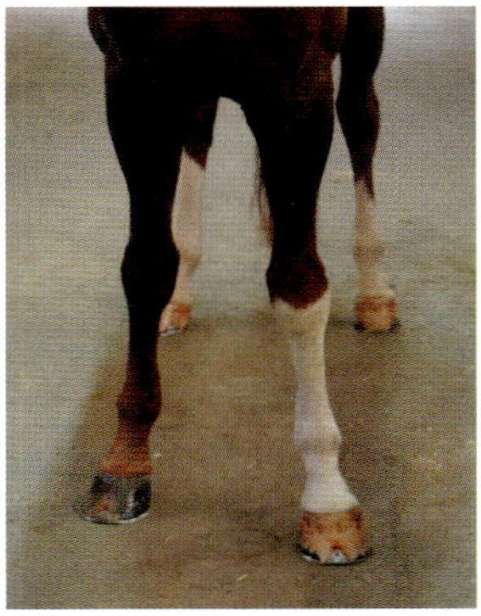

Bodenweit/Zehenweit

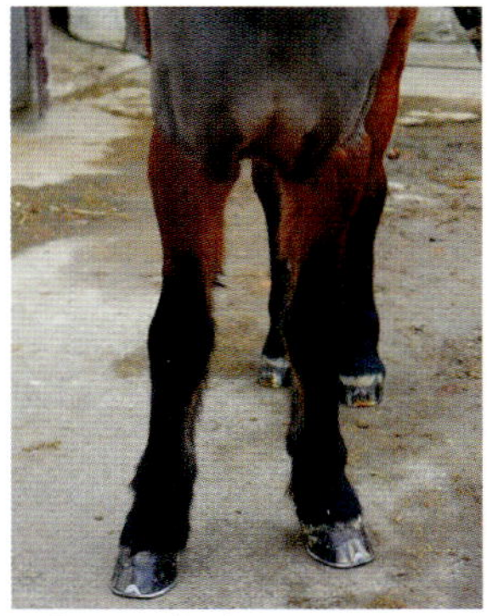

X-beinig/Zehenweit: Zehenachse vorne links nach innen gebrochen

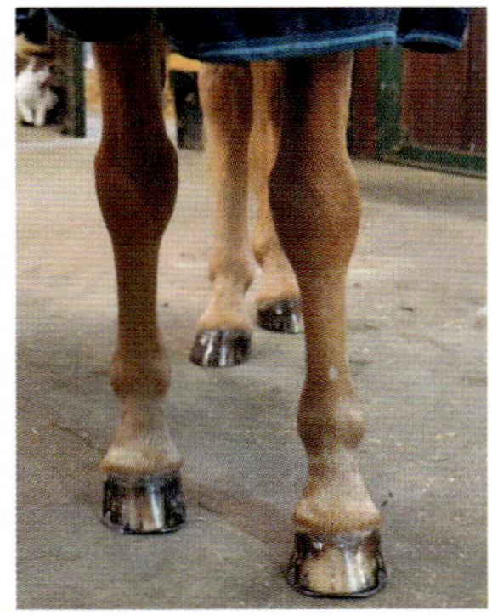

Annähernd **regelmäßig/zeheneng**

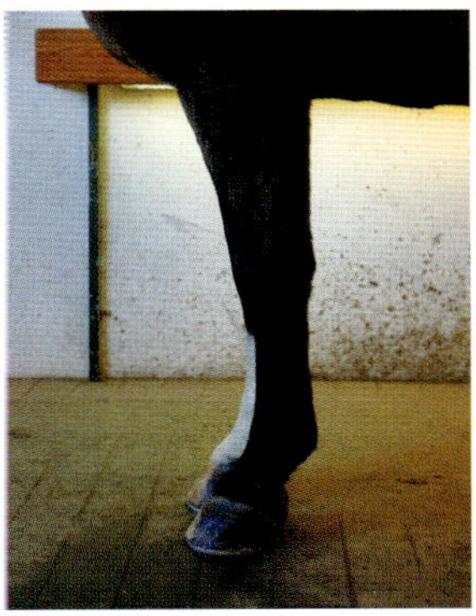

Rückständig/geringgradig **Rückbiegig**/Zehenachse nach vorne gebrochen

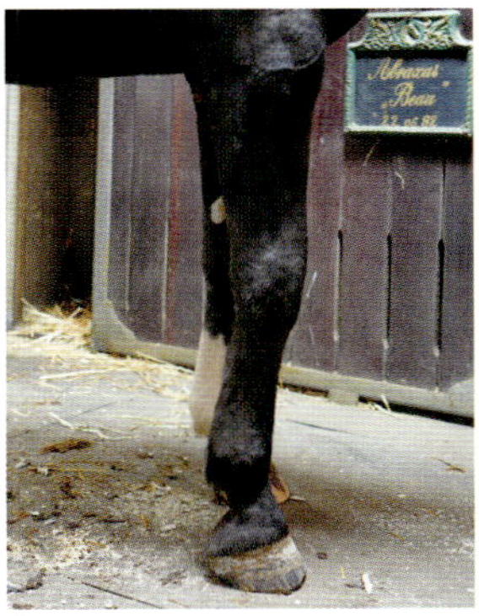

Vorbiegig: Das Vorderfußwurzelgelenk zeigt nach vorne.

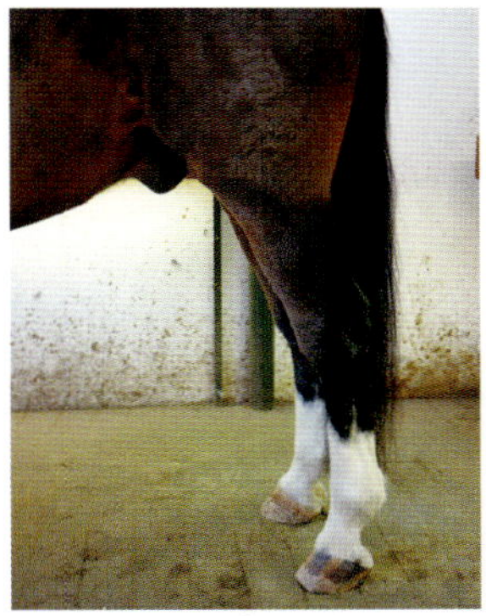

Rückständig/Stuhlbeinig: Die Gliedmaße steht nach hinten gerichtet. Der Winkel des Sprunggelenkes ist fast gerade.

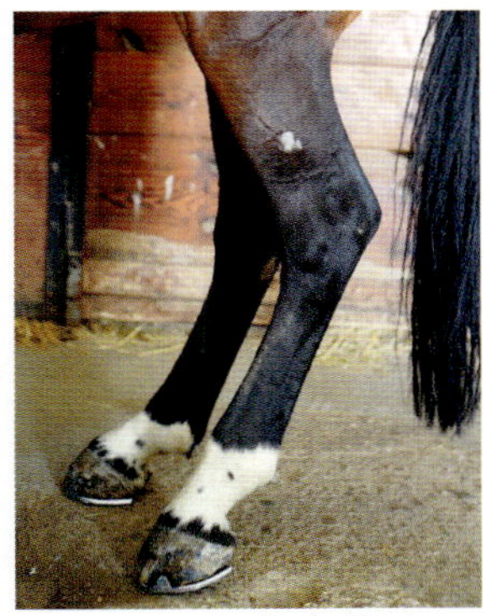

Unterständig/Säbelbeinig: Die Gliedmaße steht unter dem Körper und das Sprunggelenk ist stark gewinkelt.

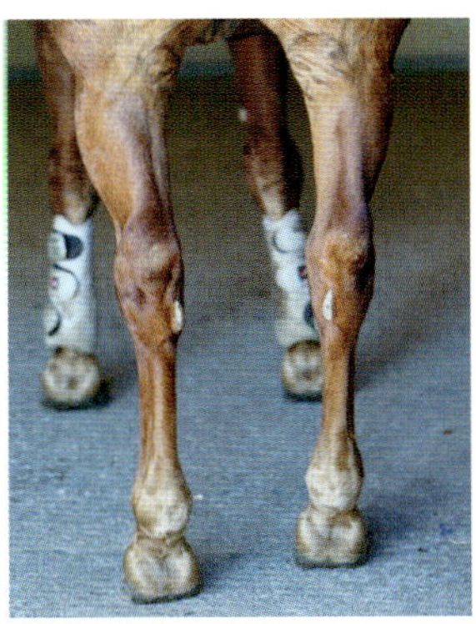

Fassbeinig: Die Sprunggelenke zeigen nach außen.

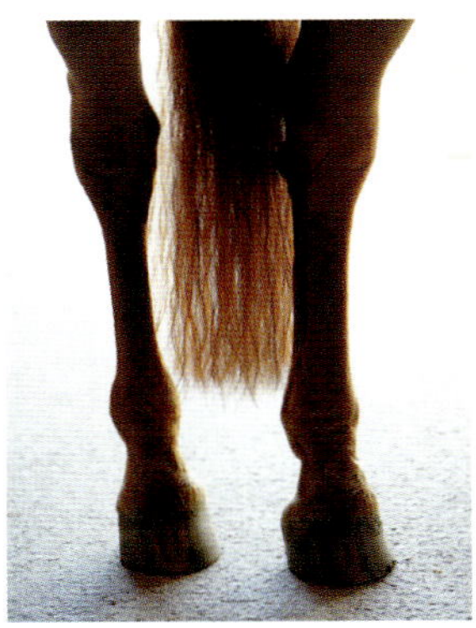

Bodeneng

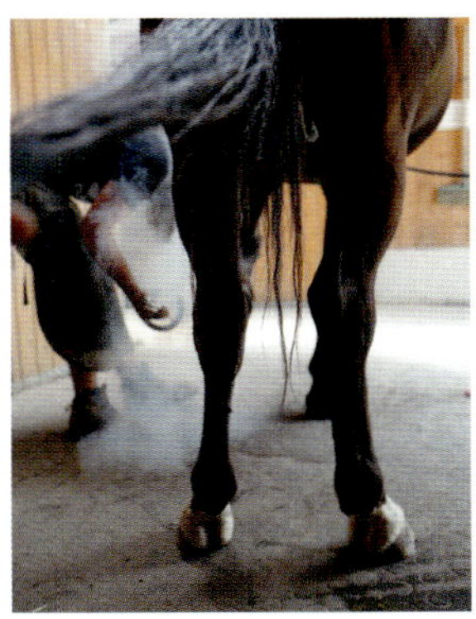

Kuhessig: Die Sprunggelenke zeigen nach innen.

Zehenachse

Diese soll eine gerade Linie durch die Zehenknochen sein. Die Zehenachse kann von vorne gesehen nach außen und innen gebrochen sein und von der Seite nach vorne und hinten.

Der Hufmechanismus

Als Hufmechanismus bezeichnet man die Verformung der Hornkapsel unter Belastung. Je größer die Belastung, desto größer die Verformung. Einerseits die Belastung durch das Gewicht des Pferdes, anderseits durch das Absenken beim Belasten des Beines von Fesselbein, Kronbein und Strahlbein. Dies führt zu:

Erweiterung der Wand und des Tragrandes hinter der weitesten Stelle des Hufes. Abflachung der Sohle. Der Strahl bewegt sich nach außen (wie eine Ziehharmonika) und senkt sich ab. Auch die Eckstrebe macht die Bewegung mit. Der Kronrand im Zehenbereich wird eingeschnürt.
Durch die Bewegung des Tragrandes entstehen die Scheuerrillen am Hufeisen. Die Trachten werden dadurch meist leicht abgerieben.

Aufgaben: Stoßdämpfung, Blutpumpe und Kraftübertragung

Aufgaben des Pferdehufes: Schutz des Beines, Dämpfung und Kraftübertragung, Tastsinn, Gleitschutz, Waffe

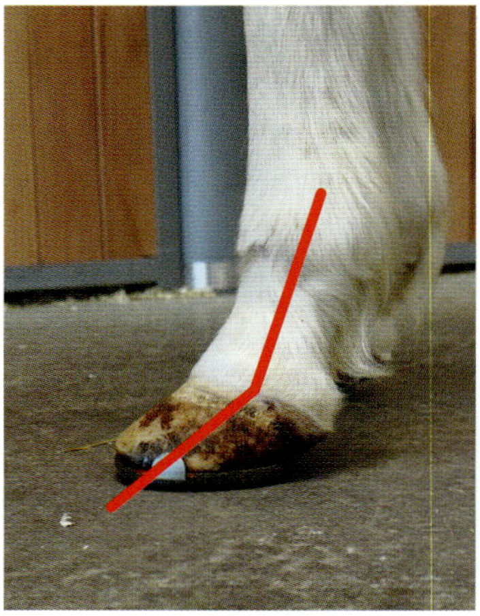

Seitliche Zehenachse nach hinten gebrochen: Eine Linie durch die Achse der Zehenknochen ergibt eine nach rückwärts gebrochene Linie.

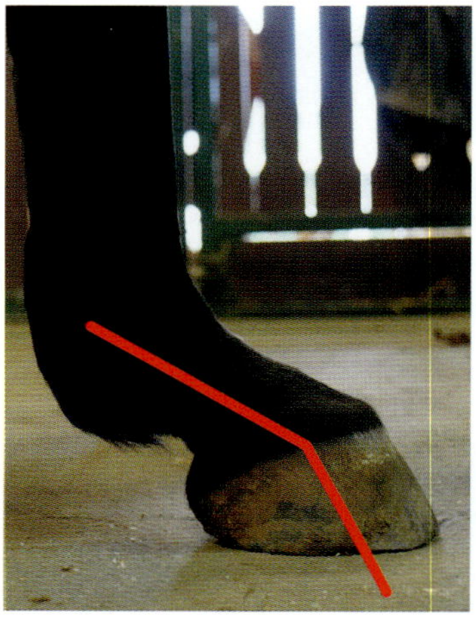

Seitliche Zehenachse nach vorne gebrochen: Bei einem Huf der bärenfüßigen Stellung.

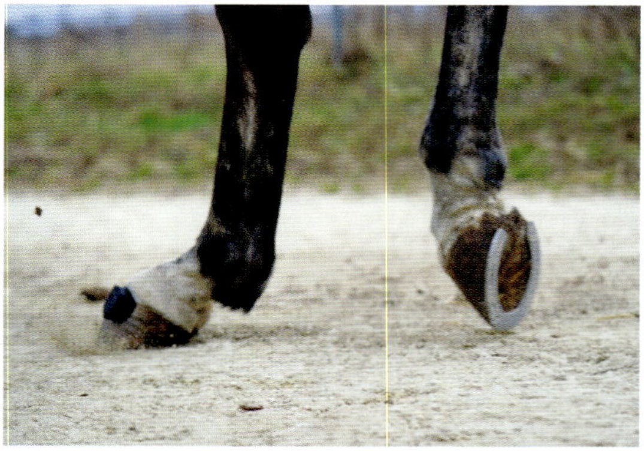

Wenn die Fessel während der Belastungsphase nach unten kommt, wird die Kapsel mit den Hufknorpeln auseinandergedrückt.

Hufformen bei gesunden Hufen

Regelmäßig: Regelmäßig, regelmäßig eng, regelmäßig weit

Unregelmäßige Hufe: Bodenweit, bodeneng, diagonal, spitz, stumpf, bärenfüßig, Fohlenhufe

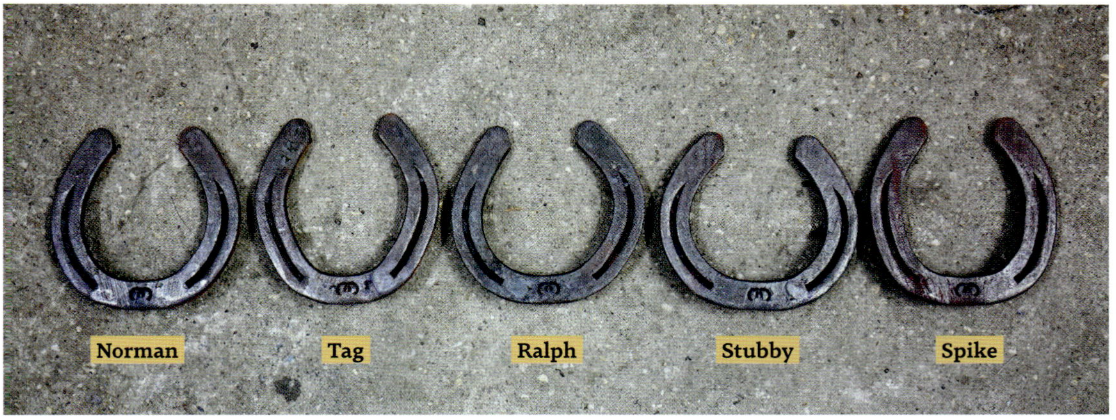

Hufformbezeichnungen international

Hufformen bei kranken Hufen

Flachhuf, Vollhuf, Bockhuf, Stelzhuf, Zwanghuf, krummer Huf, Rehehuf, verschobene Trachten, unterschobene Trachten

Flachhuf
(Präparat: Vetmeduni Vienna)

Regelmässige Hufe *(Norman)*

Ein regelmäßiger Huf hat zwei gleich große Sohlenhälften. Die Zehenwand und die Trachtenwand sind gerade und haben den gleichen Winkel (ca. 50 Grad).

Bei regelmäßig engen Hufen sind die Seitenwände steiler. Bei regelmäßig weiten Hufen sind die Seitenwände flacher.

„Hufe verformen sich je nach Belastung!"

Unregelmässige Hufe

Bodenweiter Huf: Die äußere Sohlenhälfte ist größer und die äußere Seitenwand ist flacher, während die innere Sohlenhälfte kleiner und die Seitenwand steiler ist. Die steilere Wand ist immer mehr belastet als die flachere!

Bodenenger Huf: Hier ist umgekehrt die innere Sohlenhälfte größer und die Wand flacher und die steilere und kleinere äußere Hälfte wird mehr belastet.

Diagonaler Huf (Ralph): Seitlich verschobener Huf mit einer steileren und geraderen Trachte, die andere ist flacher und weiter. Der größere Zehenteil befindet sich bei der steileren Trachte und der kleinere bei der flacheren Trachte. Meist landet das Pferd auf der steileren Trachte und rollt über die steilere, kleinere Zehe ab.

Stumpfer Huf: Ist steiler als der regelmäßige mit einem Zehenwandwinkel von ca. 60 Grad und hat steilere Trachten.

Spitzer Huf: Ist flacher als der regelmäßige mit einem Zehenwandwinkel unter 50 Grad und auch die Trachten sind flacher gewinkelt.

Bärenfüßiger Huf: Nur am Hinterhuf. Steiler Huf mit konvexer Zehenwand, kurzen weit offenen Trachten und kurzem, breitem Strahl.

Spitzer Huf vor der Korrektur

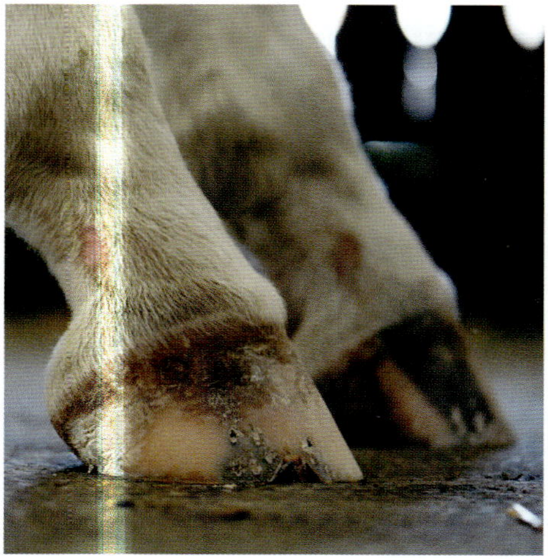

Stumpfer Huf

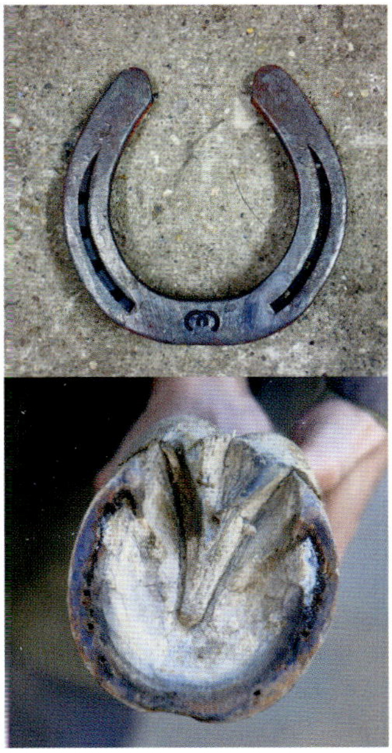

Annähernd regelmäßiger Vorderhuf/Norman

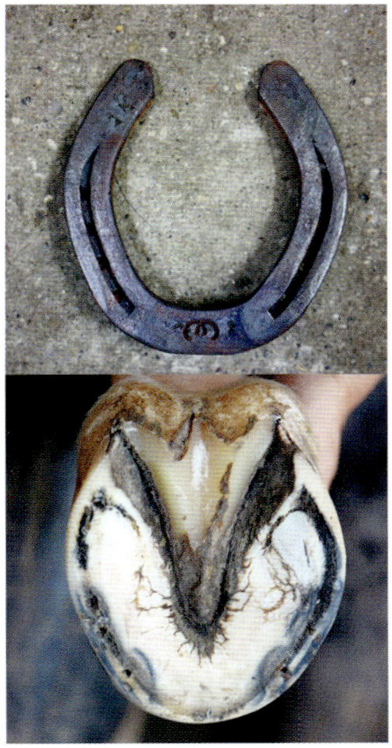

Hinterhufform/Tag (leicht bodenweit)

Diagonaler Huf/Ralph

Stubby (ist weiter als lang)

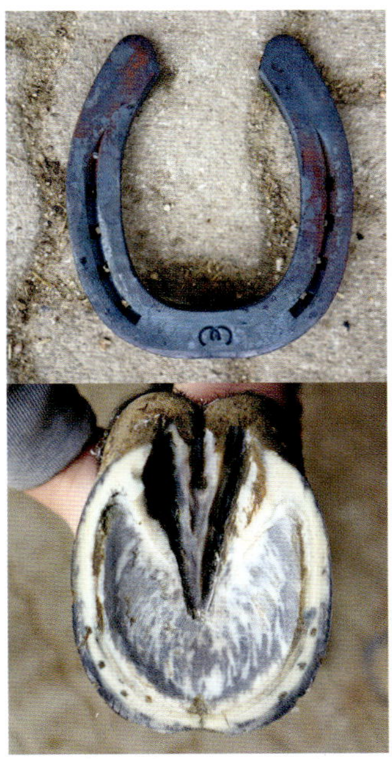

Spike (gerade Seitenwände, eckige Form)

Die Hufformen sind Grundformen. Die Hufeisen sind nicht an die zu sehenden Hufe angerichtet. Wird ein Hufeisen der Grundform entsprechend gerichtet, ist es einfach, sie an den Huf anzurichten.

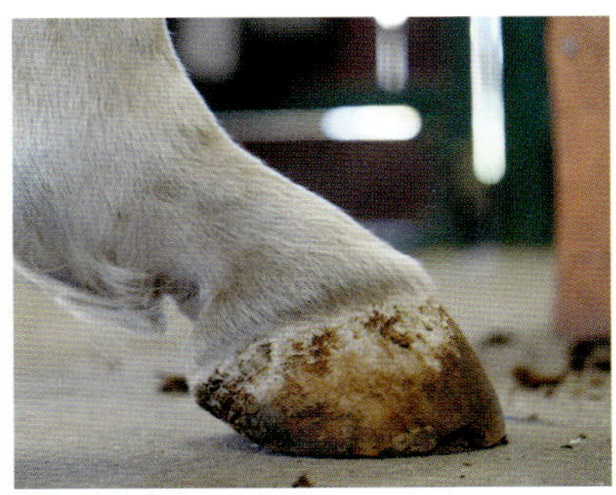

Bärenfüßig

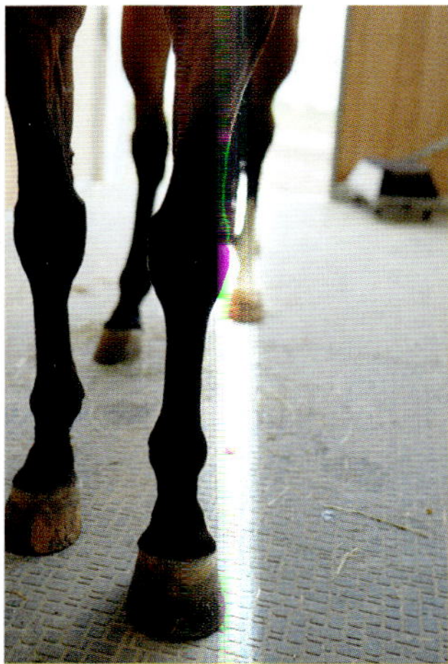

X-ACHSE:
Ist die Beurteilung der Zehenachse von vorne. Die Zehenknochen sollen in einer geraden Linie angeordnet sein.

Y-ACHSE:
Ist die Beurteilung der Achse im aufgehobenen Zustand. Die Hufsymmetrie einer Linie durch die Mitte des Strahls und die Ausrichtung des Hufes über dem Kronrand. Blick auch senkrecht vom Röhrbein auf die Hornkapsel.

Z-ACHSE:
Ist die Beurteilung der Zehenachse von der Seite. Die drei Zehenknochen sollen in gerader Linie angeordnet sein.

X-, Y- und Z-Achse

Diese drei Achsen verwenden wir bei der Beurteilung. Wichtig sind nicht nur die Achsen im Ruhezustand, sondern das Verhalten unter Belastung. Hier leistet eine Slow-Motion-Aufnahme wertvolle Dienste.

Die Ausrichtung der Achsen ist für die Hufbalance enorm wichtig. Zusammen mit der Fußung und den Erkenntnissen des Vorführens zählen sie zu den wichtigsten Kriterien der Hufkorrektur und des Beschlages.

Achsen können beim erwachsenen Pferd nicht einfach geradegerichtet werden, doch in den meisten Fällen verbessert. Bei älteren Pferden sind Knochen und Sehnen schon so angepasst, dass eine zu starke Korrektur schädlich ist. Stattdessen wird versucht, eine weitere Verschlechterung zu verhindern und Korrektur und Beschlag der Bewegung des Pferdes anzupassen.

Jede Hufkorrektur wirkt sich am stärksten auf die untersten Gelenke aus! Erst in weiterer Folge auf ein Karpal- oder Sprunggelenk!

Die Natur unterstützen

In der Natur findet eine natürliche Auslese statt. Nur gesunde Pferde mit guten Hufen überleben und züchten sich weiter. Das Pferd ist bei uns mittlerweile ein wichtiger Wirtschaftsfaktor geworden. Jeder will Geld verdienen. Jeder züchtet, ungeachtet von Rassen, Gliedmaßen, Hufen usw. Fohlen mit Fehlstellungen werden zu teuren Preisen verkauft, ohne viel Geld in einen guten Tierarzt und Hufschmied zu investieren. Ein guter Hufschmied kann das korrigieren, hört man so oft ...

Es ist nicht natürlich, Pferde in Boxen zu sperren. Pferde würden sich nie freiwillig in den eigenen Mist stellen. Es ist nicht natürlich, wenn 100 kg Menschen täglich auf einem kleinen Pferd reiten. Das Unnatürliche geht weiter von der Fütterung bis zum Sport, vom Fiakerpferd bis zum Zirkuspony.

Unsere Aufgabe ist es, diesen Pferden zu helfen, um schmerzfrei mit möglichst guten Hufen in ihrer Situation zurechtzukommen. Die Natur ist wunderbar. Je besser wir sie verstehen lernen, umso besser können wir den Pferden helfen.

Der Klimawandel ist eine neue Herausforderung für uns. Genauso wie die Natur leidet, wir Menschen leiden, ist die Auswirkung von extremen Trocken- und Regenperioden für die Hufe nur schwer zu bewältigen. Gute Hufpflege und gute Hufschmiede sind gefordert.

Hufpflege

„Weniger und gut ist besser als viel und schlecht“

Die Hufpflege beginnt mit einer regelmäßigen Hufkorrektur und gutem Hufbeschlag. Vor jeder Pflege muss der Huf gereinigt werden. Huföl oder Fett auf Dreck verschließt luftdicht und schädigt den Huf. Die Hufpflege soll für das Pferd und nicht das menschliche Auge gut sein. Minderwertige Pflegeprodukte helfen höchstens dem Erzeuger und Händler, nicht dem Pferd.

2–3 Mal wöchentliche Pflege des Besitzers mit einem hochwertigen Produkt nach vorheriger Reinigung und anschließender Zeit, damit das Öl oder Fett einziehen kann, ist ausreichend.

Viele Pferde kommen nach dem Fetten in die staubige Box, auf die Gatschkoppel oder auf den Reitplatz. Wieder verklebt sich Schmutz mit dem Pflegeprodukt und verschlechtert die Hufsituation.

Zu viel Wasser entzieht dem Huf die Feuchtigkeit. Denkt an eure Haut nach ein paar Stunden im Wasser. Sand entzieht ebenfalls Feuchtigkeit. Lehm hingegen gibt Feuchtigkeit an den Huf ab. Daher sind Lehmeinschläge oder Lehmboxen Balsam für zu harte und spröde Hufe.

Ätherische Öle wirken auf den gesamten Organismus und stärken den Huf von innen. Sie sind teuer und der Erfolg ist sichtbar. Ich habe die besten Erfahrungen damit gemacht.

Hufpflegeprodukte werden grundsätzlich am Kronrand und der Hornwand aufgetragen. Am besten ziehen sie am feuchten Huf ein, kurz bevor dieser trocknet. In dieser Phase ziehen Öl oder Fett gut in das Horn ein. Sohle und Strahl werden gereinigt und evtl. gebürstet. Der Strahl kann vorsorglich mit speziellen Mitteln alle paar Tage gepflegt werden, um Strahlfäule zu verhindern. Bei zu harten Hufen wirkt ein Lehmeinschlag wie vor 100 Jahren immer noch hervorragend.

Lehm mit Wasser verrühren und am Abend mit der Hand in die Sohle streichen. Dieser bleibt meistens die ganze Nacht, oder zumindest ein paar Stunden, und gibt die Feuchtigkeit an den Huf ab. 2–3 Mal hintereinander und jeder Huf ist weich und elastisch. Für mürbe Hufe sind spezielle ätherische Huföle am wirksamsten. Hier sollte man die Haltungsbedingungen zusätzlich verbessern. Pferde mit schlechten Hufen „stehen" lassen ist wenig zielführend. Bewegung auf gutem Boden fördert die Durchblutung und wirkt sich somit auch positiv auf das Hornwachstum und Hornqualität aus. Bei Pferden mit ganz schlechter Hufqualität ist es eine gute Alternative, es während der Nebensaison auf Barhuf umzustellen. Die Nutzung muss dementsprechend angepasst werden und weiche Böden sind hilfreich. So wird der Huf optimal durchblutet und die Hornqualität kann sich verbessern.

Wer ein wenig Zeit und Geld in die Hufpflege investiert, spart beim Hufschmied und Tierarzt! Hufprobleme werden deutlich geringer!

Hufpflege nach dem Beschlag und der Hufkorrektur

Ein guter Beschlag und eine gute Hufkorrektur werden mit Hufpflege abgeschlossen. Glatte Oberflächen am Huf und eine saubere Arbeit sollten selbstverständlich sein. Alte Nagellöcher werden mit Hufkitt oder antibakteriellen Pasten verschlossen.

Strahlfäule soll vorbehandelt werden. Nach der Korrektur ist die Wirkung am größten. Die Hornkapsel ist gereinigt und Pflegeprodukte werden gut aufgenommen. Beim Huföl soll unbedingt darauf geachtet werden, dass es dünnflüssig ist, schnell einzieht und nicht verklebt. Es soll nur am Kronrand und der Hornwand aufgetragen werden.

Zu viel Huffett in Verbindung mit Staub bildet eine dicke schädliche Substanz am Huf.

(Foto Elfriede Penz)

Der Hufschmied

Eine der ältesten Schmieden Österreichs in Bad Aussee. Die als Huf und Wagenschmiede benützte Werkstätte wurde erstmals im 12. Jh. urkundlich erwähnt.

Die Geschichte des Hufbeschlags

Hufschutz wird seit der Antike verwendet. Hipposandalen aus Bast und Leder verhinderten übermäßigen Abrieb und schützten Hufe. Die Römer banden Hufschutz aus Eisen und Bronze mit Lederriemen fest.

Die ersten Hufeisen in der heutigen Form wurden vermutlich im ersten Jahrhundert v. Chr. von den Kelten aufgenagelt.
Die ersten Funde stammen aus der Zeit um 600 n. Chr.

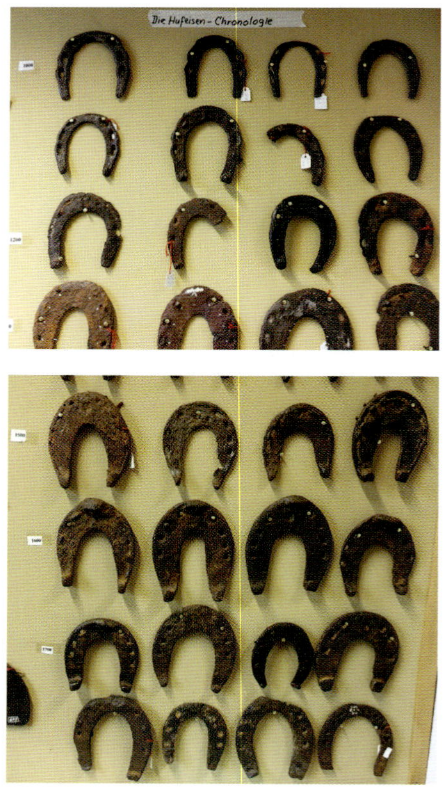

Hier die einzig nach Jahrhunderten gegliederte und vollständig erhaltene Hufeisen-Sammlung aus Bern/Schweiz.

Arbeitspferde Hufeisen Mitte 20. Jh. von meinem Opa

Handgeschmiedetes Reheeisen von meinem Opa aus dem 20. Jh.

Deckeleisen aus der gleichen Zeit

Der Deckel wird mit einer Zehenlasche eingehängt.

Die Rohlinge wurden in Überlänge geliefert und selbst abgelängt oder Stollen angebogen.

Klaueneisen

Stoßmesser für den Strahl. Es wird am Bauch angesetzt und nachgedrückt und mit der Hand geführt.

Tau-Eisen. Das Seil vermindert das Rutschen auf der Straße.

„Barfuß ist und bleibt das natürlichste und gesündeste fürs Pferd, wenn die Voraussetzungen dafür gegeben sind."

Warum muss ein Pferd beschlagen werden?

- Um Stellungsfehler zu korrigieren.
- Nach Verletzungen und Krankheiten
- Mehr Abrieb am Huf als nachwächst
- Sport und Arbeit
- Um die Korrektur zu schützen.
- Um den Effekt einer Korrektur zu verstärken.
- Um schwache Hufe zu schützen und die Pferde einsatzfähig zu erhalten.
- Natürlich kann statt eines Hufeisens oft auch ein alternativer Hufschutz verwendet werden.

Nachteile des Beschlages

- Speziell die vertikale Hufmechanik wird eingeschränkt
- Nagellöcher in der Hufwand
- Verletzungsgefahr
- Hufeisen verlängern die Zehe, Kunststoffhufschutz noch mehr.
- Der Tastsinn mit dem Huf wird vermindert.
- Auf hartem Boden kein Strahlkontakt mit dem Untergrund und größere Stoßbelastung

Machen handgeschmiedete Hufeisen eine Sinn?

Grundsätzlich kann man jedes erdenkliche Hufeisen fertig kaufen. Wenn nicht, gibt es Bandschleifer und Schweißgerät. Also wozu noch schmieden?

Gegenfrage: Warum werden in allen Hufbeschlagsschulen dieser Welt Hufeisen handgeschmiedet? Muss doch einen Sinn haben?

Jeder Arbeitsgang beim Schmieden kann beim Umarbeiten der Fabrikseisen verwendet werden. Es verbessert deine Fähigkeiten und Möglichkeiten, um einem Pferd zu helfen und besser zu beschlagen. Während sich beim Schweißen einer breiten Zehe oder eines breiten Schenkels das Gewicht des Hufeisens erhöht und die Gewichtsbalance verschlechtert, bleiben diese beim Schmieden gleich. Zusätzliche Nagellöcher, höhere Kappen, Zehenrichtungen, Abrollhilfen, Gleitschutz u. v. m. sind nur einige Beispiele, um diese Skills anzuwenden.

Beim Schmieden eines Hufeisens vom Stab MUSS man sich mit Hufformen, Balance, Position von Hufnägeln, Hoof Mapping u. v. m, auseinandersetzen. Was ist gut für das Pferd? Was ist nicht gut? Was muss ich abändern? Kann ich es noch optimaler für dieses Pferd machen? Gedanken, die man bei einem Fabrikseisen viel weniger hat. Es ist ja bereits „fertig."

Ein paar Trainingseisen

Tobias Kahl
(Foto: Elfriede Penz)

Kalt- oder Warmbeschlag?

Guter Hufbeschlag ist guter Hufbeschlag. Egal mit welcher Methode.

Der Warmbeschlag bietet die Möglichkeit, das Hufeisen so umzuschmieden, wie es für das Pferd optimal ist. Man kann die vielen Möglichkeiten des Schmiedens nützen. Es ist leichter, an den Huf exakt anzupassen. Für den Hufschmied ist es gelenksschonender und kraftsparender.

Der Kaltbeschlag wird vorwiegend bei leichten und dünnen Hufeisen im Rennsport angewendet. Mit Bolzen und Einkerbungen am Amboss funktioniert es auch kraftsparender am Reitpferd. Man erspart sich Gasflasche, Gasofen samt dazugehöriger Sicherheitsausrüstung im Auto.

Ein Warmbeschlag heißt nicht gleich perfekte Auflage oder passend gerichtetes Eisen. Zu viel Brennen schadet dem Huf. Nur wenige Hufschmiede sind imstande, einen guten Kaltbeschlag auszuführen. Das Eisen gehört an den Huf angepasst, nicht umgekehrt. Die Fehlerquellen sind bei beiden Varianten groß. Für jeden Hufschmied ist seine Variante die Beste. Das Wichtigste ist eine gute Arbeit für das Pferd. Das Schlechtmachen der jeweilig anderen Methode ist absolut nicht zielführend. Ein guter und schöner Beschlag ist die beste Antwort.

„Ich versuche immer, von Kollegen zu lernen. Jeder kann irgendetwas gut und hat seine Stärken!“

Der Umgang mit Kollegen

Achte auf deine Wortwahl, wenn du die Arbeit eines Kollegen siehst. Du weißt nicht, was er sich gedacht hat. Du kennst nicht die Vorgeschichte. Weißt du, ob das Pferd beim Beschlagen brav war? Wie die Hufe vorher ausgesehen haben? Wie die Beschlagsumstände waren? Wo und wie das Pferd bewegt wurde? Was in den letzten Wochen passiert ist?

Manchmal erschrecke auch ich, wenn ich ein Pferd am Ende der Beschlagsperiode sehe, das ich selber beschlagen habe. Ich denke mir dann, hoffentlich hat das niemand gesehen. Ich werde das Pferd dann eben anders korrigieren oder beschlagen.

Ich versuche immer, von Kollegen zu lernen. Jeder kann irgendetwas gut und hat seine Stärken! Es ist besser, das Positive herauszufiltern, anstatt über vieles zu lästern. Schließlich haben auch wir unsere Schwächen, die wir nur allzu gerne verdrängen. Lade mal einen Kollegen auf einen Kaffee ein. Du bekommst es fast immer zurück. Zusammenarbeit ist für alle das Beste. Wir lernen voneinander und helfen einander, wenn es einem schlecht geht. Fehler macht jeder von uns und Pferde zu beschlagen gibt es genug.

Ist ein Mitbewerber dein Freund, hilft es jedem. ZUSAMMEN SIND WIR STARK! (Werkman) Wenn du schimpfen willst, dann schimpfe über das Wetter ... :)

Schmieden

Unter Schmieden besteht man die spanlose Bearbeitung eines Werkstückes unter der Wirkung von Schlägen oder ruhigem Druck in meist glühendem Zustand.

Vorteile: Materialverdichtung, geringerer Materialverlust und die Gefügefasern bleiben erhalten.

Arbeitstemperatur:
ca. 1250–800 Grad Celsius

Dichte Stahl: 7,85 kg/dm^3. Schmelztemperatur: Je nach Sorte des Stahls 1450–1540 Grad Celsius.

(Foto: Andrea Schuster)

Amboss

Teile: Ambossbahn (gehärtet), Rundhorn, Vierkantloch, Rundloch, Stauchklotz, Ambosskörper, Ambossfuß

Mobile Hufschmiede-Ambosse sind oft mit einem Aluminiumsockel ausgestattet. Dieser verringert das Gewicht und reduziert den hellen lauten Klang. Oft haben sie kleine Vorambosse zum Kappen ziehen und Abrundungen auf der Bahn für das Kaltformen von Hufeisen. Das Horn kann auch eine ovale Form aufweisen. Diese soll die Formgebung der Hufeisen erleichtern. In Österreich befindet sich das Horn grundsätzlich auf der rechten Seite des Ambosses (Rechtshänder), während in den meisten anderen Ländern das Horn auf der linken Seite bevorzugt wird.

Schmiedehammer

Der Schmiedehammer hat eine glatte, meist runde Schlagfläche und eine Ballseite. Die Stiellänge sollte ca. Unterarmlänge sein, manche Schmiede bevorzugen noch längere Stiele. Diese sind oval und an der Hammerkopfseite sehr schlank. Zusätzlich kann der Griff mit einem Griffband ummantelt werden. Das vermindert das Rutschen in der Hand und somit den Kraftaufwand. Der schlanke Stiel (beim Umfassen sollen sich die Fingerspitzen berühren) sorgt für eine gute Dynamik und guten Zug. Der längere Stiel pendelt hinter der Hand mit und verbessert die Exaktheit und Treffsicherheit der Schläge. Das Gewicht der Hämmer schwankt zwischen 800 und 1250 Gramm.

Merke: Das Gewicht des Hammerschlags wächst linear mit der Hammermasse, jedoch mit dem Quadrat der Auftreffgeschwindigkeit. Das ist ein physikalisches Gesetz und heißt vereinfacht, dass eine hohe Geschwindigkeit und Beschleunigung viel mehr Auswirkung als hohes Gewicht hat. (Den Hammer wie eine Gewehrkugel beschleunigen. – Grant Moon)

SCHLAGTECHNIK:

Den Hammer mit allen 3 Gelenken beschleunigen (Handgelenk, Ellbogen und Schulter). Auch der Oberkörper und sogar der Rumpf dürfen mithelfen. Im Extremfall bis zu den Zehenspitzen. Nach der Beschleunigungsphase wird der Hammer entspannt und nur mehr gelenkt. Nachdem der Hammer vom Amboss retour kommt, wird er wieder nach oben gezogen. Das sorgt für ermüdungsfreies Arbeiten und entspannte Gelenke und Muskeln. Lass den Hammer für dich arbeiten! Wichtig: Halte den Kopf nicht direkt über der Ambossbahn. Bei einem Fehlschlag kann dies zu schlimmen Verletzungen führen.

Lehrabschlussprüfung

Sicherheitsstricke zum Anbinden. Das Pferd kann bei Zug den Strick durchziehen. Der Widerstand kann reguliert werden.

Beschlagsplatz Anforderungen

Eben, kein weicher Boden, kein harter Boden, kein brennbarer Boden, rutschfest, trocken, sauber, Anbindevorrichtung mit Sicherheitsstricken evtl. Ausbindemöglichkeit, keine gefährlichen Gegenstände wie z. B. Gabeln, Turnierkisten usw. in der Nähe, Ruhe bei der Arbeit, hell, durchlüftet, überdacht, gute Beleuchtung, 7 m Abstand bis zum Beschlagsauto, keine brennbaren Güter wie z. B. Stroh in der Nähe, Strom fürs Auto.

Einen solchen, dem Gesetz entsprechenden Beschlagsplatz, gibt es fast nirgends. Allein die Voraussetzungen für den Boden widersprechen sich. Die einzige Möglichkeit ist ein Holzstöckelpflaster.

WICHTIG DAHER:

Den Besitzer darauf hinweisen, den bestmöglichen Platz zu wählen. Bei unruhigen Pferden einen Platz wählen, den sie gewohnt sind, und es mit dem Besitzer absprechen. Im schlimmsten Fall nicht beschlagen. Wir sind verantwortlich!

Werkzeuge, Hufbock, Nägel usw. müssen aus der Gefahrenzone rund ums Pferd entfernt werden. Speziell wenn wir beim Auto arbeiten und das Pferd alleine ist.

Wir tragen auch die volle Verantwortung für alle Personen, die sich im Beschlagsbereich aufhalten.

Beschlagsauto

Das Beschlagsfahrzeug soll ergonomisch eingerichtet sein. Wir arbeiten den ganzen Tag gebückt. Daher ist es umso wichtiger, bei der Arbeit am Auto möglichst aufrecht arbeiten zu können.

Wie gut ein Auto eingerichtet ist, sehen wir am folgenden Beispiel: Wie viel Zeit und Arbeitsschritte benötige ich, um es arbeitsbereit herzurichten, wenn man ein verlorenes Eisen ersetzen muss? Muss erst mühevoll der Amboss aufgebaut werden oder rollt er leicht auf einer Schiene? Muss ich erst den Ofen schwenken und arretieren? Ein Stromkabel auf und anschließend wieder einrollen?

Ganz wichtig sind die Sicherheitsvorkehrungen. Schutzvorrichtungen am Schleifband, Warnaufkleber, Handschuhe, Sicherheitsbrillen, Gehörschutz und Verbandskasten.

Gasanlage: Die Gasflasche(n) sind in einem Gasschrank fest fixiert. Der Schrank hat auf der Bodenseite eine Öffnung durch die Bodenplatte des Autos, damit das Gas (schwerer als Luft) im Notfall entweichen kann. Der Gasschrank soll von einer anderen Türe als der Ofen erreichbar sein, damit im Notfall ein gefahrloses Schließen des Gashahnes möglich ist. Ist die Entfernung vom Gasschrank bis zum Ofen länger als 40 cm, wird zwischen Schrank und Ofen eine fixe und feste Leitung benötigt. Wird der Ofen aus dem Auto geschwenkt, wird mit Hilfe einer Gaskupplung ein flexibler Schlauch zum Ofen eingebaut. Die Gasanlage wird vom Fachmann druckgeprüft und mit einer Plakette versehen, wo die jährliche Überprüfung eingestanzt ist. Zur Gasanlage gehört ein 6 kg Feuerlöscher im Auto fixiert. Ein Gasleckspray kostet nicht viel und kann wertvolle Dienste leisten. Gasunfälle haben schwerwiegende Folgen. Denke an deine Verantwortung gegenüber Mitarbeitern, Kunden und Pferden.

Das Beschlagsauto ist immer ein Kompromiss. Große Autos, wo innen gearbeitet wird, bieten Vorteile bei schlechtem Wetter. Dafür hallt es im Auto und das Einsteigen über Stufen oder Auftritte ist bei Schnee unlustig. Kleinere Autos sind wendiger in engen Zufahrten und eine Heckklappe schützt nur bedingt bei Schlechtwetter.

Beschlagsautos sind unsere Visitenkarte, Auslage und Erkennungsmerkmal von weitem. Kunden können die Qualität unserer Arbeit nicht immer erkennen. Sehr wohl sehen sie unser Auto und unser Equipment. Meist lässt ein sauberes, aufgeräumtes Werkstattauto auf eine saubere Arbeit schließen …

Das Auto gehört zu unserem Markenzeichen. Es muss nicht teuer und neu sein, jedoch aufgeräumt, sauber und vollständig.

Kleidung

Unsere Kleidung gehört zu unserem Auftreten. Wie das Auto sollte sie möglichst sauber sein. Trägst du die dieselben Pullis und T-Shirts vom Hufbeschlagshändler wie deine Kollegen? Gestalte deinen eigenen Look! Sei anders, wenn du dich vom Einheitsbrei deiner Kollegen abheben möchtest.

Hast du ein Firmenlogo auf deinem Auto und deiner Kleidung? Mach dich unverwechselbar!

Setze bei der Kleidung auf Qualität! Es dient nicht nur dem Tragekomfort, sondern auch deiner Gesundheit. Einen Krankenstand zahlt dir niemand und dieser kostet ein Vielfaches deiner Kleidung …

Rechts in der Mitte mein Urgroßvater mit Hemd und Krawatte. Links neben ihm mein Großvater. Auch wenn sie nicht ständig so gekleidet in der Werkstatt standen, waren es stolze Schmiede und legten Wert auf Auftreten und Kleidung.

Facebook/ Instagram und Co

Nutze die positiven Aspekte der Medien. Mit Hufschmieden auf der ganzen Welt vernetzt zu sein, heißt: Ausschreibungen von Fortbildungen, Wettbewerben, Studienergebnissen, neuen Werkzeugen, Materialien, deren Anwendung und Feedback, Autoeinrichtungen, alle erdenklichen Beschläge, Videos und Anleitungen, Hufkorrekturen, Meinungen von Kollegen. Für Kunden: Sie sehen deine Weiterbildung, dein Sortiment, deine anderen Arbeiten.

Erweitere deinen Horizont mit Social Media. Versuche Berufliches und Privates möglichst zu trennen. Deine Seite bleibt interessant, wenn du vernünftige Dinge postest und dich nicht von Unsinn anstecken lässt.

Vorsicht: Genauso schnell wie du bekannt werden kannst, können dir negative Postings schaden.

„Bist Du wie wie Anderen, bist du maximal durchschnitt."

Mein Logo in der Kappe

Werbung

Die beste Werbung ist und bleibt die Mundpropaganda und gute Arbeit.

Stecke deine Energie in gute Arbeit und Kundenbetreuung, anstatt in Werbezettel in Reitställen. Die wenigsten Neukunden erreichst du auf diese Weise. Und diejenigen, die auf solche Art der Werbung reagieren, möchtest du nicht als Kunden …

Hebe dich ab und sei einzigartig. Besinn dich auf deine Stärken, zeige und vermarkte sie. Nur so kannst du überdurchschnittlich sein und herausragen.

Verantwortung

Die Verantwortung trägt immer der Hufschmied b. z. w der Chef der Firma. Die einzige Person, die uns dieser Verantwortung entziehen kann, ist der anwesende Tierarzt, der dieses Pferd gerade in Behandlung hat.

Weder Besitzer, Trainer, Reitlehrer, Spezialist noch irgendein erfahrener Kollege kann dir die Verantwortung über deine Arbeit nehmen. Wir sind die Fachleute und müssen entscheiden, ob wir die Arbeit ausführen, wie der Besitzer oder Reitlehrer es will, oder wie wir es für richtig halten.

Respektiere die Wünsche dieser Personen, jedoch setze nur das um, was du verantworten kannst. Es ist besser, einen Kunden auf diese Art und Weise zu verlieren, als dann der Buhmann zu sein und im schlimmsten Fall sich vor einem Gericht verantworten zu müssen. Wenn mehrere Hufschmiede zusammen in einer Firma arbeiten, trägt immer der Firmenchef die Verantwortung. Sogar wenn der mitarbeitende Hufschmied über eine bessere Ausbildung und mehr Erfahrung als der Inhaber verfügt. Ein Lehrling kann keine Verantwortung tragen. Ich sehe diese Verantwortung positiv.

Speziell bei Reklamationen neigen wir gerne dazu zu sagen: Ich war's nicht. Schuld ist jemand anderes oder sogar das Pferd, weil es unruhig war. Es ist nicht leicht, die Schuld auf sich zu nehmen, und natürlich mache ich das nur, wenn ich auch schuld bin. In vielen Fällen kommen bei lahmen Pferden mehrere Umstände zusammen und es ist kein eindeutig Schuldiger zu finden.

Wie du deinen Ruf verbessern kannst, obwohl du das ‚heilige' Pferd vernagelt hast

Vor einigen Jahren wurde ich zu einem lahmen Pferd gerufen, das ich zuvor beschlagen hatte. Bei der Fahrt in den Stall begann ich darüber nachzudenken, was ich wohl tun muss, um meinen Ruf nicht nur zu behalten, sondern ihn sogar noch zu verbessern. Ich beschloss, mehr zu tun, als man erwartete. Ich nahm die Schuld auf mich, die ich auch hatte, und versorgte das Pferd kostenlos. Legte Verbände an, informierte den Tierarzt, beschlug später mit Platte und Polster, erkundigte mich jeden Morgen per SMS nach dem Befinden und kontrollierte täglich am Heimweg die Genesungsfortschritte persönlich. Ein paar Wochen später hörte ich im Stall: Ich will keinen anderen Hufschmied. Ein lahmes Pferd passiert jedem. Doch wie der sich um mein Pferd gekümmert hat, war ein Traum. Einfach super ... Ich gebe zu, es funktioniert nicht immer so gut, jedoch kannst du in solchen Situationen wahre Größe zeigen!

MEINE REGELN BEI REKLAMATIONEN

1) Komm so schnell du kannst zum Pferd. Notfalls verschiebe andere Termine.
2) Höre zuerst zu, dann mach dir selbst ein Bild und vergiss nicht, andere Personen zu fragen wie z. B. Stallpersonal.
3) Im Zweifel lasse die Schuldfrage offen. Natürlich kann es auch deine Schuld sein!
4) Teile den Kunden dein weiteres Vorgehen mit und gib ihnen eine Perspektive. Dann sind sie schon erleichtert.

„Wer die Schuld auf sich nimmt, hat die Macht!"

Anna ist Freizeitreiterin und hat mich motiviert, an diesem Buch zu schreiben. *(Foto: Anna)*

Natalia Belova Springreiterin mit ihrem Udo, der mir viel gelehrt hat *(Foto: Natalia Belova)*

5) Zögere nicht, einen Tierarzt zu rufen.

6) Kümmere dich täglich um das Pferd. Zumindest telefonisch.

7) Schalte die Versicherung nur ein, wenn du 100 % schuld bist. Das hat nichts mit dem verbalen Schuld auf sich nehmen zu tun. Manche Kunden nützen das aus – Versicherungsbetrug!

8) Mache mehr, als der Kunde erwartet. Zeige, dass dir das Pferd wichtig ist.

9) Nutze die Chance, wahre Größe zu zeigen!

Was erwartet sich der Kunde?

- Fachwissen und Können
- Ruhiger und lieber Umgang mit dem Pferd
- Erreichbarkeit am Telefon
- Pünktlichkeit
- Beratung
- Transparente Preise und gutes Preis-/Leistungsverhältnis
- Freundlichkeit
- Vertretung bei Urlaub und Krankheit
- Service

„Behandle Deine Kunden so, wie du gerne behandelt werden möchtest!“

Mit der Zeit bekommt jeder die Kunden, die er verdient. Kunde, Pferd und Schmied müssen zusammenpassen. Ein Vertrauensverhältnis ist wichtig für eine gute Kundenbeziehung. Wir sind nicht mehr einfach nur Handwerker.

Diese Zeiten sind längst vorbei. Auch ich würde zu keinem Zahnarzt gehen, dem ich nicht vertraue (außer im Notfall natürlich). Der kann fachlich noch so gut sein, wenn ich ihn nicht mag, gehe ich nicht hin, PUNKT. Bei uns Hufschmieden ist es genauso. Das Pferd ist für die Besitzer nicht nur ein Pferd. Es ist viel, viel mehr! ... Ein Teil des Lebens, ein Familienmitglied, ein Freund und Partner ...

Was erwarten wir uns?

- Erzogene Pferde
- Ordentlicher Beschlagsplatz
- Pünktliche Bezahlung
- Angenehme Kunden
- Gute Hufpflege

Für solche Kunden bin ich bereit, ein paar Kilometer mehr mit dem Auto zu fahren. Da macht Arbeit Spaß. Falsch, dann ist es keine Arbeit mehr, sondern ein Vergnügen! Wir freuen uns, wenn unsere Arbeit geschätzt wird.

Manchmal muss man die Kunden auch erziehen. Nur wenn der Kunde weiß, was du erwartest, kann er deine Erwartungen erfüllen. Gib ihm also eine Chance!

Das ist nicht immer einfach und funktioniert auch nicht bei jedem Pferdebesitzer. Es bleibt dann nichts anderes übrig, als Abstriche zu machen. Soweit wir das akzeptieren können, ist das ok. Wenn sie unsere Erwartungen gar nicht erfüllen, ist es besser, das Arbeitsverhältnis aufzulösen. Das funktioniert auch freundlich! Bedenke, Kunden, die du rausschmeißt, kommen nie wieder zurück. Und irgendwie muss unser Betrieb schließlich überleben. Erst denken, dann handeln!

Preise

Orientiere dich NICHT an den Preisen deiner Kollegen rundherum! Es ist deine Firma! Es ist deine Arbeit, deine Zeit, deine Arbeitsweise. Verkaufe dich nicht unter deinem Wert! Es gibt überall Reiter und Besitzer, die gute Arbeit schätzen und auch bezahlen! Es funktioniert in jeder Gegend!

Du kannst einen Mercedes oder einen Dacia kaufen. Beide Autos fahren … Fährst du einen Porsche, haben nur teure und gute Reifen Sinn. Wenn du die Kraft nicht auf den Boden bekommst, nützt der Porsche nichts. Lass den Kunden ruhig entscheiden. Bietest du einen Mercedes, wirst du genauso Kunden finden, wie andere für einen Dacia. Darum musst DU wissen, was du anbieten willst! DU setzt deine Arbeit und deinen Wert fest! Wenn alle Kollegen um dich einen Dacia anbieten, hast du es sogar leichter …

Wenn du dieses Buch kaufst, bezahlst du nicht nur das Papier. Du bezahlst den Inhalt und das Know-how, das drinnen steht. Auch du sollst dein Know-how verkaufen. Fortbildung und Ausbildung kosten Geld. Erfahrung kostet jahrelange Mühe. Was nichts kostet, ist auch nichts wert! Wenn du billig bist, wertest du deine Arbeit selber ab! Und es ist deine Entscheidung …

Wenn du zu billig anfängst, kommst du nicht mehr aus dieser Schiene raus! Niemand sieht ein, dass er plötzlich viel mehr für die gleiche Arbeit bezahlen soll. Da musst du schon dein komplettes Konzept ändern.

Material + Lohn + Fertigung + Verwaltung = SELBSTKOSTEN

SELBSTKOSTEN + Fahrtspesen + Gewinn + Mwst
= VERKAUFSPREIS

Erwarte keinen Dank, mach's für die Pferde

Vor einigen Jahren hatte ich zu Weihnachten zwei Notfälle. Ein Rehepferd hat sich ein Eisen abgetreten und bei einem lahmen Pferd war kein Tierarzt zu erreichen. So beschloss ich am 24. Dezember zu helfen, war fast drei Stunden unterwegs, da das lahme Pferd weit weg war. Ich entschied mich, bei beiden Pferden nichts zu verrechnen. Schließlich war Weihnachten. Eine der Besitzerinnen hat mehrere Wochen später „Danke" gesagt …

Wenn du nur für Geld arbeitest, hast du den falschen Job. Sei stolz auf deine Arbeit und freue dich, wenn ein Pferd besser geht als zuvor. Zwischendurch etwas gratis zu machen, heißt nicht, billig zu sein. Sieh es als Kundenservice. Die meisten deiner Kunden werden dankbar sein. Der beschriebene Fall ist selten, wenn er jedoch eintritt, mach's fürs Pferd.

Kalkulation

Kalkulation ist die Aufstellung aller Aufwände. Ziel ist die Ermittlung des Verkaufspreises. Ich kenne nur wenige Hufschmiede, die richtig kalkulieren. Eine solche Kostenaufstellung ist für jeden Hufschmied unterschiedlich. Wie viel Zeit wende ich auf? Wie viel Zeit und Kilometer verfahre ich? Habe ich Mitarbeiter? Habe ich eine Werkstatt? Welche Materialien verwende ich? Investiere ich in Fortbildungen? Wie aufwendig und teuer ist mein Beschlagsauto?

GEMEINKOSTEN – sie werden am leichtesten übersehen. Hier eine kleine Aufstellung:

Material: Lagerkosten, Frachtspesen, die Zeit beim Hufbeschlagshändler, Schwund, Fehlproduktionen, Restbestände, unbrauchbare Materialien z. B bei Polster, Kleber …

Fertigung: Werkstättenaufwand, Heizkosten, Strom, Zinsen, Miete, Abschreibung, Handy, Internet, Computer, Versicherungen, Weiterbildung, Wettbewerbe, Ausbildung, Fachzeitschriften und Bücher, Urlaubslöhne, die Zeit für Kundengespräche und Telefonate, Messen, Fotoapparat

Verwaltung: Buchhaltung und Aufzeichnung, gewerbliche Steuern, Steuerberater, Werbung, Homepage, Social Media, Fahrten zu Steuerberater und Ämtern, uneinbringliche Rechnungen.

„Was Du erwirtschaftest, brauchst Du nicht erarbeiten!

Nicht alle Gemeinkosten treffen jeden Hufschmied. Setze dich mit deinem Steuerberater zusammen und überprüfe deine Kalkulation. Hier noch eine allgemein im Handel übliche Faustregel für die Materialsberechnung: Nettoeinkaufspreis mal 2 = Bruttoverkaufspreis

Beispiel: Kostet ein Polster im Einkauf 10 € exklusive MwSt., verkaufe ihn um 20 € inklusive MwSt. + Arbeitszeit.

1 + 1 = 2 und 4 – 2 = 3

Erwirbt ein Pferdebesitzer ein zweites oder drittes Pferd, erwartet sich so mancher einen Preisnachlass. Wir korrigieren oder beschlagen jedoch trotzdem ALLE Beine und lassen nicht eines weg. Uns bleibt der gleiche Anfahrtsweg und der buchhalterische Aufwand ist nur geringfügig weniger. Die Möglichkeit, dass sich ein Pferd ein Hufeisen abtritt und wir zu einem Spottpreis extra fahren müssen, verdoppelt sich. Daher ist alles andere als ein minimaler Nachlass nicht gerechtfertigt. Dasselbe gilt auch für ganze Stallungen, die wir betreuen.

Meist wird hier noch ein Extra-Service verlangt, wie etwa ein gratis Turnierdienst. Natürlich ist es angenehm, einen ganzen Stall zu betreuen. Umgekehrt tut es viel mehr weh, einen ganzen Stall an einen Kollegen zu verlieren als ein einzelnes Pferd. Bekommst du in einem Restaurant einen Rabatt, wenn du mit einem Freund essen gehst, anstatt alleine? 1 + 1 = 2!

Es kommt vor, dass wir anstatt 4 Beinen nur 2 zu bearbeiten haben. Wenn wir dann nur die Hälfte des Preises verlangen, ist das viel zu wenig! Wir sehen uns das GANZE Pferd an, schreiben eine GANZE Rechnung, führen ein GANZES Kundengespräch und haben den GANZEN Anfahrtsweg. Wir nützen unser ganzes Know-how für jedes Pferd. 4 – 2 = 3! Wenn ich ein Pferd vorne beschlage und hinten korrigiere, verlange ich etwas mehr als einen halben Beschlag plus eine halbe Hufkorrektur. Mache ich aus irgendeinem Grund, anstatt 2 Hufeinlagen nur eine, kostet diese mehr als die Hälfte. Schließlich bleibt der Aufwand des Herrichtens und Wegräumens gleich.

Der Zeitfaktor und der Aufwand halbieren sich nicht bei halber Arbeit! Hast du schon überlegt, bei aufwendigen oder schwierigen Pferden, die deine Arbeitszeit erhöhen, einen höheren Preis zu verlangen? Abgesehen vom Risiko bei unerzogenen Tieren? Was hindert dich daran? Vielleicht gibt sich der Besitzer in Zukunft mehr Mühe, sein Pferd zu erziehen …

Auch wenn uns der Beruf Spaß macht, sollen wir ab und zu ein bisschen mehr rechnen …

BLEIB IMMER FAIR! Im umgekehrten Fall sind stark überhöhte oder unfaire Preise in Relation zur gebotenen Leistung langfristig nie zielführend. Verkaufe den Kunden nie für dumm! Er bekommt mehr von deiner Arbeit mit, als du denkst.

Von einem Hufschmied weggeschmissene alte Hufeisen mit Hartkernstiften. In einem Reitstall gesehen.

Bei mir werden die Stifte aus den alten Hufeisen wieder verwendet.

Die Golden Nuggets der Hufschmiede

... sind die Hartkernstifte.

Ständig sehe ich, dass Hufschmiede die Stifte in den Eisen lassen und diese zusammen mit den alten Eisen wegschmeißen. Es kostet nur einige Sekunden, die Stifte zu entfernen. Wenn man sie bei einem Umbeschlag rausschlägt, bevor man die Hufeisen im Ofen erwärmt, brechen sie auch nicht und halten lange. Ein Hartkernstift kostet derzeit 38 Cent (Stand August 2021, EK-Preis netto, Katalogpreis). Bei 2 Stiften pro Hufeisen sind dies pro Pferd 3,04 Euro. Bei 5 Pferden pro Tag sind das in einer Woche 76 Euro. In einem Jahr mit 48 Wochen macht das 3 648 Euro ... Rechne einmal bei dir nach.

Wie wäre es, dieses Geld in Fortbildung, hochwertiges Werkzeug oder eine ergonomische Fahrzeugeinrichtung zu investieren? Ähnlich verhält es sich mit Raspeln. Raspeln können nachgeschärft bzw. abgezogen werden. Die Verwendungszeit verdoppelt sich dadurch. Eine Maschine dazu ist für 200–300 Euro zu kaufen und rentiert sich bereits nach ein paar Monaten. So sparst du wieder hunderte Euro pro Jahr. Ein gassparender Gasofen kostet in der Anschaffung nicht mehr als ein 2- oder 3-Brenner. Wenn du pro Jahr 20 Gasflaschen sparst, sind das wieder hunderte Euros.

Wie wäre es mit einem Urlaub?

Zeichnen

Der Kunstschmied zeichnet mit Kreide sein Gitter 1:1 auf. Der Baumeister zeichnet einen Bauplan. Beim Eagle Eye Bewerb zeichnet der Wettkämpfer die Hufform 1:1 auf ein Blatt Papier.

Wir zeichnen für unser Gehirn. Was du zeichnest, prägst du in dein Gehirn ein. Wenn du die Hufknochen und Gelenke einmal gezeichnet hast, kennst du die Form des Kronbeines, weißt, wo das Hufgelenk genau liegt und wie weit sich das Strahlbein in der Hufmitte befindet.

Wer probiert, sich bei der Hufkorrektur an den Linien zu orientieren, diese beim Anrichten des Hufeisens ebenfalls im Kopf hat, wird feststellen, dass er sich ein paar Mal den Weg zum Amboss ersparen kann. Und plötzlich ist auch das Eisen in der Balance …

In vielen Hufbeschlagsschulen der Welt wird zeichnen immer mehr forciert, da der Erfolg sichtbar ist. Wenn du ein Foto eines Gelenkes anschaust, kannst du unmöglich die Details merken. Wenn du es zeichnest, sehr wohl. Wenn du einen Huf anschaust, kann sich ein erfahrener Hufschmied viel merken. Jedoch wenn du ihn in Hufformen einteilst, im Kopf deine Linien ziehst, wirst du merken, dass dies die hilfreichste Fortbildung deines Berufslebens ist.

„Nur wer es probiert hat, merkt den Unterschied!“

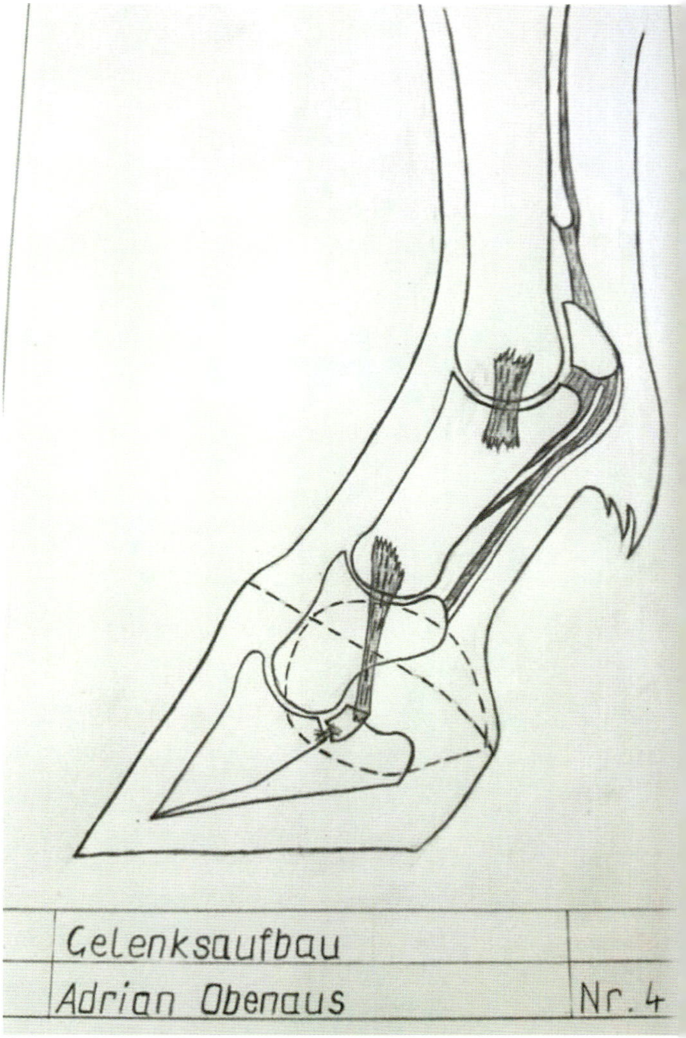

Adrian in der Berufsschule

„Und ewig **bückt** *sich der Hufschmied ...“*

Hufschmiede Fitness

Wenn du jung bist, wirst du diesen Artikel nicht verstehen, oder verstehen wollen. Vielleicht liest du ihn mal, wenn dein Körper STOP schreit ...

Der Körper ist nach dem Kopf das wichtigste Werkzeug des Hufschmiedes! Es ist selbstverständlich, dass wir unser Messer scharf machen. Darum haltet auch euren Body scharf! Unser Körper wird bei unserer Arbeit sehr einseitig und stark beansprucht sowie abgenützt. Das ist ein Fakt! Wirbelsäule, Knie, Ellbogen, auch alle anderen Gelenke, Muskulatur ... Der Körper verzeiht viel und sendet uns erste Signale, wenn er überbeansprucht wird. Es liegt an uns, auf ihn zu hören oder ihn zu ignorieren.

Das letzte Pferd macht uns kaputt! Wenn die Muskulatur ermüdet ist und die Bandscheiben keine Unterstützung mehr haben und alles alleine tragen müssen.

Liegestütz-Challenge

Daniel Holzhacker zeigt eine einfache Übung zur Haltungskorrektur. Dauert nur einige Sekunden und du benötigst dazu einen Besen und kannst es jederzeit machen. Unsere Schultern werden bei der Arbeit ständig nach vor gezogen. Diese Mini-Übung hilft den Brustkorb zu öffnen und die Schultern in richtiger Position zu halten.

Je nachdem, ob wir Rechtshänder oder Linkshänder sind, wird eine Seite Muskulatur aufbauen und die andere nicht. Es entsteht ein Ungleichgewicht im Nacken, der Wirbelsäule, den Schultern usw. Diese Ungleichheit führt bei starker Beanspruchung zu Verspannungen, eingeklemmten Nerven usw. Ein Ausgleichssport hilft. Außerdem werden dabei von uns nicht beanspruchte Muskeln gestärkt und helfen uns bei jeder Bewegung.

Eine gute Körperhaltung schont unsere Wirbelsäule und stärkt die Muskulatur. Es dauert lange, sich eine gute Haltung anzugewöhnen, aber wir profitieren extrem. Zum Beispiel sind Bauchmuskeln die Gegenspieler der Lendenwirbelsäule. Sie können die Wirbelsäule entlasten, wenn sie trainiert sind und eine korrekte Körperhaltung unterstützen. Bis wir beim letzten Pferd müde sind und voll in der Wirbelsäule hängen ... Wirbelsäulengymnastik wird oft belächelt, aber wer lacht am Schluss?

Beim Ersten Mal, so wie Daniel, den Besen ganz außen mit gestreckten Armen halten. Anschließend, ohne die Stange zu verdrehen, den Besen über den Kopf wieder bis zur Waagrechten nach hinten bewegen, und zurück. 10 Wiederholungen. Nach einigen Einheiten mit den Händen vorsichtig enger werden.

FITNESS

Was du für deinen Körper tust, bleibt dir überlassen. Fitnesscenter, Laufen, Gymnastik, Yoga, ... Wie wäre es mit regelmäßiger Massage? Es gibt unzählige Möglichkeiten. Schau dir ältere Hufschmiede genauer an. Ein kleiner Teil ist nach jahrzehntelangem Pferdebeschlagen immer noch topfit. Frag sie warum! DU und nur DU entscheidest, ob du dazugehörst!

„ICH WÜRDE JA EH GERNE, ABER ICH HABE KEINE ZEIT ...“

Doch Zeit zum Messer schleifen ist vorhanden, sonst könnten wir nicht arbeiten ... Und um das Beschlagsauto in die Werkstatt zu bringen, ist auch Zeit, sonst ist es irgendwann kaputt ... Für das Schreiben der Rechnungen ist auch Zeit, sonst sind wir Pleite ... Es ist Zeit für unseren Körper! 15 Minuten später starten in der Früh?

Das letzte Pferd macht dich nicht reich! Tu stattdessen deinem Körper etwas Gutes.

Studien in diversen Ländern zeigen, wie viele Hufschmiede ihren Beruf aufgrund körperlicher Abnutzungserscheinungen nicht mehr ausüben können. Willst du dabei sein?

TEAMWORK

Teamwork ist effizienter und körperschonender. Wir können uns ergänzen, wenn der Körper schmerzt. Bei schweren und mühsamen Pferden reduziert sich die Belastung um ein Vielfaches. Es macht Spaß, motiviert und steigert die Qualität. In schwierigen Fällen ist eine zweite Fachmeinung nur vorteilhaft. Jeder Mensch hat seine Stärken. Wenn wir die Stärke anderer nutzen können, wird unsere Arbeit besser und leichter! Hast du schon einen Lehrling ausgebildet?

Verletzt sein heisst – der Körper gibt dem Kopf Zeit nachzudenken!

HAST DU DEN NÄCHSTEN URLAUB GEBUCHT?

Viele Hufschmiede schaffen maximal 1 oder 2 Wochen Urlaub im Jahr. Es ist schwierig, da unser Arbeitsrad sich ständig dreht und die Pferde alle paar Wochen korrigiert werden müssen. Um einen Kollegen für gegenseitige Urlaubsvertretung anzusprechen, braucht es vielleicht Überwindung. Die macht sich jedoch bezahlt. Viele haben Angst, dass Kunden zum Kollegen wechseln. Wenn ein Besitzer zu einem anderen Hufschmied wechselt, hat er sowieso nicht zu dir gepasst! Gönne dir mindestens 4 Wochen Urlaub! Deine Kunden gönnen sich auch Urlaub und werden es verstehen. Abstand und Urlaub ist wichtig für Körper und Kopf.

Verletzungspause nützen

Viele Spitzensportler sind nach Verletzungen stärker denn je. Sie nützen die Verletzungspause. Freilich haben sie einen Mentalcoach und wir nicht …

Wer verletzt oder auch krank ist, muss planen. Wer beschlägt meine Pferde? Kann ich die Beschlagsperiode hinauszögern? Welche Kollegen spreche ich an?

Wir haben auch Zeit, unsere Arbeitssituation zu überdenken! Was können wir optimieren? Wie verbessere ich meinen Ruf? Meinen Verdienst? Meinen Kundenservice? Teambildung – Lehrling? Urlaubsplanung? Bestelle dir ein Fachbuch. Kalkuliere mal. Kauf ein Buch über Fitness, mach Online-Kurse – für Rhetorik z. B. Es gibt unzählige Fachvideos im Internet. Mach einen Termin mit deinem Steuerberater aus. „Wenn Du wieder gesund bist, wirst Du stärker sein als vorher!“

Teamwork
(Foto: Kathrin Werth)

Kreativ aus dem Frust

Jeder ist einmal frustriert. Sei es bei Krankheit oder Verletzung, wie vorhin beschrieben, oder wie ich durch einen Hornspalt, der nicht und nicht zuwachsen möchte. Oder du vermisst deine Arbeit mit Werkman Black, bist überzeugt, eine gute Korrektur oder einen schönen Beschlag gemacht zu haben, und trotzdem zeigt die Messung ein schlechteres Ergebnis als vorher. Man denkt nach, findet keine befriedigende Antwort und ist noch frustrierter. Jeder darf ab und zu frustriert sein. Wichtig ist nur, wie man wieder rausfindet. Streicht man es aus dem Gedächtnis, bleibt man weiter frustriert oder nützt man den Frust? Vielleicht um kreativ zu werden?

Kreativ aus dem Frust? Schwer vorstellbar, und doch möglich. Es bleibt uns überlassen, wie lange wir uns dem Frust hingeben oder nicht. Zuerst sollen wir uns auf unsere Stärken und Fähigkeiten besinnen. Wir haben schon so vieles geschafft und sind gute Hufschmiede! Diese Basis ist wichtig für unseren Kopf! Frustration war schon oft eine Grundlage für Innovationen und neue Erkenntnisse. Ergebnisse und Lösungen, auf die man ohne den vorangegangenen Frust nie gekommen wäre. Wenn wir mit unseren bisherigen Erfahrungen keine Lösung wissen, hilft es, kreativ zu werden. Kreatives Denken birgt unzählig viele Möglichkeiten. Auch Kollegen, die man fragt, können einen Stein ins Rollen bringen. Sogar der Nicht-Fachmann, der zu mir gesagt hat „Warum lässt du ihn nicht barfuß laufen?“, kann unserem vorgefertigten Denken eine andere Richtung geben. Nach einem spontanen „unmöglich“ kommt der Gedanke, was muss ich tun, dass es möglich wird? Oder um wieder auf das Werkman-Black-Beispiel zurückzukommen, was war vor dem Beschlag anders? Welches Detail hat dem Pferd gut getan? Du kannst auch deine Lehren und Ausbildungen beiseitelassen und etwas völlig Neues ausprobieren. Nützt es nicht, ändere es nochmal. Forsche im Internet. Neben viel Unsinn sind auch gute Ideen zu finden. Genauso ist es bei Foren in Social-Media-Gruppen. Ich bin kein Fan davon. Wenn jedoch von 30 Antworten nur eine einzige hilfreiche dabei ist, ist das ein Erfolg!

Hast du gewusst, dass Kartoffelchips aus Frust und Ärger entstanden sind? Ein Koch bekam ständig Kritik von einem Stammgast, weil die Kartoffelscheiben zu dick waren. Daraufhin schnitt er die Scheiben absichtlich extrem dünn, um es dem Gast unmöglich zu machen, diese mit der Gabel aufzuspießen. Doch anstatt den Gast zu verärgern, war dieser begeistert! Penicillin und übrigens auch Röntgenstrahlen wurden aus reinem Zufall entdeckt. Tja, und wenn ich nach Osten segeln will und im Westen Amerika entdecke, war Christoph Kolumbus auch sehr kreativ …

Während der Covid-Pandemie hat es sich gezeigt, dass stark betroffene Betriebe, die kreativ agieren und bereit sind, sich zu ändern, gestärkt herauskommen oder zumindest überleben können. Abwarten alleine ist zu wenig. Frustriert waren alle. Die Kreativen haben gewonnen. Die Corona-Pandemie hat mir unzählige freie Abende beschert, um dieses Buch zu schreiben.

Sicherheitsschuhe

Sicherheitsvorschriften

WENN ETWAS PASSIERT, IST ES SCHON ZU SPÄT ...

Sicherheitseinweisungen für unsere Mitarbeiter und bei unserer Arbeit anwesende Personen. Manche Dinge müssen oft wiederholt werden, um zu wirken.

ALLGEMEIN:

Sicherheitsschuhe, Sicherheitsbrille, Gehörschutz, lange Haare zusammenbinden, Arbeitshandschuhe (Ausnahme Bohren, Gewindeschneiden). Schürze, keine Sicherheitsaufkleber und Schutzvorrichtungen an Maschinen entfernen, Werkzeuge instand halten, Erste-Hilfe-Kasten in Auto und Werkstatt, kein umherliegendes Werkzeug

SCHLEIFBAND- UND SCHLEIFSCHEIBEN-WECHSEL

Strom abschalten und ausstecken, von Schleifspänen reinigen, Sichtprüfung des neuen Bandes auf Schäden, Laufrichtung beachten, Laufgeschwindigkeit von Band und Maschine muss passen, montieren und einmal mit der Hand durchdrehen und zentrieren, Probelauf – kurz Ein- und Ausschaltknopf betätigen, wenn Umgebung frei, Abstand bei Werkstückauflage einstellen.

Bei Schleifscheiben zusätzlich: Klangprobe – heller Klang ist gut – dumpfer Klang ist defekt, Befestigungsschraube nicht fest anziehen.

SCHWEISSEN

Schweißhandschuhe, Schweißschirm, lange Hose und langärmelige Kleidung

„Wir sind für die Pferde, für unsere Mitarbeiter, alle umstehenden Personen und Dinge während unserer Arbeit verantwortlich."

Es ist die Leidenschaft

Ein guter Musiker spielt nicht nur die Noten vom Blatt. Er lebt mit der Musik. Er leidet bei einem traurigen Stück und zeigt die Begeisterung bei einem schwungvollen. Er durchlebt seine Lieder, Symphonien und Werke jedes Mal aufs Neue. Die Mona Lisa von Leonardo da Vinci ist auf den ersten Blick ein normales Porträt. Erst bei genauerer Betrachtung offenbart sich die Genialität. So wie ein Hufbeschlag für Laien aussieht wie ein normales, aufgenageltes Hufeisen. Die Kunst des Hufbeschlages, einen physiologisch idealen Maßschuh für das jeweilige Pferd zu kreieren, ist meistens verborgen. Ein bestimmtes modifiziertes Hufeisen habe ich „Mona-Lisa-Eisen" getauft. Wie man es auch wendet, zeigen die Seitenränder immer in die gleiche Richtung. Der moderne Hufbeschlag ist eine Synergie zwischen dem Wissen, Können und der Leidenschaft alter Meister und neuer Technologien, wie dem Kunststoff und der Klebetechnik oder der Ganganalyse Werkman Black.

Hufschmiede, die schneiden, zwicken, raspeln und aufnageln gibt es Hunderte. Jeder Stallbesitzer, Reitlehrer, Reiter, Tierarzt usw. hat schon viele solche gesehen. Sie sind maximal Durchschnitt und wirken – uninteressant …

Die wirklich guten Schmiede zeigen Leidenschaft. Sie leben mit der Arbeit mit. Sie zeigen, wie wichtig ihnen das Pferd ist. Sie leiden und machen sich Gedanken, wenn es einmal schlechter geht. Sie freuen sich, wenn die Arbeit gut gelingt, wenn das Pferd gut läuft. Spaß bei der Arbeit ist ihnen wichtig. Nicht das Geld steht im Vordergrund, auch nicht der Besitzer oder Reiter, sondern das Pferd. Sie sind stolz auf ihre Arbeit und nicht auf die Anzahl der Pferde pro Tag. Ihre Triebfeder ist ein fantastisch korrigiertes, beschlagenes Pferd, das super läuft. Leidenschaft gibt dir Kraft und Energie.

Das überträgt sich auf dein Umfeld und die Kunden werden dich schätzen. Du hebst dich ab von der Masse. Diese Leidenschaft hat nichts mit Quatschen und großen Reden zu tun! Du strahlst sie aus und dein Umfeld spürt es. Komisch, dass die Arbeit wie von alleine besser wird und die Motivation noch mehr steigt. Leidenschaft kann man nicht kaufen wie ein gutes Werkzeug oder erlernen wie eine Sprache. Sie muss in dir sein, in dir brennen.

Pass bei der nächsten Fortbildung mal auf! Sieh dir die Vortragenden und Vorführenden an, die dir besonders gefallen. Sie alle haben und leben diese Leidenschaft. Jeder, der wirklich groß ist, hat sie – diese Grundvoraussetzung für einen Meister der Hufbeschlagskunst und für alle erfolgreichen Menschen.

Die Leidenschaft ist das Feuer in dir.

Sprüche und Aussprüche

Manche Freizeitreiter laufen von Tierarzt zu Tierarzt (und Hufschmied zu Hufschmied), bis sie denjenigen finden, der ihre selbst entworfene Diagnose und Meinung aus dem Internet bestätigt ... (Artikel – Der Freizeitreiter)

Es gibt keine schlimmen Pferde ...

HAST DU AUCH ESEL?
JA, ICH HASSE ESEL ...

Freu dich über Mitbewerber, sie machen dich besser ...

Manchmal sieht man Esel an Pferden arbeiten ...

Ich liebe das Schmieden, aber das Schmieden liebt mich nicht ...

(Felix, Lehrling)

ICH WÜNSCHTE MIR, DIE STUTE HÄTTE DEINE FIGUR ...

LANGE HUFE SIND HALT EINMAL LANG ...

Besitzerin: ..., aber im Internet steht, das kann man korrigieren! Hufschmied: Tja, dann lassen Sie Ihr Pferd vom Internet beschlagen ... *(Rudolf Vogtenhuber)*

Wenn du bei der Hufbeschlagsprüfung durchfällst, kannst du immer noch Tierarzt werden ...

EIN PFERD IST KEIN TEDDYBÄR ... *(Ein Tierarzt)*

Ein Haflinger hält alles aus ...

Im Winter bei -15 Grad Celsius: Ich setz mich zum Wärmen in den Kühlschrank, dort hast 5 Grad plus ... Oder: Auf den Seychellen wär's jetzt eh zu heiß ...

Kunde: Kannst du nicht die Zehe mehr kürzen? Ich: Natürlich, gerne! Das Pferd ist dann halt lahm ...

Ich habe immer schon gewusst, dass ich viel zu intelligent bin für einen Hufschmied und bin trotzdem einer geworden ... *(aufgeschnappt)*

WENN DU KEINE ZEIT ZUM SCHMIEDEN HAST, SCHLÄFST DU ZU VIEL

(Grant Moon)

Wie werde ich ein besserer Hufschmied

Wenn Du gut bleiben willst, musst du dich immer wieder verändern.
Die Welt entwickelt sich ständig weiter. Auch in unserem Beruf bleibt sie nicht stehen. Es geht zwar langsam und manchmal merken wir fast nichts davon. Doch wenn wir einige Jahre zurückblicken, sehen wir sehr wohl den Fortschritt. Festhalten an Traditionen ist wichtig. Unsere Vorfahren waren in vielerlei Hinsicht besser, als wir annehmen! Genauso wichtig ist, den Fortschritt zu akzeptieren und „am Ball" zu bleiben. Menschen, die sich verändern können, stellen sich außerdem viel leichter auf unvorhersehbare Dinge ein.

„Wenn du besser werden willst, musst du zusätzlich deine Grenzen überschreiten.

Du musst es einfach tun! Den ersten Schritt. Anmelden zu einer Weiterbildung. Bücher kaufen und lesen. Dir die Zeit nehmen beim Pferd, um die Arbeit zu optimieren. Deinen Zeitplan und deinen Preis anpassen. Kollegen um ihre Meinung fragen. Dinge ausprobieren, ohne Angst vor dem Versagen zu haben. Wir alle lernen aus Fehlern! Versuche nicht, perfekt zu sein. Perfektionismus ist lähmend. Sei innovativ. Teste und probiere neue Produkte. Mach Dinge, die deine Kollegen nicht machen. Auch wenn einiges nicht so funktioniert. Manches wird gelingen und funktionieren. Such dir ein spezielles Fachgebiet, das dich interessiert. Es ist besser, in einem Gebiet super zu sein, als überall mittelmäßig. Jeder von uns hat seine Stärken. Bau sie aus! Mach bei einem Wettbewerb mit. Überwinde dich und trainiere ein bisschen. Es ist ganz egal, welchen Platz du erreichst, du wirst lernen. Du kannst nur gewinnen oder lernen. Versagen ist, nicht mitmachen ..

Jeder erfolgreiche Hufschmied hat diesen ersten Schritt getan. Jeder hat schwere Zeiten durchgemacht und ist nach jedem Rückschlag wieder aufgestanden. Es sind viele kleine Schritte, die zum Erfolg führen. Dabei müssen wir unsere Komfortzone, in der wir uns wohlfühlen, verlassen. Wir müssen unsere Grenzen überschreiten und neu setzen. Nur dann wirst du besser. Und besser werden schafft Freude!

Kinder fallen hunderte Male nieder und stehen wieder auf, wenn sie laufen lernen. Sie erleben ein ungeheures Glücksgefühl, wenn sie es geschafft haben. Als Kinder haben wir täglich gelernt und sind besser geworden. Haben wir das verlernt? Oder sind wir zu faul?

DAS EINZIGE HINDERNIS SIND WIR SELBST! WIR HABEN ES IN DER HAND!

Wie oft heißt es, der Hufschmied hat das Hufeisen nicht gut aufgenagelt, wenn sich ein Pferd das Eisen abtritt ... Kunden können nicht einschätzen, wie schwierig es ist, wieder ein Hufeisen aufzunageln, wenn die Hornwand mitgerissen wird. Wie viel Mühe es kostet, bis der Huf wieder nachgewachsen ist. Dann auch noch Kritik einstecken, ist nicht einfach.

Wir werden von unqualifizierten Personen kritisiert

Pfleger, Reitlehrer, Trainer, Pferdebesitzer, Therapeuten und noch viele andere urteilen über unsere Arbeit. Keiner von ihnen hat jemals ein Pferd beschlagen oder korrigiert. Keiner weiß über diesen einen Huf genauer Bescheid, als derjenige, der ihn seit Jahren bearbeitet und beobachtet. Wir sind unqualifizierten Meinungen schonungslos ausgesetzt und haben oft keine Chance, uns zu rehabilitieren. Manchmal werden unsere fachlichen Argumente als Ausreden hingestellt. Wie sollen wir damit umgehen? Es ärgert uns und es ist nicht verwunderlich, wenn wir ungehalten reagieren. Dann werden wir als nicht kommunikativ oder Rüpel abgetan. Sollen wir gar nicht reagieren?

Es ist eine schwierige Situation, mit der wir lernen müssen umzugehen. Wenn wir gute Arbeit machen, wird uns der Erfolg auf Dauer Recht geben. Kurze fachliche Klarstellung ist immer gut. Sag ihnen, dass du mit deiner Erfahrung das Beste für das Pferd probiert hast, weil dir das Pferd wichtig ist. Diskussionen mit nur auf IHRE Meinung fixierten Personen sind sinnlos. Je mehr man versucht, seine Arbeit zu verteidigen, desto mehr Gegenargumente finden sie. Es ist pure Zeit- und Energieverschwendung.

Wir werden sie nicht ändern können. Diese Energie können wir beim nächsten Pferd viel sinnvoller einsetzen.

WENN WIR ES SCHAFFEN: NICHT MAL DRÜBER ÄRGERN ...

Auf der anderen Seite können kritische Fragen und Aussagen von unqualifizierten Menschen uns helfen, unsere fachlichen Grenzen zu erweitern. Diese Leute ohne fachlichen Hintergrund haben einen offeneren Blickwinkel, denken einfach und nicht kompliziert. Vielleicht helfen sie uns, von vorgefertigten Meinungen wegzukommen. Dies können auch junge Lehrlinge sein. Sie können uns die Augen öffnen ...

Wettbewerbe/Prüfung/Arbeiten vor Fachpublikum

VORBEREITUNG

Ohne Vorbereitung kein Erfolg! Während einer Stresssituation fällt der Mensch wieder in sein gewohntes Schema. Es ist daher fast nicht möglich, bei einer Prüfung oder bei einem Bewerb besser zu arbeiten als im Alltag. Deshalb ist genaues Training absolut notwendig. Gute Vorbereitung gibt Sicherheit. Der Kopf weiß – ich kann es. So ist es einfacher, sein Können abzurufen und umzusetzen. Nimm dir Zeit, dein Werkzeug zu schärfen. Erstelle einen Trainingsplan, den du einhalten kannst.

DECISION LINE

Jeder ist mehr oder weniger nervös in einer Stresssituation. Eine gesunde Dosis an Nervosität ist wichtig, bringt einen Adrenalinkick und fördert die Leistungsfähigkeit. Champions nutzen die Decision Line unmittelbar vor dem Start. Sie wissen, es wird schwierig und schalten im Kopf um: „Decision Line! – Jetzt bin ich da, mache es und genieße jeden Augenblick. Los geht's, es wird geil!" Er ist jetzt im Kopf frei und wird sein Bestes bringen. Es funktioniert. Am besten die Worte „Decision Line" vorsagen und dein Kopf schaltet um. Dabei ist es ganz egal, ob du bei einer Prüfung bist, bei einem Wettbewerb, wenn du einen Vortrag hältst oder ein schwieriges Pferd zu bearbeiten hast.

SPASS

Das ist der Turbo für Geist und Körper. Er befreit und lockert. Es geht alles leichter. Für Spaß ist immer Zeit – beim Wettbewerb, bei der Prüfung und bei der Arbeit. Er löst die Verkrampfung und hemmenden Stress. Der Kopf wird frei und ist bereit für die nächste Aufgabe.

WETTBEWERBSTYPEN

Jeder dieser 3 Typen ist gut, hat trainiert und will gewinnen oder bestehen! Der Unterschied liegt im Kopf.

DER VERWEIGERER:
Er steht am Start oder vor dem Beginn und denkt: In einer Stunde ist es vorbei, dann kann ich nach Hause. Er legt sich schon vor dem Start die Ausreden parat, warum es heute nicht so gut gelaufen ist. Du musst etwas machen, auf das du nicht vorbereitet bist. Er ist frustriert. Ich war lange so ein Verweigerer ...

DER ZIELORIENTIERTE:
Er denkt: Ich brauche so und so viele Punkte. Ich muss in die Top Ten. Ich will der Beste sein. Er will es allen zeigen. Wenn er etwas Unvorbereitetes machen muss, regt er sich furchtbar auf. Er ist mit dem Kopf schon bei der Siegerehrung, obwohl er noch lange nicht fertig ist.

DER GENIESSER:
Er ist auch nervös. Dann schaltet er um – Decision Line. Er genießt jede Minute, obwohl es hart ist. Er hat Spaß dabei. Er freut sich auf neue Herausforderungen. Kleine Fehler motivieren ihn und er steigert sich noch weiter. Von ihm aus könnte es noch ein paar Stunden so weitergehen. Er genießt den Nervenkitzel. Ein Champion ...

FEHLER

Jedem passieren sie, nur geht jeder anders damit um. Wir müssen uns dessen bewusst sein. Sie können aufwecken oder fertig machen. Derjenige, der am besten mit Fehlern umgehen kann, wird weit vorne sein. Wir lernen schließlich hauptsächlich aus Fehlern. Deshalb ist nicht jeder Fehler zum Verzweifeln ... Manchmal schmeißen wir frustriert alles hin und geben auf. Champions machen weiter ... Deshalb – keine Angst vor Fehlern – nur Neider und Unwissende lachen dich aus. Sie sind nicht wichtig.

WENN ICH NICHT GEWINNE, LERNE ICH

Wieviel wir lernen, liegt an uns. Jeder Sieger, Absolvent und Vortragende hat gelernt und hart dafür gearbeitet. Talent ist nur ein meist unwesentlicher Teil des Erfolges. Dieser liegt im Lernen, Trainieren, immer wieder Aufstehen und trotzdem Spaß haben.

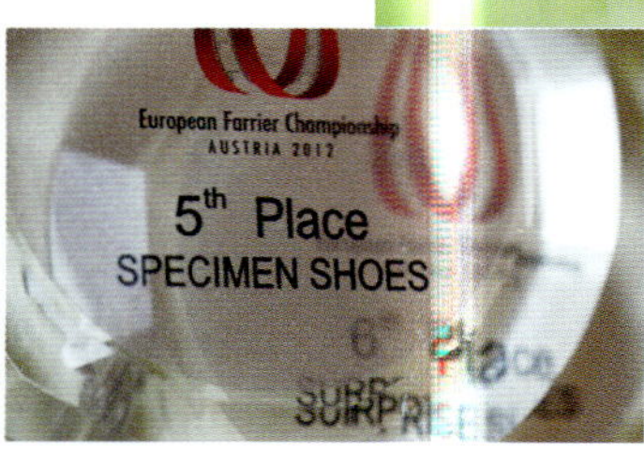

„Kämpfe nicht gegen die Anderen, bringe deine beste Leistung!"

10 PUNKTE BEWERTUNGSSYSTEM FÜR HUFBESCHLAGSPRÜFUNGEN/ WETTBEWERBE

Im Vordergrund steht immer das Pferd. Ein Huf oder Hufeisen kann noch so schön sein, ist ein kleiner Fehler dabei, der dem Pferd schadet, sind unter 7 Punkte zu vergeben. Dies kann z. B ein scharf geschnittener Strahl oder Sohle, oder ein nicht passendes Nagelloch sein. Herrscht definitive Lahmheitsgefahr, z. B. durch ein völlig unpassendes Hufeisen, wird zum Wohle des Pferdes gestoppt. 7 Punkte sind eine Grenze und bedeuten, gut für das Pferd. Der Beschlag für das Pferd steht über der Schönheit der Arbeit!

- **0 Nicht durchgeführt**
- **1 Teilweise durchgeführt (mit der Arbeit begonnen)**
- **2 Nicht fertig ausgeführt (Arbeit großteils fertig)**
- **3 Schwerer Fehler für das Pferd (Lahmheit des Pferdes)**
- **4 Mittlerer Fehler für das Pferd (Lahmheitsgefahr)**
- **5 Leichterer Fehler für das Pferd (geringer Schaden fürs Pferd)**
- **6 Geringe Fehler für das Pferd (kein Schaden fürs Pferd)**
- **7 Gut für das Pferd und nicht sauber gearbeitet**
- **8 sehr gut für das Pferd und sauber gearbeitet**
- **9 ausgezeichnet für das Pferd, hochwertige Arbeit und hochwertiges Finish**
- **10 perfekt für das Pferd, perfekte Arbeit und perfektes Finish Da niemand perfekt ist, sind 10 Punkte fast unerreichbar ...**

Rhetorik – die Redekunst

POWER TALKING

Power Talker haben eine positive Erwartungshaltung. Sie erkennen Leistungen – eigene wie fremde – an. Power Talker kommen immer wieder auf die Beine. Sie übernehmen Verantwortung. Das fördert Zusammenarbeit und baut Konflikte ab. Power Talker zeigen Entschlossenheit und sagen die Wahrheit. Sie beachten die Grundregeln, sind höflich, lassen ausreden und hören zu.

Achte auf den Unterschied, den es in deiner Stimmung und bei anderen ausmacht, und sage anstatt: „Ich muss ...“ – ***„ Ich möchte gerne, oder ich mache ...“***

Wenn du eine Hufsituation verbessern willst, sage anstatt: „Ich werd's versuchen ...“ – ***„Ich werd's tun.“***

Wenn du z. B. noch nie geklebt hast, sage anstatt: „Ich kann das nicht ...“ – ***„Ich hab's noch nicht gemacht, und ich kann es.“***

Wenn sich eine Hufsituation dramatisch verschlechtert, sage anstatt: „Das ist ein Problem ...“ – ***„Das ist eine einmalige Herausforderung.“***

Anstatt zu sagen: „Beim Schmieden bin ich nicht gut“, sag: ***„Ich mache Fortschritte.“*** Lege los und gib dein Bestes.

Streich das Wort „unmöglich“ und sage stattdessen: ***„Es wird anstrengend und es lässt sich machen.“***

Hör auf, dich zu rechtfertigen und zu entschuldigen. – ***Sag lieber gar nichts.***

Wenn z. B. deine Hufkorrektur erfolgreich war, sage anstatt: „Glück gehabt!“ – ***„Ich hab viel nachgedacht und mir einen Plan gemacht.“***

Wenn etwas total daneben geht, sage anstatt: „Ich habe versagt.“ – ***„Jetzt hab ich viel gelernt ...“***

Sag nicht, was du in der Vergangenheit hättest machen sollen, ***sag was du ab heute machst.***

Wenn z. B. ein Pferd lahmt, sage anstatt: „Ich kann's nicht ändern; es ist nicht meine Schuld.“ – ***„Ich bin verantwortlich, dass sich das ändert.“***

Vergiss das Wort „aber“! Sage anstatt: „Ich mache eine super Arbeit, aber die ist teuer.“ – ***„Ich mache eine super Arbeit, die ist teuer.“***

Sage nicht, was du nicht kannst, sondern ***sage, was du kannst!***

Lerne Nein sagen und sage anstatt: „Ich bin völlig ausgebucht, aber ich sage Ja.“ – ***„Nein, ich kann derzeit nicht. Trotzdem danke, dass Sie mich fragen.“***

Höre zu! Denn was du selber sagst, weißt du eh schon alles! (Irgendwo aufgeschnappt)

Sag, was du meinst, und du bekommst, was du willst. (GEORGE WALTHER)

Tre Amici *(Die Bronzeskulptur ist von Renée Pilecky.)* **Der Spitzzüngige, der Engstirnige und das Großmaul. Was verbindet sie?**

Ihnen fehlt das Rückgrat …

Zeig Verständnis bei einem Pferdeproblem und höre zu. Das bringt dich auf eine Ebene mit dem Besitzer und schafft Vertrauen. Nur wenn wir Vertrauen haben, können wir unsere Fachkompetenz umsetzen.

Sag nicht sofort: Nein, das geht nicht. Der Kunde geht sofort in eine Abwehrposition. Gib besser zwei oder drei Lösungsansätze mit den Erfolgschancen und den entstehenden Kosten. Lasse den Kunden entscheiden.

Sprich einfach und halte dich kurz. Probiere eine Krankheit in 5 Sätzen mit einfachen Worten zu erklären. Z. B. Beschreibung, Ursache, Prognose, Korrektur und Beschlag. Das schafft Übersicht und Verständnis. Anschließend kannst du immer noch Dinge genauer ausführen. Der Kunde will keinen Fachvortrag, sondern wissen, was mit seinem Pferd los ist und was du machst, um die Situation zu verbessern.

„Sei kein Negaholic!“ Dies sagte vor vielen Jahren der Referent eines Rhetorik-Kurses zu mir. Du sagst nur was du nicht kannst, was nicht geht und was nicht funktioniert. Sag, was du kannst, was geht und funktioniert!

Lass dem Anderen seine Meinung! Es ist wichtig, dass es verschiedene Meinungen gibt. Und jeder darf seine Meinung haben und auch ändern! Wir lernen alle dazu. Dies ist keine Schwäche, sondern eine Stärke. Wenn dein Gegenüber seine festgefahrene Meinung hat, akzeptiere es. Er hat andere Erfahrungen gemacht.

Zeig Gefühle. Z. B. wenn das Pferd schlechter, anstatt besser geht. Es zeigt deinen Kunden, wie wichtig dir das Pferd ist. Lache, wenn du erfolgreich eine Hufsituation verbessern konntest. Es zeigt, dass du dich angestrengt hast.

Auch Privates hat Platz. Das zeigt Interesse und bindet. Nicht umsonst werden so viele Geschäftsabschlüsse NACH einem Meeting in privater Atmosphäre fixiert. Es ist schön, in unserem Job, so viele verschiedene Menschen kennenzulernen ... Ich schau dir in die Augen ... Du siehst am besten, wie dein Gegenüber reagiert und es zeigt auch, dass du ihm wichtig bist. Stehe aufrecht und halte Respektabstand. Achte auf die Körpersprache. Verschränkte Arme sind eine aufgebaute Barriere, darum halte sie offen.

„Rede nur, wenn du gefragt wirst, aber lebe so, dass man dich fragt.“

(PAUL CLAUDEL)

Es gibt nichts Faderes als eine lange und langweilige Rede ... Kein spannender Film beginnt mit einer langweiligen Einleitung. Jeder unnötige Satz wird im Drehbuch gestrichen. Beginne mit einer interessanten Aussage. Halte Augenkontakt. Arbeite mit deiner Stimmlage. Mache Pausen, denn manches muss wirken. Wenn du leiser wirst, erhöhst du die Spannung. Betone das Ende eines Satzes. Meist werden nur die ersten Worte betont. Jedoch steckt in den letzten Worten die Aussage. Nimm einen beliebigen Artikel aus der Zeitung und lies nur die jeweils ersten drei Worte vor. Dann die jeweils letzten drei. Du wirst feststellen, dass man mit den drei letzten Worten den Zusammenhang erkennt. Auch das erhöht die Spannung. Überrasche das Publikum. Sprich klar und einfach. Du darfst Ecken und Kanten haben! Du musst nicht perfekt, aber authentisch sein. Kleine Fehler und Versprecher sind besser als eine langweilige, perfekte Rede. Zeig Leidenschaft und Emotion. Fasse kurz zusammen und bring deine Rede auf den Punkt. Der erste Eindruck ist der wichtigste, der letzte bleibt.

Vergiss nicht: Vor Beginn – Decision Line!

(Siehe Seite 59)

Das Hufeisen

Vordereisen mit Zehenkappe mit Blick auf die Bodenfläche

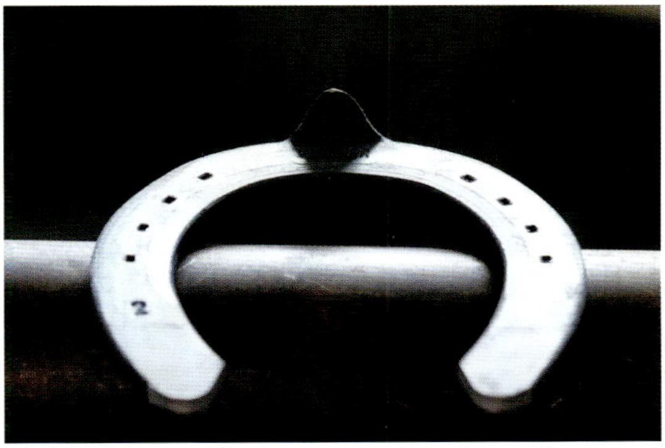

Blick auf die Hufffläche. Der Reif wird je nach Pferd angeschliffen.

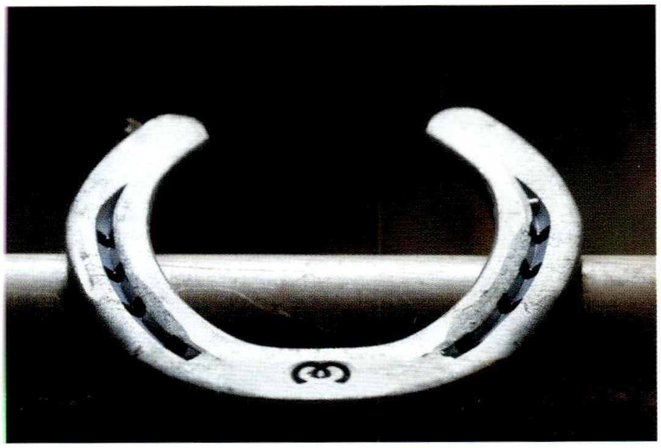

Bodenseite eines Hintereisens mit zwei seitlichen Zehenkappen

Teile Eines Hufeisens

Bodenfläche, Zehenteil oder Schuss, innerer und äußerer Schenkel, Schenkelenden (Endl), Falz, Nagellöcher, innerer Rand, äußerer Rand

Huffläche, Reif (Phase), Kappe(n)

Ein glattes normales Hufeisen wird in Österreich auch als Pantoffeleisen bezeichnet.

Teile eines Hufnagels

Nagelkappe, Nagelkopf, Hals, Klinge oder Schaft, Zwicke, Spitze

„Zu kleine Hufeisen sind genauso schlecht wie zu große!"

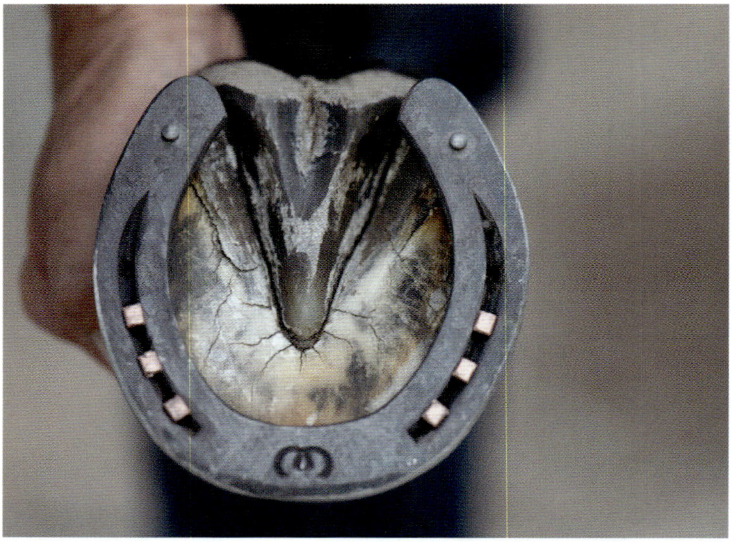

(Foto: Kathrin Werth)

Länge und Weite der Hufeisen

Mindestgröße: Der Tragrand muss vollkommen abgedeckt sein. Dies wird nur bei Pferden angewendet, die Hufeisen abtreten und bei einigen Sportarten wie z. B. Galopprennsport. Die Beschlagsperioden sind dementsprechend kurz, da die Hufe sehr schnell über das Eisen wachsen (in etwa 3–5 Wochen).

Optimalgröße: Das Hufeisenweite soll von der Zehe bis zur weitesten Stelle die Tragrandkante eine Spur überragen (eine Maus soll laufen können oder eine kleine Münze rolle). Ab der weitesten Stelle wird das Eisen weiter. Die Länge sollte in der Hälfte zwischen Trachtenende und einer senkrechten Linie von den Ballen liegen.

Merke: Zu kleine Hufeisen sind genauso schlecht wie zu große! Kleine Hufeisen verringern die natürliche Standfläche und können einengen. Lange und weite Hufeisen haben extreme Hebelwirkungen auf Bänder, Sehnen und Gelenke.

Nagellöcher

Bei Reitpferde-Hufeisen sind normalerweise 8 Nagellöcher. In den meisten Fällen genügen 6 Nägel. Bei Ponys reichen oft 4 oder 5 Nägel und bei schweren Pferden werden 8 Nägel genagelt.

Reif

Der Reif ist eine Phase, die angeschliffen wird, um das geringfügig weiter angerichtete Hufeisen vor dem Abtreten zu schützen und die Verletzungsgefahr zu minimieren. Im Zehenteil nur leicht, mit dem Weiterwerden des Eisens ab der weitesten Stelle stärker, rund um das Endl und auslaufend auf die innere Endlkante. Der Winkel des Reifes beträgt ca. 45 Grad, auf der Innensei-

Ab der weitesten Stelle wird das Hufeisen weiter und der Reif stärker. Je enger oder weiter das Hufeisen angerichtet wird, desto weniger oder stärker wird der Reif geschliffen. Im Normalfall soll der Reif nicht bis zur Hufkante reichen, damit der Hufmechanismus gut arbeiten kann und der Huf nicht über das Hufeisen wächst ***(siehe Pfeil).***

te kann er eine Spur steiler sein. Zwischen Tragrandkante und Reif sollte noch Platz für die Bewegung des Hufmechanismus sein. Ist der Reif zu flach, nützt er wenig gegen das Abtreten. Wird rund um das Endl zu viel geschliffen, entsteht eine scharfe Kante – Verletzungsgefahr!

Weiters werden alle scharfen Kanten des Hufeisens gebrochen.

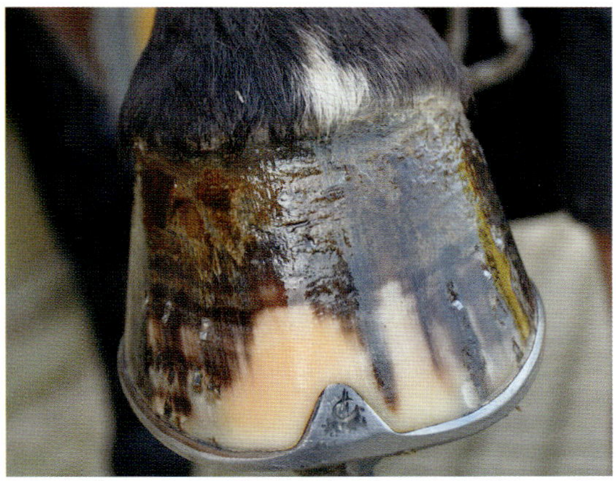

Das Hufeisen ist auch im Zehenbereich spürbar weiter mit einem leichten Reif und Zehenkappe.

Kappen

Kappen sind wunderbare Hilfsmittel, um einen Huf zu stützen, dem Hufeisen Halt zu geben und ein Hufeisen sicher zu positionieren. Wir unterscheiden Hufeisen mit Zehenkappen, seitlichen Zehenkappen (Hintereisen), Seitenkappen und kappenlose Eisen. Jede Form hat seinen Zweck und jede Kappe kann zusätzlich verkleinert, verdünnt oder vergrößert werden. Wichtig ist das Anrichten der Kappen im Hufwinkel VOR dem Aufnageln. Das gewährleistet einen guten Sitz und vermindert die Gefahr des ‚Drückens'. Des Weiteren soll bei entsprechender Wandstärke die Kappe in die Hornwand eingelassen werden. Das vermindert die Verletzungsgefahr, bringt bessere Haltbarkeit des Eisens und verschönert den Beschlag.

Kappen vermindern den Zug auf die Nägel. Werden Hufeisen mit Kappen verwendet, kann man eine Nummer dünnere Nägel oder einen Nagel weniger einschlagen, mit der gleichen Haltbarkeit.

Zehenkappen: Sind eher bei stumpf- und normalgewinkelten Hufen einsetzbar. Die Seitenwände werden nicht eingeengt. Bei sitzgewinkelten Hufen besteht die Gefahr, dass das Hufeisen beim Anwachsen der langen Zehe mit nach vor „gezogen" wird und die seitliche Zehenachse sowie die Hebel negativ beeinflusst.

Seitenkappen: Sind bei sitzgewinkelten Hufen, ausgebrochenen Hufen und bei schlechter Hornqualität zu empfehlen. Stark eingelassene und zu dicke Kappen engen und verformen die Seitenwände! Speziell wenn das Eisen zurückgesetzt wird, die Zehe nicht belastet und die Seitenwände überlastet werden! Zu weit hinten platzierte Kappen behindern den Hufmechanismus.

Seitliche Zehenkappen: Werden meist bei Hintereisen oder Vordereisen bei engen Vorderhufen verwendet.

Hufeisen ohne Kappen: Der Huf wird nicht eingeengt und die Hufform bleibt meist schön erhalten. Die Hufeisen verschieben sich leichter und sind schwieriger anzupassen.

Die Wahl der Kappen hängt vom Huf und vor allem der Positionierung des Hufeisens ab. Hufeisen mit seitlichen Kappen kann ich nach hinten setzen, um den Abrollpunkt zu verändern, ohne die Zehenwand zu stark zu schwächen. Experimentiere mit den Kappen und finde die beste Möglichkeit für das Pferd. Beschlage ein Pferd nicht ständig mit Seitenkappen und gönne den Hufen eine Erholungspause. Die Fabrikskappe ist eine Durchschnittskappe. Du kannst viel mehr daraus machen. Vergrößern, verkleinern, versetzen, verdünnen, einen stärkeren Ansatz, wegschleifen ...

Gleitschutz

Ein Hufeisen ist auf manchen Böden zu rutschig. Es besteht die Gefahr des Ausgleitens und der Verletzung. Mehrere Möglichkeiten stehen uns zur Verfügung:

Hartkernstifte: Bestehen aus gesintertem Hartmetall und helfen vor allem auf hartem Boden. Vorrangig werden sie im Trachtenbereich verwendet. Benötigt ein Pferd zusätzliche Stifte, muss im Zehenbereich geachtet werden, damit sie das Abrollen nicht behindern. Stifte im Bereich der Zehenrichtung um ein schnelles Abnützen der Eisen zu verhindern, sind abzulehnen.

Stollen: Werden meist eingeschraubt und sind in vielen Größen und Formen erhältlich. Sie sollen nur bei Bedarf z. B. im Parcours im Hufeisen bleiben und danach wieder entfernt werden. Neben der Verletzungsgefahr werden die inneren Hufstrukturen durch das ungleichmäßige Greifen der Stollen überbeansprucht. Alle Stollen verändern auf hartem Boden die seitliche Zehenachse. Achtung bei der Hufkorrektur, wenn Stollen aus irgendeinem Grund länger auf hartem Boden verwendet werden müssen. Grundsätzlich gilt bei Stollen: Weniger ist mehr. Oft wird mit der Anzahl und Höhe der Stollen maßlos übertrieben.

Griffe: Ist ein in Zehenrichtung quer angebrachter Steg. Er wird bei Pferden verwendet, die ziehen müssen. Bei Reitpferden ist er verboten! Pferde mit derartigem Beschlag dürfen nicht geritten werden. Achtung Haftung!

Profileisen: Vorwiegend werden sie auf weichem Boden verwendet. Sehr populär auf den Britischen Inseln. Durch das Profil geben sie einen guten Halt.

Hartkerngranulat: Wird in heißem Zustand auf das heiße Hufeisen aufgetragen und ist in unterschiedlichen Körnungen erhältlich.

Bild oben und links: Stollenlöcher sollen nur gebohrt werden, wenn sie tatsächlich benötigt werden. Durch den Hufmechanismus werden die Trachten mehr abgenützt und die Auflage des Eisens verkleinert.

Bild unten: Stifte im Zehenbereich vermeiden oder ganz am inneren Hufeisenrand anbringen.

Das Pferd

„Wir beschlagen das Pferd und nicht nur 4 Hufe ...“

Aufheben und Aufhalten der Gliedmassen

Richtiges Aufhalten beginnt mit einer kurzen Begrüßung oder Kontaktaufnahme mit dem Pferd. Erst dann bewegen wir uns zum Bein. Bei der Hintergliedmaße stehen wir neben dem Pferd zwischen Vorder- und Hinterhand. Die innere Hand bleibt auf der Hüfte, während die äußere das Pferdebein nach unten streicht. Nun greift die äußere Hand in Richtung Fessel und die innere gibt einen kurzen Druck im Hüftbereich. Im Normalfall hebt das Pferd das Bein und wir ziehen es unter den Bauch. Mit einem großen Schritt unseres inneren Beines steigen wir mit dem Pferdebein nach hinten. Unser innerer Fuß steht vorne und der äußere hinten. Wir stehen aufrecht mit Körperschluss zum Pferd und umfassen die Fessel. Abstellen erfolgt auf umgekehrtem Weg. Zuerst die innere Hand auf die Hüfte, die äußere in der Fessel und großer Schritt zurück.

Bei der Vordergliedmaße ist es ähnlich. Wir stehen neben dem Pferdebein, die innere Hand auf der Schulter, die äußere streicht dem Bein entlang zur Fessel. Dann ein kurzer Druck auf die Schulter, das Bein aufheben, Hände in die Fessel, innerer Fuß ist vorne, äußerer hinten, der Rücken ist gerade. Abstellen wieder in umgekehrter Reihenfolge.

Das ist vor allem die sicherste Methode zum Aufheben und Abstellen.

Aufheben: Das Pferdebein in Bewegungsrichtung des Pferdes ziehen. Immer nur kurzen Druck mit der inneren Hand, da langer Druck Gegendruck erzeugt ... Ein Pferd steht dann gut und brav, wenn es für das Pferd angenehm ist und nicht wenn es angenehm für den Aufhalter oder Schmied ist!

Bei alten Pferden empfiehlt es sich, die Wege des Pferdebeines möglichst kurz zu halten. Nur leichtes Anheben und langsames Zurückziehen der Gliedmaße ist hier die bessere Wahl. Zuerst ganz nieder über dem Boden und dann langsam höher ziehen. Zur Schonung unseres Rückens empfiehlt sich z. B. ein Huf Jack, um nicht das Gewicht des Pferdebeines halten zu müssen.

Simon Stadler *(Foto: Kathrin Werth)*

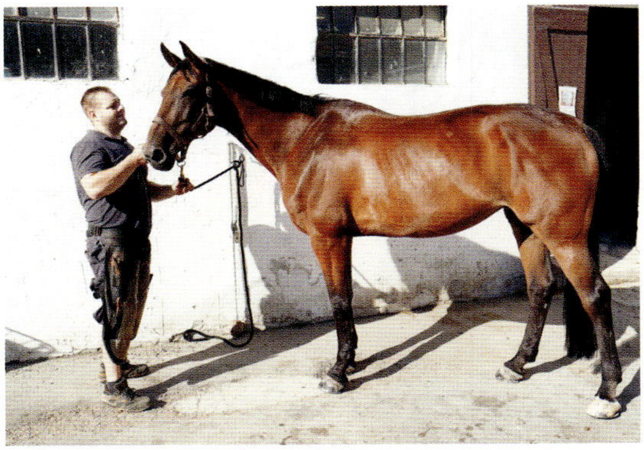

Lukas Juster zeigt das Aufhalten – Es beginnt mit der Kontaktaufnahme.

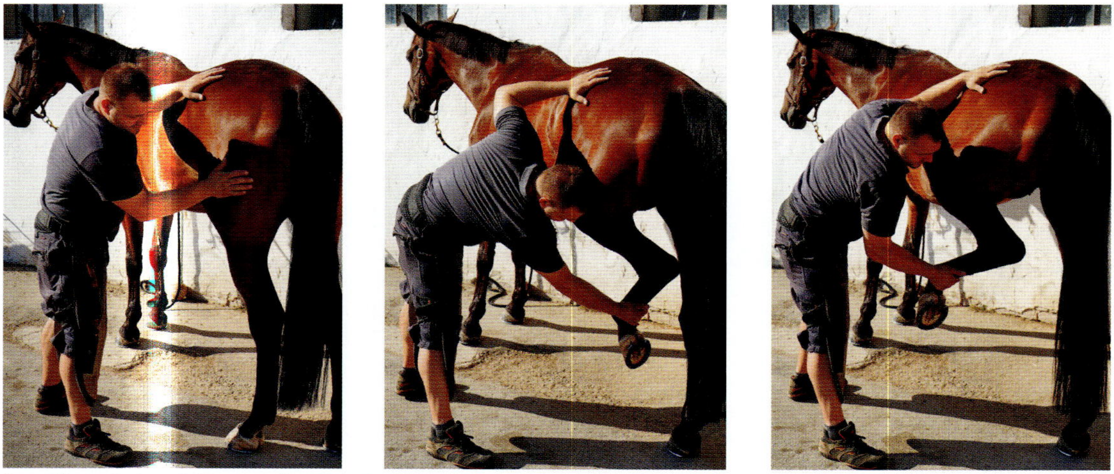

Das Hinterbein wird unter den Bauch gezogen

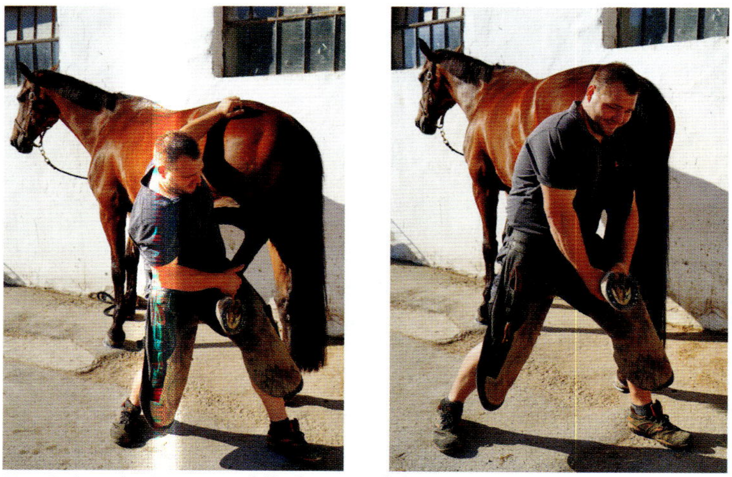

Das Bein mit einem Ausfallschritt nach hinten gezogen

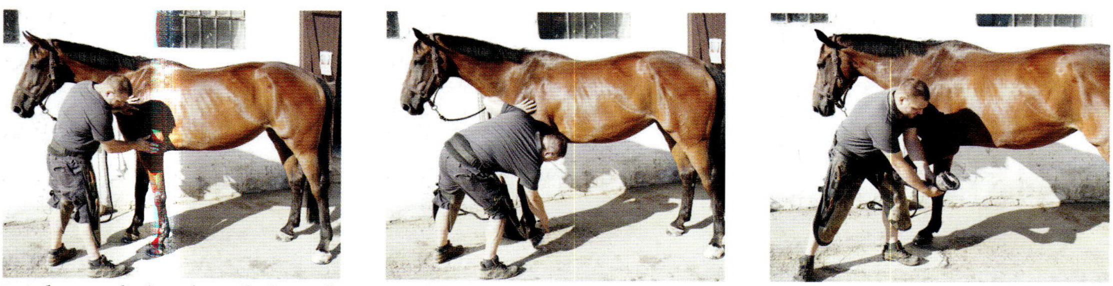

Bei der Vorderhand greift die äußere Hand zum Pferdebein

Was tun, wenn das Pferd nicht brav ist?

Zuerst gilt es, den Grund herauszufinden. Kennt es keinen Hufschmied? Hat es Angst? Kennt es den Beschlagsplatz? Hat es Schmerzen? Verspannungen? Schlechte Erlebnisse mit Hufschmieden? Aufgeregt von der Koppel oder einem Turnier? Steht es schon länger ohne Bewegung? Wenn wir das herausgefunden haben, können wir dementsprechend reagieren. Platzwechsel, Vertrauensperson zum Kopf stellen, den Besitzer zum Üben motivieren, Ablenken, Beruhigen usw.

Die Nasenbremse ist ein erlaubtes Mittel, wenn der Besitzer einverstanden ist und sie ohne das Pferd zu verletzen angelegt wird. Sie lenkt das Pferd ab und viele Pferde stehen ruhiger. Eine Hautfalte ziehen kann ebenso helfen und ablenken wie das vorsichtige Eindrehen am Ohr. Gewalt gegenüber dem Pferd ist verboten und striktest abzulehnen.

Falls sich ein Pferd trotz aller Bemühungen nicht beschlagen lässt, ist aus Sicherheitsgründen für alle Beteiligten sofort abzubrechen. Am besten hilft eine Sedierung des Tierarztes. In Folge ist es Aufgabe des Besitzers, das Pferd schmiedefromm zu erziehen. Es ist weder die Aufgabe des Hufschmiedes, Pferde zu erziehen, noch werden wir dafür bezahlt oder haben die Zeit dafür. Auch tragen wir die volle Verantwortung während des Beschlagsvorganges.

Der Erstkontakt ist das wichtigste! Schwierige Pferde hole ich selber, lege ihnen das Halfter an und führe sie. Beim Führen müssen sie mein Tempo gehen und auf mich reagieren. Gelingt es mir, haben sie mich akzeptiert und ich erspare mir viel Mühe.

Ego: Unser Ego ist wichtig und treibt uns an. Jeder will ein begonnenes Pferd fertig korrigieren und beschlagen. Bis zu einem bestimmten Punkt ist das gut, darüber hinaus einfach DUMM! Es braucht Stärke, um Stop zu sagen ...

Es ist nicht unsere Aufgabe, die Pferde zu erziehen! Unsere Gesundheit und die unserer Mitarbeiter hat oberste Priorität!

Nasenbremse aus Aluminium und Holz

Kommunikation mit dem Pferd

Es erspart dir Stress. Es erspart dem Pferd Stress. Das Wort „Pferdeflüsterer“ wird viel belächelt. Dabei ist es so wichtig, um unser Können auch anwenden zu können. Eine Fortbildung in diese Richtung ist wichtiger als der x-te Rehevortrag. Wir haben nicht viel Zeit, um uns ewig mit dem Pferd zu spielen. Umso notwendiger ist eine gezielte Kommunikation.

Es beginnt mit dem Erstkontakt. Wie verhalte ich mich beim Holen und Vorführen des Pferdes. Wie kann ich ein nervöses Pferd beruhigen? Was kann ich tun, damit sich das Pferd unterordnet und mich akzeptiert – gewaltlos!? Wie kann ich vermitteln, dass ich ihm keine Schmerzen zufüge?

Unser Puls, Unsicherheit, überträgt sich auf das Tier. Sei daher möglichst gelassen. Ein Pferd ist ein Fluchttier. Schaust du ihm direkt in die Augen, wirkt es bedrohlich und es weicht zurück. Dreh ihm den Rücken zu und es wird kommen und dich beschnuppern. Mach einen kurzen Blick auf die Ohren, bevor du dich näherst. Er zeigt dir, ob dich das Tier bemerkt hat. Kauen bedeutet, ok, ich habe mich abgefunden. Schnaubt es, wittert es Gefahr und wird sich wehren. Belohne das Pferd mit Kraulen zwischen den Augen oder am Mähnenansatz, wenn es etwas gut gemacht hat. Sei beharrlich, wenn du etwas von ihm willst. Deine Bewegungen müssen sicher, eindeutig und trotzdem gewaltlos sein. Jedes Zögern macht das Pferd unsicher. Halte junge Pferde nicht zu fest,

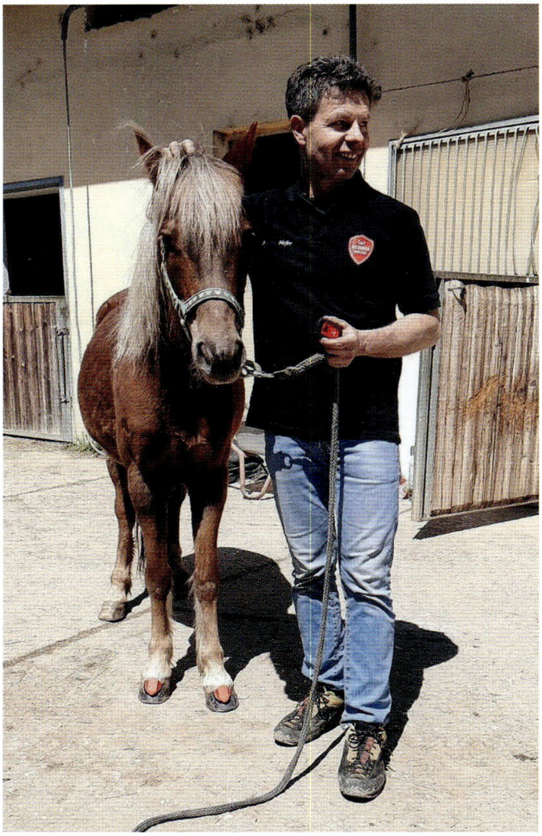

(Foto: Johannes Lang)

In allen Ländern, die ich besucht habe, gab es Leute, die sich auf den Standpunkt stellten, der Schmied könne das Pferd selbst zum Stillstehen und gutem Benehmen erziehen, während er die Hufe bearbeitet. Diese Haltung ist unannehmbar. Hufschmiede sind Fachleute und sollten als solche behandelt werden. Ihr Fach ist die Hufpflege und nicht die Ausbildung des Pferdes. Es gibt unter den Schmieden zwar Pferdeexperten, die mit dieser Ausbildung keineswegs überfordert wären, aber die meisten Pferdebesitzer haben nicht die Absicht, den Schmied für die Ausbildung des Pferdes zu bezahlen. Der Hufschmied hat das Gefühl, ausgenutzt zu werden, wenn er seine Zeit damit vergeudet, das Pferd zu schulen. Das macht ihn vielleicht ungeduldig und kann zu unangemessenen Reaktionen dem Pferd gegenüber führen. Hufschmiede sind normalerweise körperlich fit, muskulös und durchaus in der Lage, auch einmal hart durchzugreifen. Aber wenn dies passiert, sollte man die Schuld daran nicht dem Schmied geben, sondern den Leuten, die ihn beauftragt haben, ein unerzogenes Pferd zu beschlagen. *(Aus „Die Sprache der Pferde“ von Monty Roberts)*

sonst bekommen sie Angst. Lass ihnen in brenzligen Situationen einen Fluchtweg offen, ansonsten wehren sie sich. Kurzer Druck gegen das Pferd ist ein Signal, langer Druck erzeugt Gegendruck. Sei ein willkommener Gefährte für das Pferd.

Das Thema ist viel zu umfassend, um in ein paar Zeilen beschrieben zu werden. Es gibt ausgezeichnete Literatur. Ein guter Hufschmied weiß um die Wichtigkeit dieser Thematik und bildet sich fort.

Einem Pferd Warmbeschlagen lernen

Die Grundregel lautet, vorsichtig mit einem eher kalten Hufeisen, nur kurz anhalten, ohne das Pferdebein zu fest zu halten. Ganz locker und niedrig, ohne jedoch sofort abzustellen. Man zeigt dem Pferd ohne Gewalt, dass nichts passiert. Dem Fuß zwar nachgeben, wenn es wegzieht, doch nicht gleich hinunterlassen ist ein wichtiger Aspekt.

Eine Möglichkeit, das Pferd an den Rauch zu gewöhnen, ist ein Stück Tragrandhorn an ein heißes Eisen zu halten und damit um das Pferd herumzugehen. Das anfangs ängstlich schnaubende Tier gewöhnt sich langsam und bringt den Rauch nicht mehr mit seinen Beinen in Verbindung. Eine andere Möglichkeit ist, das Pferd neben dem Beschlagsplatz anzubinden und brave Pferde zu beschlagen, um es an den Rauch zu gewöhnen. Mag ein Pferd das Zischen nicht, lass z. B. das Schleifband laufen ...

Verliert ein Pferd die Panik vor dem Rauch nicht, kann man die Eisen warm vorrichten und nur die letzten Schläge kalt richten. Eine gute Übung für Mind mapping und Eagle Eye.

Lahmheitsuntersuchung

Als Hufschmiede werden wir immer ersucht, uns ein lahmes Pferd anzusehen. Nicht nur nach einem Beschlag oder einer Hufkorrektur, sondern auch zwischendurch.

Wenn wir uns ein lahmes Pferd ansehen, sollten wir Folgendes beachten:

1) Zuerst untersuchen - dann reden.

2) Wähle die Worte mit Bedacht - der Besitzer ist in einer Ausnahmesituation.

3) Verurteile niemanden, auch nicht die Umstände im Stall - Lösungsvorschläge sind zielgerichteter.

4) Wir sind Hufschmiede, keine Tierärzte.

Zu Beginn vergewissere dich, ob das Pferd wirklich und auf welcher Gliedmaße lahm ist. Beobachte die Bewegungen des Pferdes, vor allem wie die schmerzende Gliedmaße fußt und belastet, dann bestimme den Lahmheitsgrad. Fokussiere dich nicht nur auf den Huf und betrachte auch Sehnen, Gelenke und Gliedmaßenstellung. Den Huf prüfen wir jetzt auf Entzündungsanzeichen. Wärme an der Hornkapsel, Pulsation an der Mittelfußarterie, Schmerz mit der Hufuntersuchungszange. Den Huf reinigen und auf Nageltritt kontrollieren. Sind Entzündungszeichen vorhanden, bei beschlagenen Pferden das Hufeisen vorsichtig abnehmen und die Nägel einzeln herausziehen. Nagelkanäle prüfen. Bei Barfußpferden alle Steine in der weißen Linie entfernen. Mit der Untersuchungszange versuchen, den Schmerz zu lokalisieren. Je nach Situation, Tierarzt hinzuziehen, Eisen vorsichtig aufnageln, Barfuß lassen und den Huf mit einem Tape schützen oder Hufverband anlegen.

Wie geht das Pferd aus der Box?
Ist es lahm? Wo? Wie stark? Zehenfußung?
Allgemeinzustand? *(mit Dora Visnjevski)*

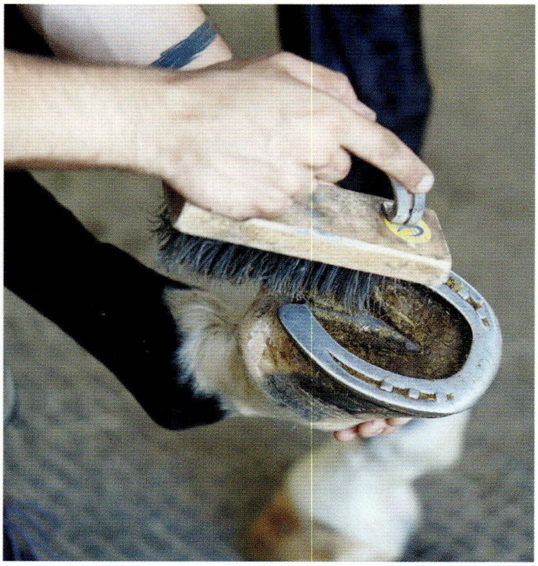

Den Huf reinigen

Pulsation: Um diese zu spüren, ist ein wenig Übung und Erfahrung notwendig. Man unterscheidet, ob die Ader nur außen zu spüren ist, ob sie leicht oder stark pulsiert. Achtung: Wenn Pferde im Sommer in der Sonne stehen oder unter Belastung, kann ebenfalls vermehrte Pulsation auftreten. Wie lange dauert es, bis Pulsation nach z. B einem Nagelstich auftritt? Einige Sekunden! Darum prüfe bei heiklen Pferden die Pulsation vor und nach dem Aufnageln!

Arbeiten mit der Hufuntersuchungszange: Beginne zuerst an der vermeintlich gesunden Seite zu drücken, um das Pferd an die Zange zu gewöhnen. Erst mit leichtem Druck, dann stärker werdend Sohle, Nagellöcher, Eckstreben, Strahlspitze und Wand abtesten.

Gefühl ist wichtiger als Kraft!

Vorsicht bei Rehepferden oder Pferden mit dünner Hornkapsel.

Die Zange eignet sich auch hervorragend, Sohlendicke und Bewegung der Hornkapsel zu eruieren.

Wärme: Sie kann entweder mit einem Infrarotthermometer oder mit der flachen Hand geprüft werden. Mit dem genauen Thermometer ist es leichter, den wärmsten Hufteil festzustellen. Vergleiche beide Hufe.

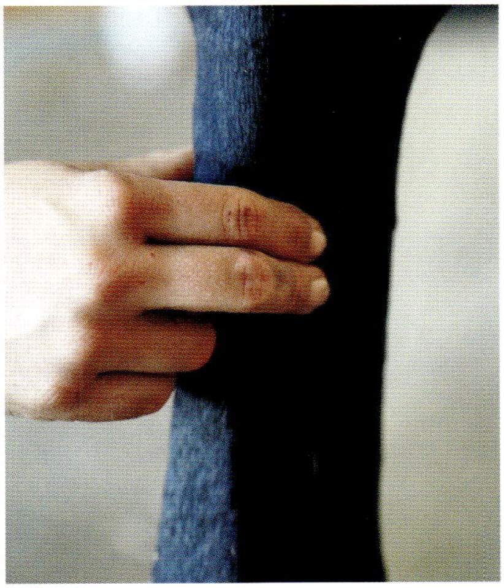

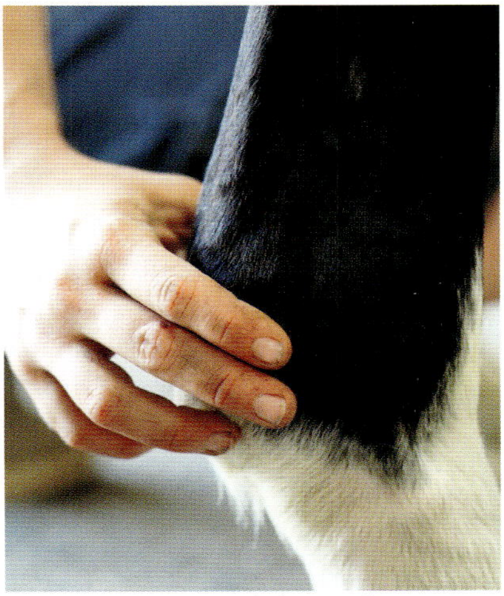

Das Fühlen einer Pulsation der Mittelfußarterie entweder am Röhrbein oder zu beiden Seiten des Fesselkopfes

Das Testen der Wärme

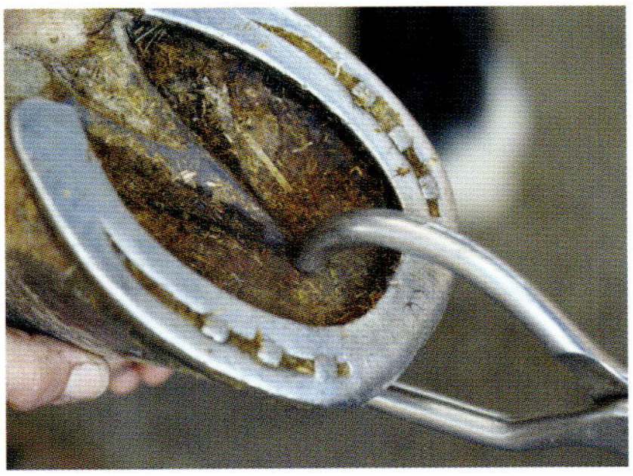

Das Abdrücken mit der Hufuntersuchungszange

Nägel einzeln und vorsichtig entfernen

Den Nagelsitz und Nagelkanal kontrollieren

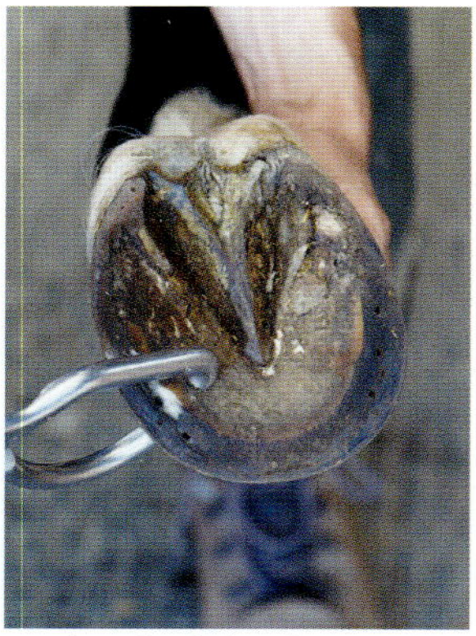

Nochmals abdrücken und weiteres Vorgehen entscheiden

Entzündungen

Die Entzündungsanzeichen beim Pferd sind dieselben wie beim Menschen.

Wärme: Wir können sie am Huf fühlen oder mit einem Infrarot-Thermometer messen.

Pulsation: Diese ist an der Mittelfußarterie entweder entlang des Röhrbeins oder außen am Fesselgelenk tastbar.

Schmerz: Durch Abdrücken mit der Hufuntersuchungszange werden die Hufteile auf Schmerz untersucht.

Schwellung: Die Schwellung innerhalb der Hornkapsel ist der Grund für die starken Schmerzen bei einer Entzündung. Sie verursacht großen Druck, der nirgends hin kann.

Rötung: Sie ist im Hufbereich nicht sichtbar. Rote Hornstellen stammen von Quetschungen der Huflederhaut oder Blutgefäßen und den darauffolgenden Einblutungen in das Horn.

Hufverband

Einfacher niedriger Verband zum Schutz nach einem Hufabszess

MATERIAL

Desinfektionsmittel, steriler Tupfer, Wundauflage oder Animalintex-Auflage, Haftbandage, alternativ eine Babywindel, Tesa oder Aluklebeband.

VORGEHENSWEISE

Alle Komponenten herrichten plus Matte aus Klebestreifen für die Sohle. Ein Helfer zum Fixieren und Halten ist hilfreich.

1. Wunde versorgen: Ist eine offene Wunde vorhanden, diese reinigen, desinfizieren und einen sterilen Tupfer aufbringen.

2. Wundauflage oder Animalintex über den Huf legen.

3. Hufpolster: Watterollen zuerst entlang von Kronrand und Ballen rollen, anschließend von einer Ballenseite auf die vis-à-vis

Zehenseite, dann zur zweiten Ballenseite und wie eine Achterschlinge auf die gegenüberliegende Zehe und einmal über die Sohle. Alternativ, wenn nicht zu viel Polster nötig ist, kann eine Baby-Windel über den Huf gezogen werden.

4. *Haftbandage:* Diese in gleicher Weise wie die Watterolle mit leichtem Zug über den Huf wickeln. Unterhalb der Watterollen enden.

5. *Klebeband:* Vorbereitete Matte als Schutz gegen Abrieb und Feuchtigkeit auf die Sohle kleben und nach oben andrücken. Abschließend wird am abgestellten Huf diese Matte an der Wand mit einem Klebeband fixiert. Der Verband darf den Kronrand nicht einschnüren. Genauso bei den Ballen die Spannung kontrollieren. Wird ein höherer Verband angelegt, muss immer ein Finger Platz zwischen Bein und Verband haben.

Tierärztin Alexandra Kammerhuber zeigt, wie sie einen Hufverband anlegt.

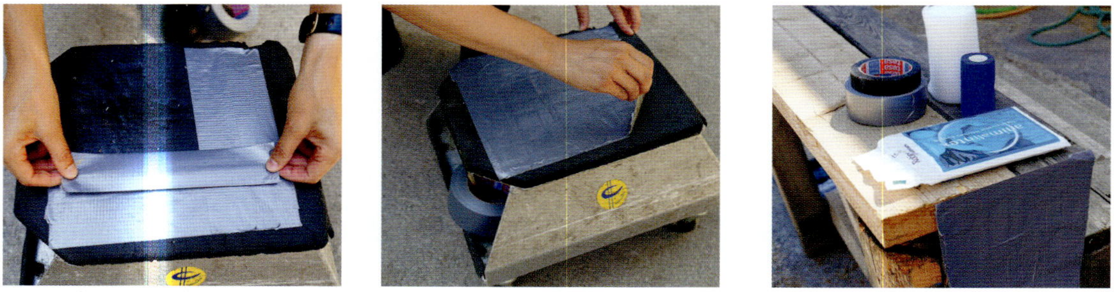

Die Vorbereitung für den Hufverband

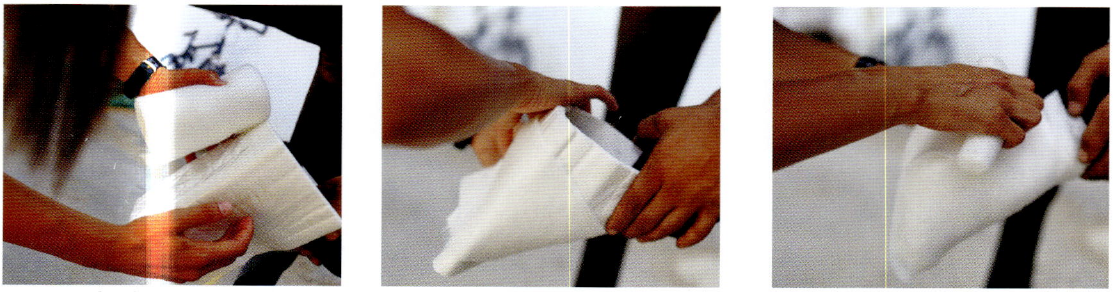

Die Wundauflage wird mit einer Watterolle in Achterschlingen fixiert

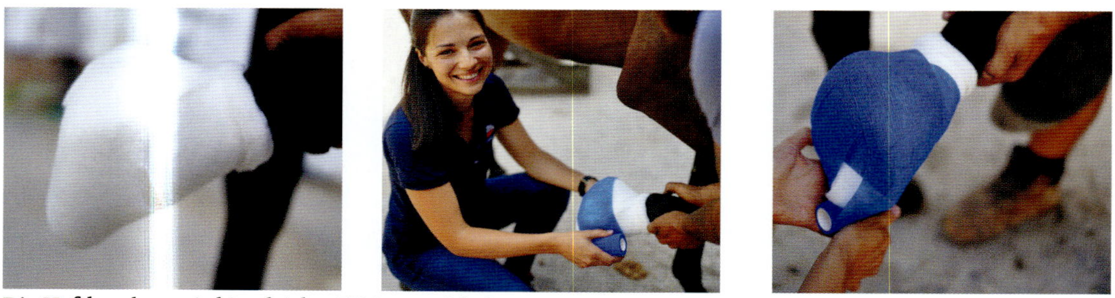

Die Haftbandage wird in gleicher Weise gewickelt

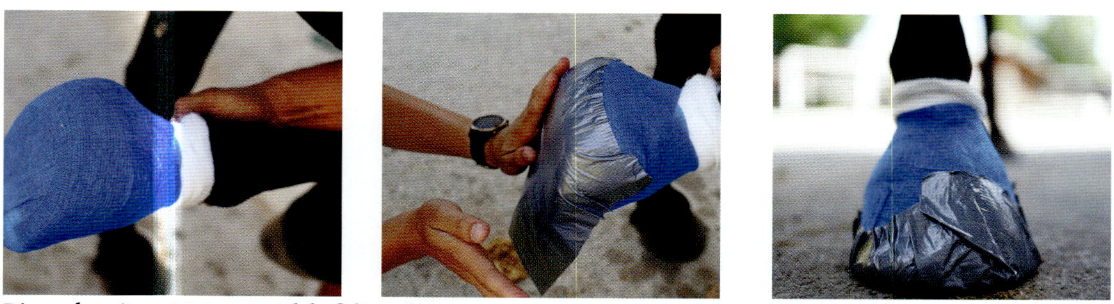

Die vorbereitete Matte aus Klebefolie anbringen

Die Schutzmatte wird mit einem Tape fixiert

Ein Pferd darf auch einmal lahm sein

Es ist ganz normal, dass ein Pferd ab und zu lahmt. Vergleichen wir es mit uns Menschen. Tut uns nicht manchmal etwas weh? Nach viel Arbeit? Sport? Sind wir nicht ab und zu verspannt? Schlagen wir uns nie irgendwann an? Laufen wir deswegen sofort in eine Klinik oder zum Arzt? Lassen wir uns gleich Einlagen verschreiben? Bei einem Pferd ist es genauso. Nach einem langen Ritt, einem Turnier, einem harten Training oder einer ausgelassenen Koppelpartie. Wenn wir Muskelkater haben, arbeiten wir trotzdem weiter. Wir bemühen uns, aufrecht und locker zu gehen, besonders wenn jemand zuschaut ... Dem Pferd ist es egal, ob wer zusieht ... Es zeigt seine Schmerzen, seine Verspannungen, auch wenn die Ursache völlig normal ist und keine großen Schäden oder Krankheiten vorherrschen. Dies müssen wir uns vor Augen halten. Nicht immer muss der Körper mit Medikamenten vollgepumpt oder mit Spezialbeschlägen versehen werden. Das ist weder gesund noch sinnvoll. Der gesunde Hausverstand darf übrigens verwendet werden – und er ist gratis!

Soll ich noch ein paar Tage abwarten, bevor ich einen Tierarzt anrufe? Schwierige Entscheidung! Im Zweifelsfall ist es immer besser, einen Tierarzt zu Rate zu ziehen. Natürlich wissen es alle im Stall besser. Im Nachhinein haben sie es sowieso gewusst ...

Sehr oft wird bei Lahmheiten, die den Huf betreffen könnten, der Hufschmied vor dem Tierarzt gerufen. Das kann an der Kompetenz von uns Hufschmieden liegen oder an der Tatsache, dass der Hufschmied im Regelfall billiger als der Tierarzt ist ... Dabei darf der Hufschmied seinen Kompetenzrahmen nicht verlassen! Wir haben viel Erfahrung im Hufbereich, sind jedoch keine Tierärzte. Zusammenarbeit beider Berufe ist gefragt.

Ist das Pferd hingegen offensichtlich krank oder verletzt, MUSS SOFORT reagiert werden und ein Tierarzt gerufen werden. Hier ist Abwarten fehl am Platz! Holt einen guten Tierarzt und vertraut ihm. Lasst ihn fertig behandeln, anstatt von einem Fachmann zum anderen zu laufen.

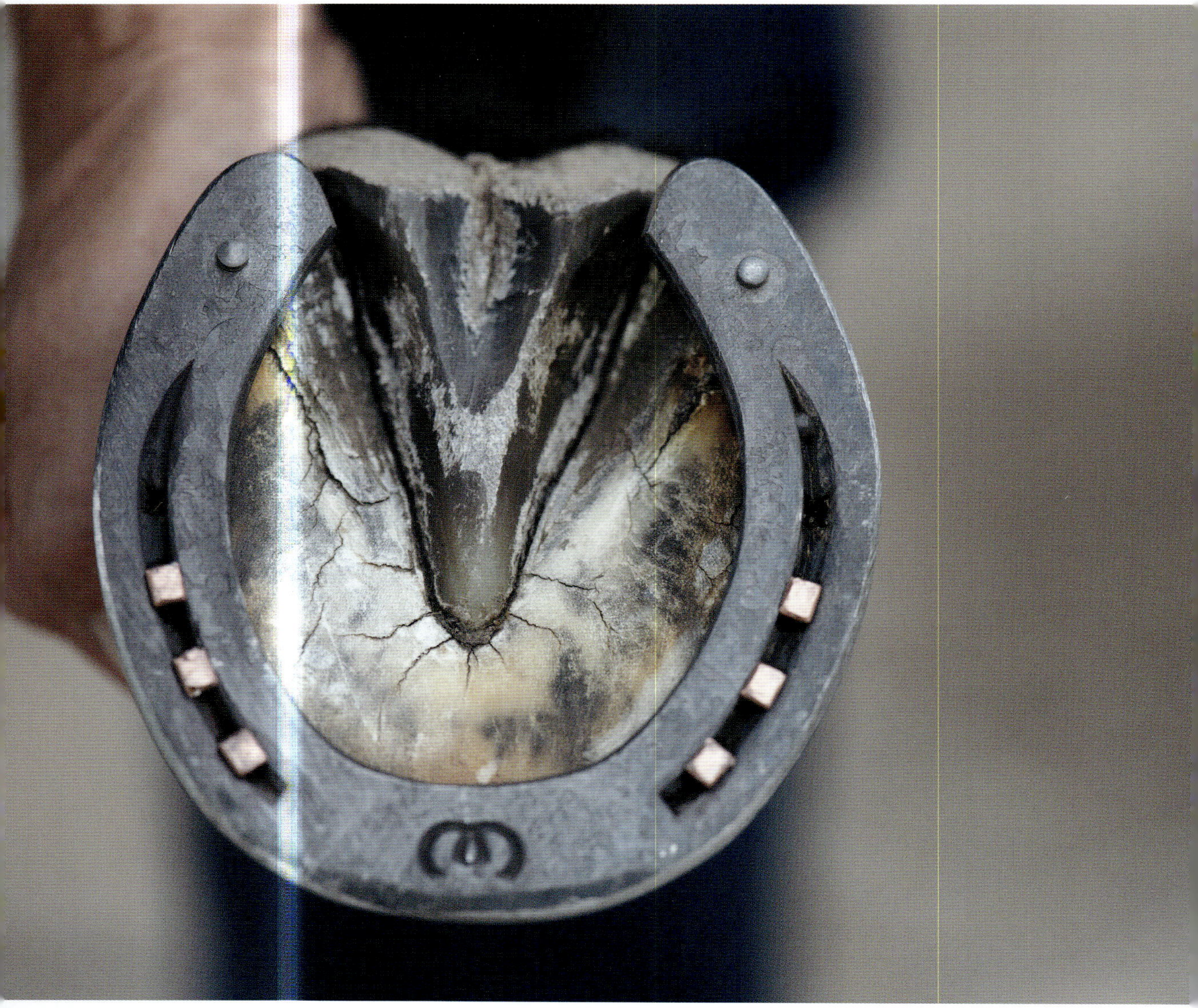

Der genaue Hufbeschlag

Das Vorführen vor und nach dem Beschlag

„3 Minuten Zeit,
um ein Pferd vor dem Beschlagen zu beobachten und automatisch wird deine Korrektur und dein Beschlag besser!“
(BILLY CROTHERS)

DIE BILLIGSTE UND EFFIZIENTESTE FORTBILDUNG!

Wir beurteilen im Stand: Allgemeinzustand, Gliedmaßen und Zehenstellung von vorne und von der Seite, den alten Beschlag bzw. Korrektur.

Im Schritt und Trab: Allgemeinzustand, Lahmheit, Vorführbewegung, Fußung, unregelmäßige Gangarten (Streifen, Einhauen, Nachschleifen, Drehen)

Allgemeinzustand: Ist das Pferd nervös? Macht es einen gesunden Eindruck? Ist es gut trainiert? Fett gefressen? Gepflegt? Ist die Kopfhaltung in der Bewegung angespannt oder locker? Wie reagiert es auf mich? Erzogen? Akzeptiert es mich?

Lahmheit: Ist das Pferd vor der Bearbeitung gerade oder lahm? Die Lahmheit an der Vordergliedmaße erkennt man an der Kopfbewegung. Am lahmen Bein ist der Kopf höher und am gesunden tiefer, da das Pferd hier mehr Belastung aufnimmt. An der Hintergliedmaße ist die Lahmheit schwerer zu erkennen. Hier wird die Kruppe beobachtet. Umgekehrt zu vorne ist die Bewegung auf der lahmen Seite tiefer und auf der gesunden höher.

Hangbeinlahmheit: Ein verlangsamtes Vorführen der Gliedmaße und ein verkürzter Schritt. Der Schmerz kommt meist vom oberen Bereich des Beines. Die Stützphase ist nicht beeinträchtigt.

Stützbeinlahmheit: Die Stützbeinphase ist verkürzt und der Schmerz tritt während der Belastungsphase z. B. im Huf auf. Es gibt auch vermischte Formen beider Lahmheiten.

Hannes Lamp beim Vorführen

LAHMHEITSGRADE:
0 = ohne Lahmheit,
1 = geringgradig, im Schritt nicht erkennbar,
2 = im Schritt erkennbar,
3 = mittelgradig, deutlich sichtbar,
4 = hochgradig, nur kurze Belastung der Zehenspitze,
5 = höchstgradig, das Pferd kann eine Gliedmaße nicht belasten

Fußung: Ist der Teil des Hufes, der zuerst den Boden berührt. Man unterscheidet Trachtenfußung, Zehenfußung, Fußung am äußeren Tragrand, am inneren Tragrand und plane Fußung. Grundsätzlich werden viele Pferde auf plane Fußung korrigiert, um ein Kippen zu vermeiden. Eine plane Fußung ist besser für die Gelenke. Ich halte es für wichtiger, wie die Gelenke, Sehnen und Bänder während der Stützbeinphase unter voller Belastung belastet werden. Das ist allerdings mit freien Augen nur schwer feststellbar.

Vorführbewegung: Ist die Vorwärtsbewegung der Gliedmaße. Sie kann gerade sein, in einem Bogen von innen nach außen und wieder nach innen (meist bei zehenengen Pferden), oder von außen nach innen und wieder nach außen (eher bei zehenweiten Pferden).

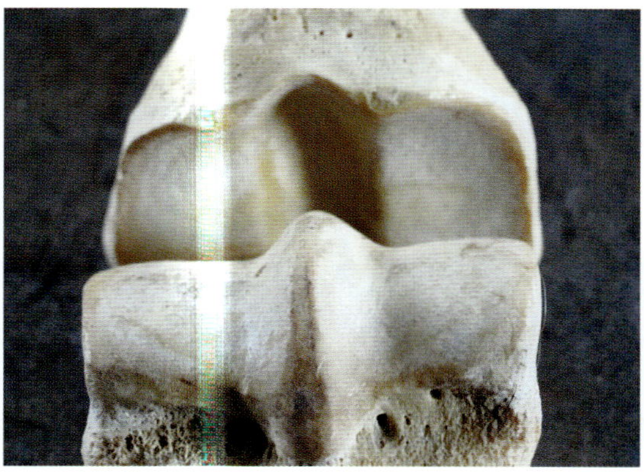

Die Vorführbewegung ist stark von den Gelenksflächen abhängig. Sind diese ungleich entwickelt, kann sich die Vorführbewegung nicht viel verändern. Sie ist eine Resultierende der Gelenkssituation und der Bemuskelung am oberen Ende des Pferdebeines. (Dr. Jenny Hagen)

UNREINE GANGARTEN

Streifen: Eine Gliedmaße streift bei der Vorwärtsbewegung die andere.

Einhauen: Die Vorder- und Hinterhand berühren sich in der Bewegung.

Nachschleifen: Die Hinterhand schleift in der Bewegung am Boden.

Drehen: Der Huf dreht in der Stützbeinphase am Boden. Meist kompensieren hier die Pferde Verspannungen und Probleme von weiter oben.

Für genaue Beurteilung und Aufzeichnung können wir Videos, Slow-Motion-Aufnahmen, die App Coach's Eye oder Werkman Black nützen.

Richtiges Vorführen: Auf ebenem Boden wird das Pferd in gerader Linie vom Betrachter weggeführt, nach außen gewendet und wieder in gerader Linie zurückgeführt. Das Pferd wird an der rechten Hand mit langem Zügel/Strick für eine freie Kopfbewegung geführt. Dabei darf der Vorführende das Pferd nicht anschauen und läuft auf einer Höhe neben dem Pferdekopf.

Hab eine Vision beim Beschlagen

Nach der Beurteilung eines Pferdes im Stand und der Bewegung kreiere eine Vision der deiner Meinung nach optimalsten Korrektur, Position des Hufeisens und der Hufbalance.

Ich sehe mir die IST-Situation genau an und stelle mir im Kopf das optimale Resultat meiner Arbeit vor. Ich weiß im Vorhinein nicht, wie weit das umsetzbar ist. Jedoch nur, wenn ich dieses optimale Bild in meinem Kopf speichere, erziele ich das optimalste Ergebnis. Mein ganzes Arbeiten ist auf dieses Bild abgestimmt. Jeder Schnitt und jeder Raspelzug. Das Endresultat ist viel besser, als wenn ich mir nur denke, ich kürze da und dort, weil meine Hände nach diesem Bild in meinem Kopf zu 100 % arbeiten. Jeder Millimeter spielt eine Rolle! Selbstverständlich werden die Regeln der genauen Hufkorrektur dabei eingehalten.

Ich beginne mit einem Plan für die Korrektur, begutachte diese und vergleiche sie mit der Vision. Wie weit bin ich ihr nahegekommen? Welches Hufeisen kommt meiner Vorstellung am nächsten? Wie kann ich es modifizieren, um meiner Vision noch näher zu kommen? Ich plane weiter, behalte das Bild auch beim Richten und Schmieden im Kopf, beim Schleifen, Aufnageln und Finish. Solange, bis das Pferd fertig ist.

Du wirst dich wundern, wie nahe du so deiner Vision kommst. So schneidest, raspelst, richtest, schmiedest und positionierst du exakt dort, wo es erforderlich ist. Es ist eine Symbiose zwischen deinem Geist und deinen Händen. Scheue dich nicht davor, Neues auszuprobieren oder manchmal den schwierigeren Weg zu wählen. Nur dann erweiterst du deine Grenzen. Denke immer Schritt für Schritt mit dem Ziel vor Augen. Deine Erfolge werden mehr werden. Klappt es einmal nicht, ändere deinen Plan. Meist sind es Kleinigkeiten, die du dann beim nächsten Mal berücksichtigen wirst. So wirst du wachsen. Dies ist das Schöne an unserem Beruf.

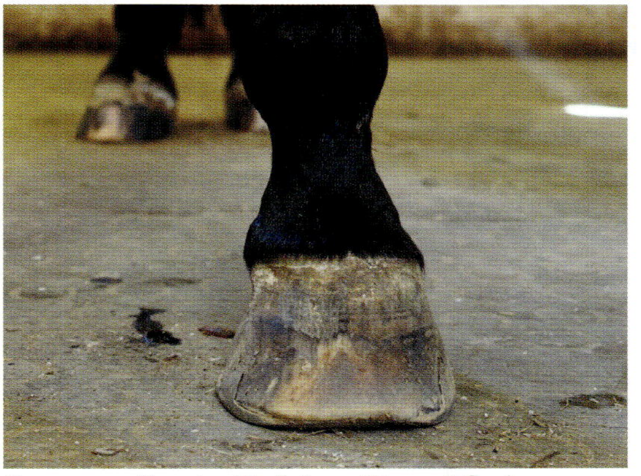

Krumm verformter Huf eines älteren Pferdes vor dem Beschlag mit dünner Sohle und Wänden. Obwohl die Ursache sicher in einer Kompensation einiger Probleme zu finden ist, war mein letzter Beschlag und die Hufbalance sicher nicht optimal. Ich stand nach dem Vorführen 1 Minute vor dem Pferd und stellte mir ein ideales Ergebnis meiner Arbeit vor. Mit dem Bild im Kopf begann ich meine Arbeit.

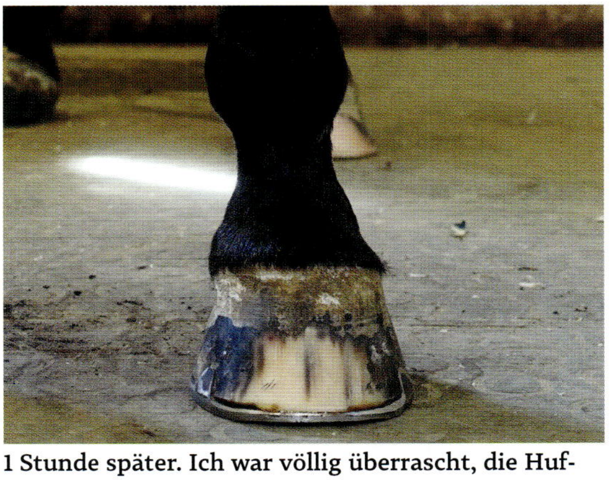

1 Stunde später. Ich war völlig überrascht, die Hufbalance durch das Arbeiten nach einer Vision derart verbessern zu können. Es waren nur Kleinigkeiten. Der Unterschied der Gelenks- und Zehenachse wurde mir erst beim Ansehen der Fotos bewusst. Bis jetzt hat sich dieser Huf nie wieder derart verformt.

(Foto: Kathrin Werth)

Abnehmen der Hufeisen

Mit einem Kunststoffhammer und der Nietklinge werden die Nieten geöffnet und gerade gestreckt. Anschließend mit der Abnehmzange hinter dem letzten Nagel zwischen Hufeisen und Tragrand vorsichtig zusammendrücken, ohne den Huf zu beschädigen. Jetzt wird mit der Zange in Richtung Zehe, entlang des Hufeisenschenkels gehebelt. Nachdem sich der Schenkel vom Tragrand abgehoben hat, werden die hinteren Hufnägel herausgezogen. Nun wird das Eisen fertig abgehebelt, wobei die Zangengriffe immer dem Verlauf des Hufeisens folgen. Herabfallende Hufnägel werden sofort aufgehoben und das Hufeisen mit den alten Nägeln immer mit der Hufseite am Boden ablegen. So wird die Gefahr eines Nageltrittes minimiert.

Bei sehr fest sitzenden Hufeisen oder Pferden mit dünner Hornkapsel oder schlechter Hufqualität, werden die Hufnägel EINZELN mit der Nagelziehzange herausgezogen. Beim Aufnieten und Abnehmen wird der alte Beschlag begutachtet und die Wände auf Risse und Zustand kontrolliert. Auch ist es ein erster Eindruck, wie das Pferd auf uns und die Beschlagsarbeit reagiert.

An den alten Hufeisen wird die Abnützung kontrolliert, die Scheuerrillen des Hufmechanismus, die Hufbalance und der Gesamteindruck von Hufeisen und Huf. Dies ist wichtig für die Hufkorrektur und die Auswahl der neuen Hufeisen. Wer etwas verbessern will, muss auch das Ergebnis der letzten Arbeit prüfen.

Die genaue Hufkorrektur

Nichts ist so komplex wie die Hufkorrektur.

Gang, Gliedmaßenstellung, Fußung, Verwendungszweck, Pferdealter, Gelenke, Sehnen, Bänder, Krankheiten, Referenzpunkte im Huf, Hufschutz, Beschlag, Boden, Haltungsbedingungen u. v. m beeinflussen die Hufkorrektur. All das zu berücksichtigen und das Beste für das jeweilige Pferd zu finden, ist die schwierigste Aufgabe unseres Berufes.

Wir richten uns nach der Beurteilung des Pferdes in der Bewegung und im Stand, den Aussagen von Besitzer, Reiter und Tierarzt und unseren Erfahrungen. Röntgenbilder, Bewegungsanalysen, Referenzpunkte im Huf, Abnützung des Hufes und Linien, die wir einzeichnen, helfen uns bei der Korrektur.

Dabei haben wir meistens nicht mehr als einen Rand von wenigen Millimetern bis maximal 10 oder 15 mm zur Verfügung. DER RESTLICHE HUF GEHÖRT DEM PFERD!

Die genaue Hufkorrektur hilft uns mit dem Blick auf die inneren Strukturen, den Huf bei der Korrektur nirgends zu schwächen, die optimale Balance leichter zu finden und den Huf zu stärken. Die Grundsätze dieser genauen Korrektur gelten für alle Pferde! Je nach den oben angeführten Eigenheiten jedes Pferdes wird sie nach Ermessen angepasst. Eine Schwächung der Hornkapsel führt nur selten zum Erfolg. Die Natur hat ihre Gründe für die Proportionen! Daher sind kleine Korrekturen in kurzen Zeitabständen im Rahmen der genauen Hufkorrektur die zielführendste Methode, um Verbesserungen für das Pferd zu erreichen.

Mit der Natur arbeiten und ihre unendliche Perfektion zu erkennen und nützen, ist das Prinzip der genauen Hufkorrektur.

Merke: wir haben meist nur wenige Millimeter für die Hufkorrektur! der Huf gehört dem Pferd!

(Foto: Kathrin Werth)

Wir richten unseren Blick nach innen auf die Sohlenfläche des Hufbeines.

Sehen lernen

Wenn wir auf den aufgehobenen Huf blicken, sehen wir Sohle, Strahl, Tragrand usw. Für die genaue Korrektur müssen wir tiefer blicken. Was liegt wo darunter? Direkt unter der Sohle liegt die Sohlenfläche des Hufbeines. Nur getrennt durch die Huflederhaut, die beide Teile verbindet. Wird die Sohle gleichmäßig herausgearbeitet, haben wir den direkten Blick auf ein Abbild des Hufbeines.

Um den Huf nirgends zu schwächen, müssen wir ganz genau wissen, wie die darunterliegenden Teile aussehen. Erst dann ist es möglich, die Kapsel außen ohne Schwächung zu bearbeiten.

Das Hufbein sitzt direkt auf der dünnen Sohle, verbunden mit der Huflederhaut.

Dieser Blick ist die Voraussetzung für die genaue Hufkorrektur.

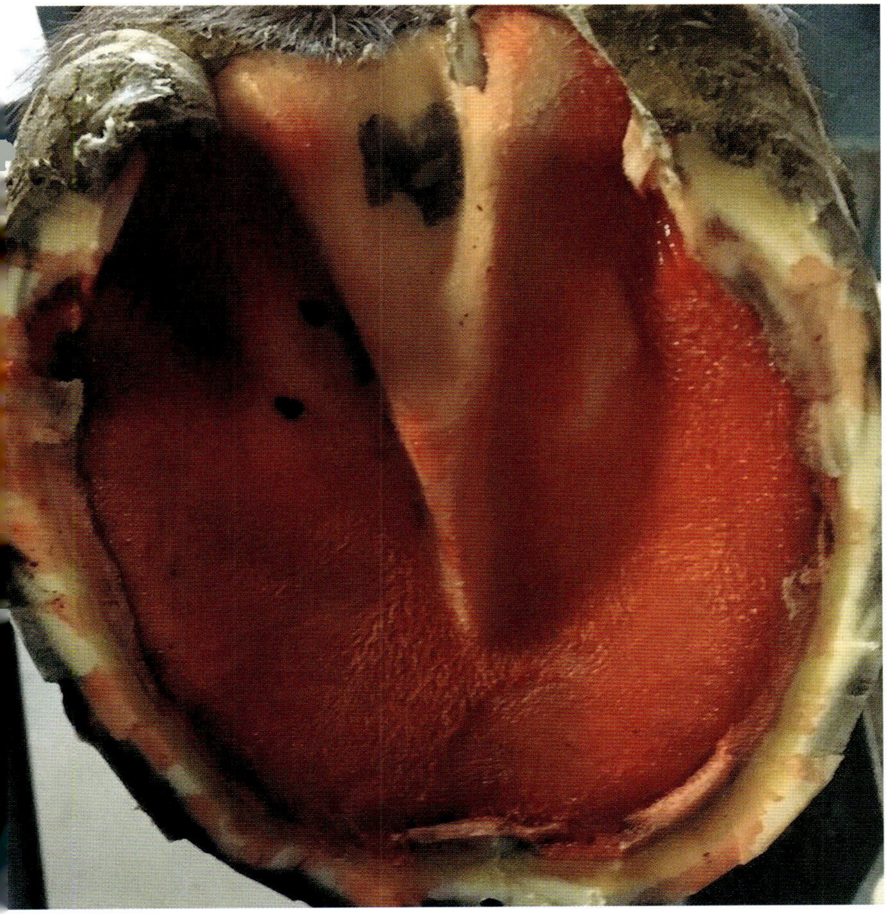

Blick unter Sohle und Strahl. Wir sehen die Hufllederhaut an der Sohlenfläche des Hufbeines. Die Strahllederhaut mit darunterliegenden Strahlkissen und die Lederhaut der Eckstrebe.

Wie sieht es unter der Hornkapsel aus?

- Die Sohle verläuft völlig gleichmäßig im gleichen Winkel von einer Eckstrebe zur anderen. Keine Löcher, Kanten und Erhebungen. Alles ist rund und smooth.
- Am gesunden Huf sind die Höhe des Strahls und der Trachten gleich.
- Die Eckstreben verlaufen im gleichen Winkel wie die Sohle und sind leicht erhöht.
- Der Hufbeinrand ist eben.
- Der Strahlschenkel ist steil und im gleichen Winkel. Nach hinten ist er leicht geöffnet. Es gibt keine Kanten. Er ist abgerundet.
- Die äußere Form des Hufbeines entspricht der Hufform. Diese ist jedoch gleichmäßig und ohne Ausschweifungen.

Vor der Korrektur wird der Huf gesäubert!

Die Strahlfurchen mit dem Hufkratzer in Richtung Strahlspitze reinigen. Die weiße Linie von Steinen befreien und die Sohle säubern. Anschließend wird der Huf gebürstet. Am so vorbereiteten Huf haben wir einen viel besseren Einblick auf den Gesamtzustand. Erst jetzt ist der Blick nach innen möglich. Das Werkzeug wird es euch ebenfalls danken und scharf bleiben.

ÜBERMÄSSIG ANGEWACHSENES HORN WIRD ENTFERNT.

Sollte der Huf überlang sein, wird zuerst mit der Hufzwickzange der grobe Überstand entfernt. Dies ermöglicht ein genaueres Arbeiten und ist effizienter

Strahl – Sohle – Eckstreben

Ein scharfes Werkzeug ist Bedingung für eine genaue Korrektur. Das Messer wird langsam und kontrolliert geführt. Nur so ist eine genaue Arbeit möglich.

Alle losen Teile werden entfernt. Vorerst nur das, was unbedingt entfernt gehört. Dabei wird das Messer so gehalten, dass es der darunterliegenden Struktur entspricht. Die Sohle hat nur einen gleichmäßigen Winkel. Beim Strahl wird mit dem Messer sehr steil geschnitten. Seht euch an, wie er darunter aussieht. Die Strahlfurchen sind Richtung Ballen offen, damit sich weder Sand noch Schmutz festsetzen kann. SELBSTREINIGEND. Genauso wie unter der Hornschicht zu sehen ist. Gleiche Winkel am Strahl und

(Fotos: Kathrin Werth)

zum Schluss die Kanten abrunden. Die Eckstreben werden im Verlauf der Sohle geschnitten und die Strebe nicht geschwächt. Sie haben eine wichtige Aufgabe bei der Hufmechanik und geben die Energie weiter. Auch bei der vertikalen Hufbewegung halten sie die Balance und stützen den gesamten Huf. Sie müssen sich erweitern und absenken können.

Wie stark Sohle und Strahl geschnitten werden, ist oft regional sehr verschieden. In Österreich wurden Strahl und Sohle fast immer zu stark beschnitten. Jahrzehntelang auch in den Hufbeschlagschulen so gelehrt. Auch ich habe zu viel geschnitten und es so weitergegeben. Wenn wir jedoch die alten österreichischen Lehrbücher (z. B. Habacher) ansehen, steht ausdrücklich: Sohle und Strahl schonen und nur lose Teile entfernen! Es mag vielleicht auf den ersten Blick nicht so schön aussehen als ein fett geschnittener Strahl, doch das Pferd braucht die volle Funktion des Strahls und den Schutz der Sohle. Wenn sich während der Korrekturperiode Sohlenteile von selbst lösen, ist dies nur natürlich.

Erst bei den internationalen Wettbewerben und von Grant Moon habe ich diese genaue Hufkorrektur erlernt. Egal, ob du, je nach Lehrmethode, einen Millimeter mehr oder weniger wegschneidest, mache es im Sinne der darunter liegenden Gebilde. Stark angewachsene Sohle wird bis zur funktionellen Sohle entfernt. Diese jedoch nirgends geschwächt! Ein guter Referenzpunkt ist der Übergang von Strahlspitze zur Sohle. Wo die Strahlspitze mit der Sohle verwachsen ist, ist bereits funktionelle Sohle. Die Ausnahme bildet eine doppelte Sohle.

Manchmal ist sie schwierig zu sehen. Aufschluss gibt genaues Beachten aller Referenzpunkte der Hufkorrektur. Ist man nicht sicher, empfiehlt es sich, zuerst die anderen Hufe zu korrigieren und nach Anhaltungspunkten zu suchen.

Nur langsames Schneiden und Führen mit einem scharfen Messer ergibt eine gleichmäßige Sohle. Diese zeigt bei genauer Arbeit, wie das Hufbein positioniert ist.

Die Kanten des Strahls werden abgerundet.

Ist bei der Sohle oder dem Strahl nichts zu entfernen, WIRD AUCH NICHTS ENTFERNT! Es wird sauber gebürstet und kontrolliert.

Der noch oft übliche Schnitt am Übergang Strahl – Eckstrebe ist zu unterlassen.

Strahl schonen! Nur das Notwendigste soll entfernt werden. So hat er genügend Horn zum Schutz, ist stark und funktionstüchtig. Die bereits natürlich vorhandenen Rundungen belassen und die Seitenfurchen vorsichtig selbstreinigend schneiden. Auch die Sohle wird geschont! Es dürfen sich in der Beschlagsperiode ruhig kleine Teile davon ablösen. Die Eckstrebenwand wird stark belassen.

Einen Strahl mit 4 Schnitten zu schneiden, ist einfach. Jedoch wird er dabei meistens geschwächt! Die Winkel sind gleichmäßig geschnitten, doch viel zu stark! Die Huflederhaut leuchtet rosa durch das dünne, verbliebene Horn. Der Hornstrahl wurde praktisch großteils entfernt und kann seine Funktion nur teilweise erfüllen. Die linke Sohlenhälfte wurde geschont, an der rechten Seite ist bereits „scharf" ausgeschnitten.

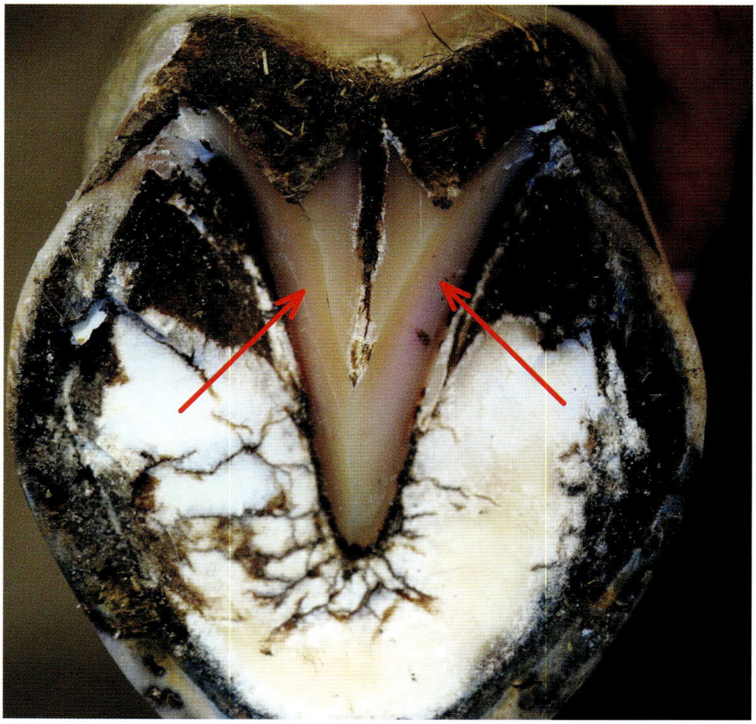

Tragrand

Der Tragrand wird mit der Hufzwickzange gekürzt. Dabei greift die Zange nach jedem Druck etwa jeweils 2/3 ihrer Schneide weiter. So erzielt man eine gerade Schnittfläche ohne Stufen. Weiters ist zu beachten, dass die Zange weder nach außen oder innen hängt, so dass eine plane Fläche erreicht wird.

Entferne zuerst nur 2/3 der Hornwand, die du wegnehmen würdest. Das lässt dir Spielraum zum Raspeln, Anrichten und zur Endkorrektur, wenn alle Beine korrigiert sind.

Beide Trachtenwände sollen im Normalfall auf die gleiche Länge gekürzt werden. Der höchste und weiteste Punkt vom Strahl ist der wichtigste Anhaltungspunkt für die Trachtenkorrektur. Er soll, wenn möglich, und sofern nicht eine andere Korrektur Priorität hat, auf einer Ebene mit der Trachte sein. Auch unter der Hornschicht sind Strahl und Trachtenlederhaut auf einer Ebene.

An der Zehe wird soweit gekürzt, dass nach fertiger Korrektur, am Tragrand der Abstand von der inneren Kante der weißen Linie zur Sohlenkante ca. strohhalmbreit ist (siehe Foto Seite 97 unten). Daher empfiehlt es sich, die Zange an der Zehe ungefähr am inneren Rand der weißen Linie anzusetzen.

Je schöner gezwickt wird, desto weniger ist mit der Hufraspel auszugleichen!

Beim „Durchfluten" vor dem Zwicken wird das Bein locker, immer mit der äußeren Hand, und unter dem Ellbogen des Pferdes, gehalten! Wird das Bein nur 10 cm nach außen gedrückt, ist der Blickwinkel verzerrt. Hufbalance, Y-Achse, Länge der Trachten werden gecheckt. *(Fotos: Kathrin Werth)*

„Merke: Alles, was man wegnimmt, ist ***weg!***"

Der Sohlenteil der Eckstrebe wird im Verlauf der Sohle vorsichtig herausgeputzt. Die bereits gerade Eckstrebe wird nicht weiter geschwächt. Je tiefer bröseliges Zerfallshorn reicht, desto weiter sind die Hufbeinäste weg und desto steiler steht das Hufbein in der Hornkapsel. Je weniger Zerfallshorn im Eckstrebenbereich ist, desto näher ist der Hufbeinast. Hier können Rückschlüsse über die Stellung des Hufbeines in der Hornkapsel geschlossen werden. Auch finden sich manchmal Steingallen, die meist durch Druck der Hufbeinäste gegen die Eckstrebe entstehen. Elastisches und weder zu dickes, noch zu dünnes Sohlenhorn hilft hier. Die Eckstreben werden maximal und verlaufend auf Sohlenniveau gekürzt und dürfen keinesfalls höher als Tragrandniveau reichen.

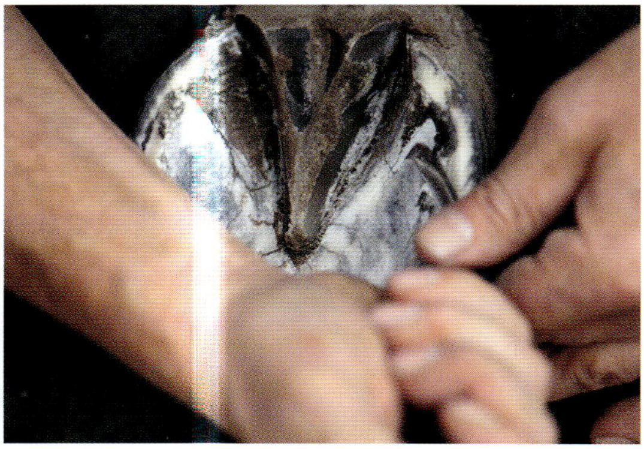

(Foto: Kathrin Werth)

Zu Beginn korrigiere ich immer in Richtung 7 Punkte (siehe Bewertungssystem). Wenn alles, was weg soll, weg ist, beginnt die Feinarbeit. Die Kanten des Strahls werden abgerundet. Die Strahlfurchen werden kontrolliert, ob sie selbstreinigend sind. Die Sohle auf Stärke und Gleichmäßigkeit überprüft und nachgearbeitet.

Das Horn der Sohle innerhalb der Eckstrebe wird im Sohlenverlauf herausgeschnitten.
Darunter finden sich oft Steingallen.

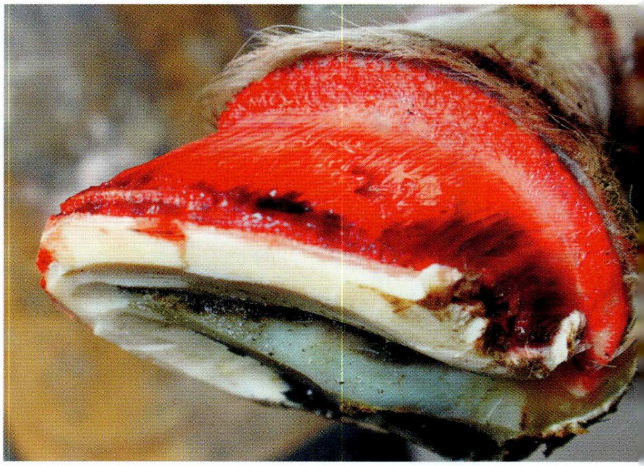

Werden Sohle und Tragrand gleichmäßig nach den beschriebenen Gesichtspunkten korrigiert, steht das Hufbein in einer optimalen Position mit optimalem Schutz durch die Hornkapsel.

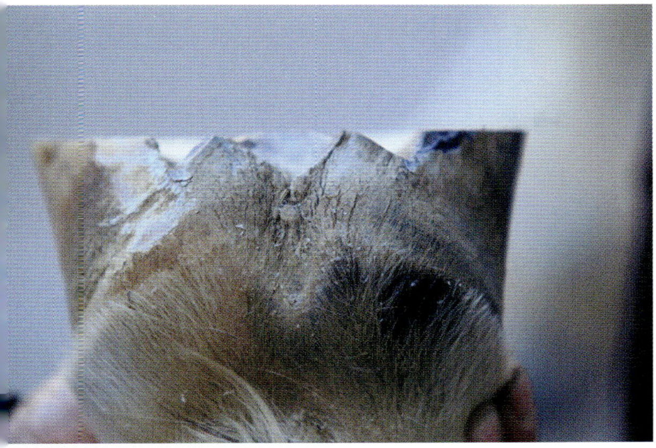

Der Tragrand ist völlig eben und gleichmäßig und ist bei den Trachten in einer Ebene mit dem höchsten und weitesten Punkt des Strahles. An der Zehe wird bis zu einem strohhalmbreiten Sohlenrand korrigiert. Die Sohle wird gleichmäßig und innerhalb der Eckstrebe rausgeschnitten. Die Eckstrebe wird vorsichtig auf eine gerade Eckstrebenwand im Sohlenverlauf gekürzt. Der Strahl wird stark gelassen mit gleichen Winkeln und steil geschnitten. Die Kanten sind berundet und die Strahlfurchen selbstreinigend. Die Hornwand ist gleichmäßig stark. Der Huf wird korrigiert und an keiner Stelle geschwächt. Level 0 *(Fotos: Kathrin Werth)*

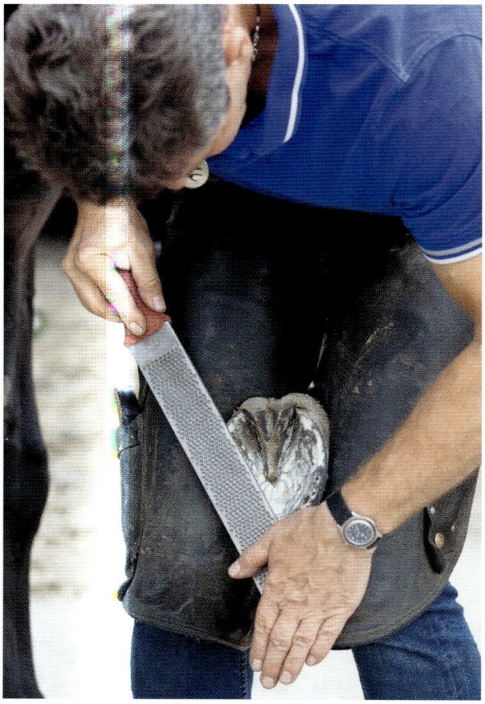

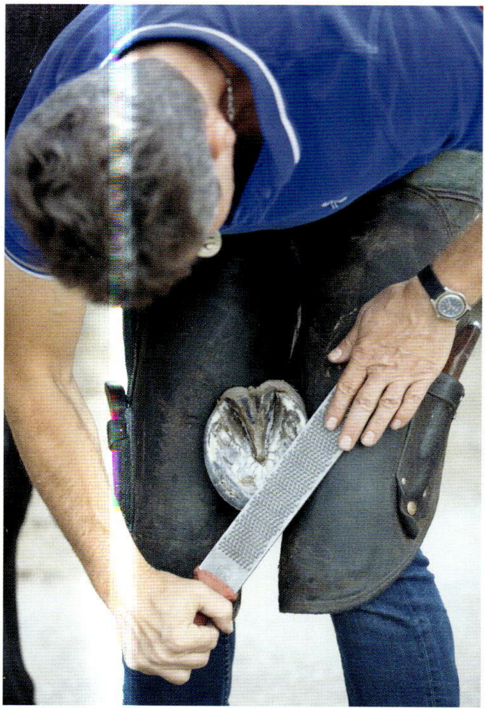

Planraspeln

Die Raspel ist stabil mit beiden Händen zu führen. Eine scharfe Raspel mit wenig Druck auf den Tragrand und langsames Bewegen in Richtung der Hornwand führt am leichtesten zu einer planen Oberfläche. Plan heißt nicht nur von der Trachte zur Zehe, sondern auch in der Breite des Tragrandes.

Rasple eine Autobahn und keinen Feldweg ... Querraspeln von Seitenwand zu Seitenwand ist zu vermeiden und führt selten zu einem planen Tragrand.

Wird die funktionelle Sohle herausgearbeitet, gibt sie Aufschluss über die Lage des Hufbeines, dessen Sohlenfläche unter der Sohle liegt. Ist der Huf an Trachten und Zehe wie beschrieben korrigiert, kann man von einem leicht positiven Winkel des Hufbeines von 3–5 Grad ausgehen.

Nach einem Check der Korrektur wird der Tragrand mit der feinen Raspelseite geglättet. Für das Bearbeiten der Hornwand am Bock empfiehlt es sich, mit der Raspel die Tragrandkante soweit zu brechen, wie man die Wand beraspeln will. So kommt man am Bock nicht in Gefahr, zu viel Wandhorn zu entfernen, da die Kante am Bock zu sehen ist.

(Fotos: Kathrin Werth)

Beraspeln am Hufbock

Möglichst in Richtung der Hornröhrchen raspeln. Dabei wird während der Raspelbewegung diese minimal vertikal und horizontal geschwenkt. Dadurch entsteht ein der Hornkapsel entsprechender runder Wandverlauf.

Im Normalfall sollte nur bis zur Hälfte der Wandhöhe beraspelt werden. Wird ein Hufeisen aufgenagelt, entspricht das einer Höhe knapp über den Nieten. Der Übergang zur belassenen Wand darf nicht spürbar sein. Mit der feinen Seite der Hufraspel werden alle groben Rillen geglättet und die Tragrandkante leicht gebrochen.

Grundsätzlich soll der Tragrand der vergrößerten Form des Kronrandes entsprechen und der Huf eine gleichmäßige Wandstärke aufweisen. Die Wände sollen einen geraden Verlauf von Kronrand zu Tragrand haben. Gerade Wände können am meisten Last aufnehmen. Ausschweifende Wände werden nach Möglichkeit und unter Berücksichtigung der Wanddicke begradigt. Hierbei soll die Hornwand bis maximal der Hälfte ihrer Stärke entfernt werden, um die Stabilität der Wand zu gewährleisten.

Während des Raspelns mit den Augen den Huf von Kronrand zu Tragrand scannen und nur dort wegraspeln, wo es notwendig ist. Wo nichts zu beraspeln ist, wird auch nichts beraspelt! Hier kann der Huf mit einem Schleifschwamm gesäubert und geglättet werden.

Am fertig korrigierten Huf soll am Tragrand der Zehe der Abstand von der Innenkante der weißen Linie zur Sohlenkante höchstens strohhalmbreit sein. Der höchste und weiteste Punkt vom Strahl liegt in einer Ebene mit der Trachte. Level 0

Rillen in der Hornwand von der groben Raspelseite

Mit der feinen Seite bereits kleinere Rillen

Feine Oberfläche mit einer Finish-Raspel

Glatte Oberfläche mit Sanding-Raspel (mit Klett befestigten Schleifpapier)

(Fotos: Kathrin Werth)

Finish – Glätten der Hornwand

Mit „Sanding Tools“ wird die Wand abschließend geglättet. Mit immer feiner werdenden Schleifbändern erzielt man eine völlig glatte Hufwand bis zur beraspelten Hornwandhöhe.

Da bei den meisten Reitpferden die Deck- und Glasurschichte von den Sandböden weggeschliffen und de facto nicht mehr vorhanden ist, erfüllen derartig glatte Wände einen Teil der Aufgabe dieser fehlenden, schützenden Schicht. Die Oberfläche wirkt schmutz- und wasserabweisend. Bakterien können sich nicht so leicht festsetzen. Der Huf bleibt gesünder. Die Wirkung wird absolut unterschätzt.

Die Glasurschicht findet man am ehesten bei Pferden auf einer Alm in freier Natur. Oft sieht man durchsichtige Teile der Schicht, die sich von unten durch die Beanspruchung des Bodens, lösen.

Check mit „frischem Auge“ *(Foto: Kathrin Werth)*

Fresh Eye

Nach der Korrektur kurz abwenden und mit einem frischen Auge wiederkommen.

Ein frisches Auge sieht mehr und gibt eine neue Perspektive. Viele Hufschmiede praktizieren dies ständig während der gesamten Beschlagstätigkeit, genauso wie beim Wettbewerb. Wenn wir zu lange auf eine Stelle sehen, werden wir quasi betriebsblind.

Dieses Phänomen hilft auch beim Aufnageln. Funktioniert ein Nagel nicht, stell das Bein ein paar Sekunden ab und komm mit frischen Augen wieder.

Bist du dir bei deiner Korrektur nicht sicher, lass deine Augen kurz los. Passt die Eisenform nicht, richte zuerst das Andere.
Es funktioniert hundertprozentig!

(Foto: Kathrin Werth)

Die Wahl der Hufeisen

Mittlerweile gibt es unzählig viele verschiedene Hufeisen. Für jede Sportart, mit unterschiedlichen Profilen, unterschiedlicher Breite und Dicke, verschiedenen Kappen, mit versetztem Abrollpunkt und fertigen Zehenrichtungen. Zusätzlich alle möglichen Spezialeisen in allen erdenklichen Größen und Formen. Unsere Beschlagsautos haben weder den Platz für all diese Hufeisen, noch macht es Sinn, sich zu viele auf Lager zu legen. Außerdem ist es einfach nicht leistbar. Daher müssen wir uns auf die wichtigsten für unsere Anforderungen konzentrieren. Für den Rest benötigen wir einen Händler, der uns schnell beliefern kann.

Umso wichtiger sind unsere Fähigkeiten, jedes Hufeisen individuell umschmieden zu können. Ein gutes Basic-Eisen, an dem wir anschmieden können, was das Pferd benötigt. Wir können das Hufeisen und unsere Modifikation genau auf das Pferd abstimmen, anstatt uns mit vorgefertigten Modellen zufriedenzugeben. Dies steigert unsere Fähigkeiten und hilft den Pferden! Du bist in der Lage, immer das Beste fürs Pferd zu machen, auch wenn nicht das optimalste Hufeisen im Auto ist.

HUFEISENBREITE:

Sie muss die Hornwand, die weiße Linie und einen kleinen Teil der Sohle abdecken. Wand + weiße Linie mal 1,5 ist ein Durchschnittsmaß. Ein weiter Huf benötigt ein breiteres Hufeisen als ein schmaler Huf. Breitere Hufeisen verhindern zu starkes Einsinken in den Boden, während schmälere mehr Traktion geben. Breitere Eisen schützen die Sohle besser, schmälere sind wiederum leichter.

Wir müssen daher die Breite des Hufeisens sowohl vom Pferd, als auch von den Bodenverhältnissen und den Anforderungen abhängig machen.

Zu kurze Hufeisen bleiben meist im Strahlbereich zu weit offen.

Zu lange Hufeisen sind oft im Strahlbereich zu eng.

HUFEISENLÄNGE:

Die Ideal- und Mindestlänge wurden bereits beschrieben. Zu lange Hufeisen verursachen große Hebelwirkungen und sind oft schädlicher als nützlich. Speziell auf hartem Boden wird die Fußung durch die langen Schenkel negativ beeinflusst, da die Pferde nur selten mit beiden Schenkelenden gleichzeitig den Boden berühren. Dadurch wird der Huf während der Fußungsphase aus dem Gleichgewicht geworfen. Auf weichem Boden wird zwar die tiefe Beugesehne entlastet, jedoch andere Strukturen überlastet. Zu kurze Hufeisen bieten zu wenig Unterstützung und schlechte Hufbalance. Die Folgen können schwerwiegend sein.

NAGELLÖCHER:

Diese sollen auf den Außenrand der weißen Linie zeigen. Da Pferde unterschiedliche Wandstärken haben, sind sie bei der Hufeisenwahl sehr wichtig. Zu seicht gelochte Eisen halten wenig und zerstören die Hornwand. Zu fett gelochte Eisen können zu einem Nageldruck bzw. einer Vernagelung führen oder müssen sehr weit angerichtet werden. Mit ein wenig Schmiedetechnik ist es möglich, die Nagellöcher mit dem Vorbeißer zu versetzen.

Hoof Mapping – das Einprägen der Hufform

(siehe Hufbalance)

Vor dem Richten weiß ich die Hufform. Ich ziehe im Kopf meine Linien im Huf, merke mir die Weite der Zehe, die weiteste Stelle und die Bäuche. Dazu benötige ich pro Huf nicht mehr als 5–7 Sekunden. Diese wenigen Augenblicke ersparen mir mindestens die Hälfte meiner Wege vom Amboss zum Pferd. Auch die Zeit, die das warme Hufeisen an den Huf gehalten wird, verkürzt sich und ich komme nicht in Gefahr, zu viel zu brennen. Bevor ich mit dem gerichteten Hufeisen zum Pferd gehe, checke ich die Form mit meinem Bild im Kopf. Das Eisen wird mit einiger Übung ziemlich genau passen. Gerade bei jungen oder unwilligen Pferden und bei weiten Wegen vom Amboss zum Pferd hilft das enorm.

Hoof Mapping funktioniert mit strukturiertem Denken. Ich habe verschiedene Hufformen im Kopf gespeichert und gebe ihnen Namen (z. B. die Namen der internationalen Hufformen). Somit sind sie abgespeichert und abrufbar. Ich merke mir jetzt nur mehr kleine Abänderungen und Besonderheiten des jeweiligen Hufes. Es wundert mich immer wieder, wie einfach es plötzlich ist, sich alle 4 Hufformen eines Pferdes, innerhalb von Sekunden genau einzuprägen.

Die Linien im Huf helfen die Balance zu finden, die Hufformen einzuteilen, Besonderheiten auf einem Blick zu finden und die jeweilige Form beim Richten umzusetzen. Dabei werden die vorhin angesprochenen und mit Namen gespeicherten Formen ganz automatisch wieder aufgeteilt. Ohne Zutun prägt sich unser Gehirn diese ein, und wird noch leichter und genauer abrufbar. Da diese Linien nicht nur unserem Gehirn helfen, sich die Hufe einzuprägen, sondern vor allem Referenzpunkte für unsere Arbeit sind, werden sie zu einem wichtigen Bestandteil unserer Arbeit.

VISION UND HOOF MAPPING ist Arbeit mit dem Kopf. Sie verhilft uns zu bestmöglicher Arbeit für das Pferd und erspart uns Zeit und Kraft.

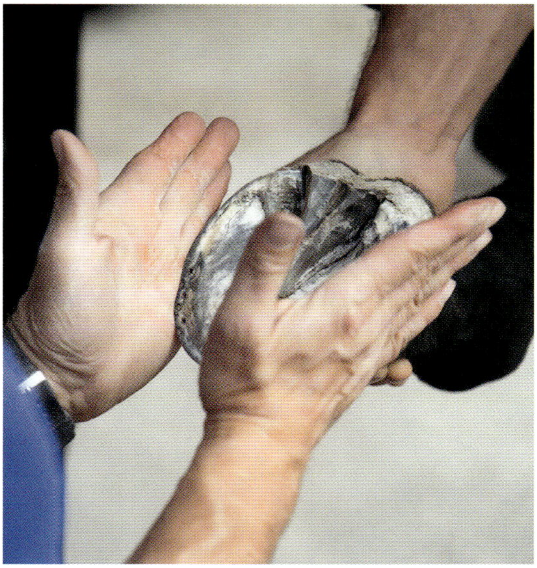

(Fotos: Kathrin Werth)

Linien

Linie durch Strahlmitte: Teilt den Huf in 2 Hälften. Gleich große Hälften halten die einwirkenden Bodenkräfte in Balance.

Parallele Linien dazu von der Trachtenecke: Zeigt das Verhältnis der Zehe zum Strahl, und wir sehen, wie weit wir die Schenkel bei den Enden biegen müssen. Die Unterteilung lässt uns zusätzlich die Form der Seitenwände leichter erkennen, Biegungen exakt positionieren und am Amboss finden.

Zehenlinie durch die Schnittpunkte der weißen Linie: Die Schnittpunkte sind Referenzpunkte für die Zehennägel. Der Querstrich ist eine ungefähre Position der Hufbeinspitze. Dies ist die maximal zurückgesetzte Position des Abrollpunktes.

X-Linien: Ergeben ziemlich genau die weiteste Stelle des Hufes, gemessen an der weißen Linie.

COR (Centre of Rotation): Zeigt auf das Rotationszentrum des Hufgelenkes. Diese Linie liegt ungefähr an der weitesten Stelle des Hufes.

COG (Centre of Gravity): Das Zentrum der Schwerkraft liegt ca. mittlere Wandstärke vor dem COR. Gleicher Abstand zur Zehe und Trachte bringt gleichmäßige Druckverteilung und Balance. Besser ist eine Balance von 55 % zu 45 % Trachte zu Zehe, da der beschlagene Huf meistens mehr in die Zehe wächst. Die Schnittpunkte mit der weißen Linie markieren die Position des letzten Hufnagels.

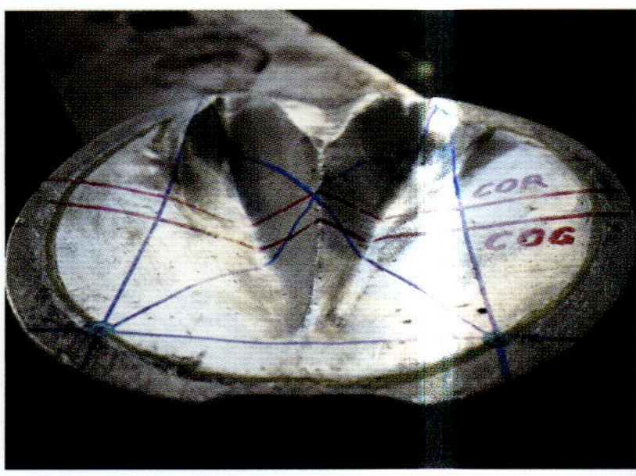

Gleicher Abstand vom COG zur Trachte und zur Zehe bringt eine optimale Druckverteilung.

Eine vertikale Linie vom ersten Nagelloch zeigt, wie eng der Schenkel gebogen werden muss.

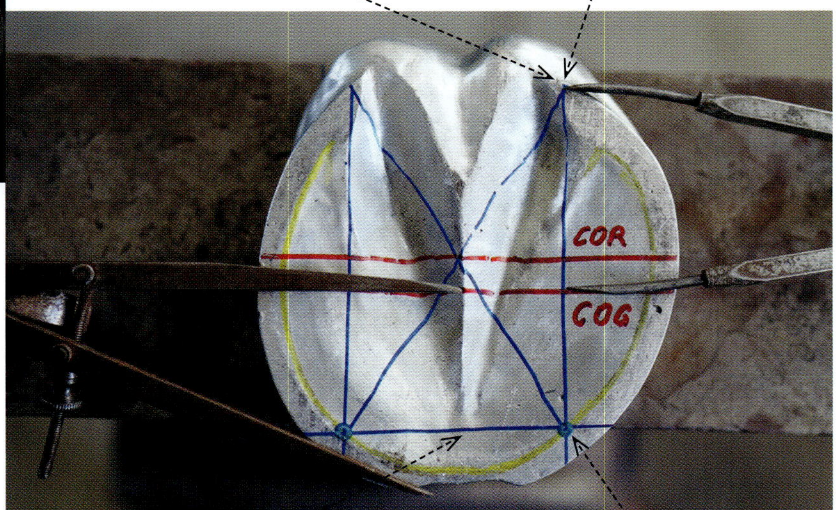

Position der Hufbeinspitze. Der Abrollpunkt soll frühestens bei der Hufbeinspitze angebracht sein.

Position der Zehennägel

Über das Anrichten

Das genaue Anrichten des Hufeisens an den Huf ist sicherlich das Schwierigste. Hier wird am meisten geschummelt, hier gibt es die größten Mängel. Die besten Übungen sind Hufeisen vom Stab schmieden, alte Hufeisen umrichten, Hoof Mapping und Hufformen lernen, Zeichnen der Hufformen. Wir müssen beides trainieren – unsere Software und unsere Hardware. Ziel ist es, das Hufeisen so genau anzurichten, dass nach dem Aufnageln, beim Vernieten auf dem Hufbock nichts mehr an der Hornwand zu raspeln ist und das Hufeisen entsprechend der Hufform und Balance perfekt passt.

Grundsätzlich soll das Eisen an der Zehe bis zur weitesten Stelle des Hufes genau dieser Form entsprechen und der Hufeisenrand spürbar über dem Huf sein. Alte Weisheit: Hier sollte eine Maus laufen können oder eine Cent-Münze rollen ... Ab der weitesten Stelle wird das Hufeisen der Hufform entsprechend verlaufend weiter angerichtet, so dass der Hufmechanismus arbeiten kann und am Ende der Beschlagsperiode der Huf immer noch voll unterstützt wird.

Wie weit das Hufeisen ab der weitesten Stelle gerichtet wird, ist abhängig von der Hufform, der Gliedmaßenstellung, den Haltungsbedingungen, der Hufbalance und dem Verwendungszweck des Pferdes. Zu weit angerichtete Eisen bieten zwar mehr Unterstützung im hinteren Hufbereich, erhöhen jedoch die Hebelkräfte in engen Wendungen. So werden die seitlichen Hufgelenksbänder sehr schnell überbeansprucht. Zu enge Hufeisen wiederum können den Huf einengen und die Trachten können sehr leicht im Laufe der Beschlagsperiode überwachsen.

Ein feiner Unterschied: Das rechte Hufeisen ist eine halbe Nummer größer. Dadurch passt das Verhältnis Zehe zu Strahl besser. Das linke ist, weil ein paar mm kürzer, zu weit offen. Weiters ist das linke Hufeisen versucht, nach der Hufform zu richten, das rechte eine Spur runder. Minimale Verbesserungen beim Anrichten ergeben gesamt eine bessere Balance.

Dieses Hufeisen habe ich fast zu exakt angerichtet. Eine Nuance runder wäre gut für den Huf und das Pferd.

Fehlerhaft angerichtetes Hufeisen: Eckiger als der Huf, linker Schenkel länger.

Auch bei extremen oder sehr eckigen Hufformen soll das Hufeisen exakt nach der Hufform angerichtet werden mit einer Tendenz zu einer regelmäßigeren Form. Damit ist ein Bereich von ca. +/- 1 mm bei mittlerer Hufgröße gemeint. Der Huf bekommt dadurch die Chance, regelmäßiger zu belasten und nachzuwachsen. Wird die Form des Hufbeines optimal unterstützt, wachsen Hufwände gleichmäßiger und der Huf stärkt sich auf natürliche Weise.

Achtung: Fälschlicherweise erleichtern sich Hufschmiede die Arbeit, nageln regelmäßige Hufeisen aus dem Karton auf und raspeln das überstehende Horn weg. Auch mangelndes Können führt zu dieser Arbeitsweise. Dies ist striktest abzulehnen und gleicht einer Vergewaltigung der Hufe!

Wird das Hufeisen noch eine Spur eckiger gerichtet als der Huf, wird das Gegenteil von obiger Erklärung erreicht.

Ein perfekt angerichtetes Hufeisen bringt: Bessere Druckverteilung und Belastung, es ist angenehmer für das Pferd, leichter aufzunageln, bessere Hufbalance, kommt der Physiologie des Pferdes entgegen, bildet eine Einheit mit dem Huf, bessere Haltbarkeit, ist ein Maßschuh und kein Zwangsschuh, trägt zur Gesunderhaltung des Pferdes bei u. v. m

Verdreht angerichtet: Der Abstand von der Strahlmittelfurche zu den Eisenenden soll gleich groß sein.

Ein Hufeisen lässt sich am besten zwischen dunkelgelber und kirschroter Farbe formen. Das ergibt die gleichmäßigsten Biegungen.

Die Zehe leicht runder richten (Schultern machen). Der erste Pfeil zeigt, wo der Hammer trifft, der zweite, wo das Eisen ca. 2 mm hohl liegt. Für eine weitere Zehe wird der Kontaktpunkt mit dem Rundhorn näher zum ersten Nagelloch verlegt.

Das Richten der Hufeisen

SYSTEM

Jeder Hufschmied hat sein System beim Eisenrichten. Das ist abhängig vom Warm- und Kaltbeschlag, seinem Amboss und seinen Schmiedefähigkeiten. Die Grundsätze sind jedoch meistens ähnlich. Hier das Richten beim Warmbeschlag unter den Voraussetzungen der Grundtechniken des Schmiedens.

SCHRITT 1 – DER ZEHENTEIL

Zuerst wird immer die Zehe oder der Schuss gerichtet. Er wird entweder weiter oder enger geformt. Das geschieht am Rundhorn des Ambosses, möglichst weg von der Spitze des Horns, um Ecken zu vermeiden. Das Hufeisen senkrecht mit der Zehe am Rundhorn halten, Richtung erstes Nagelloch rutschen, und knapp nach der Hornmitte auf das dort leicht hohl liegende Eisen 1–2 Schläge richten. Anschließend auf der zweiten Zehenseite wiederholen. Ich empfehle dies bei allen Zehenweiten mehr oder weniger stark zu tun. Es ist der erste Teil meines Systems. Man sagt auch – dem Eisen Schultern machen. Auch wenn die Zehe des Fabrikeisens passt, wird sie oft durch das Richten der Schenkel enger, insbesondere bei warmen Hufeisen. Es ist sowohl leichter als auch effizienter, von Beginn an in diese kleinen Schläge zu investieren.

Nach dem Richten der Zehe wird der Schenkel eingebogen. Der Pfeil zeigt auf den Kontaktpunkt am Rundhorn, ab dem das Eisen enger wird. Er muss ganz exakt gewählt werden.

Eine Biegung (Bauch) formen. Der Punkt der Biegung bleibt in der Mitte des Rundhorns und es wird davor und danach (mindestens 5 cm) geschlagen.

SCHRITT 2 – SCHENKELFORM

Nach dem Richten der Zehe wird der Schenkel eingebogen. Der Pfeil zeigt auf den Kontaktpunkt am Rundhorn, ab dem das Eisen enger wird. Er muss ganz exakt gewählt werden.

Mit dem Hufeisen soweit auf das Rundhorn gehen, bis die optimale Rundung für den Huf und das Eisen erreicht ist. Bei engen Hufen weiter an der Spitze des Horns und bei weiten weiter Richtung Ambossbahn rutschen, um eine größere Rundung zu erzielen. Mit der Feuerzange das Eisen so halten, dass ich sie ohne umzugreifen nach unten bewegen kann, um den Schenkel weiter zu formen. Ich beginne ca. 2 cm weg von der Rundhornmitte über das Horn auf das hohl liegende Eisen zu schlagen.

Ich platziere das Eisen so, dass ich die richtige Zehenweite für den Huf bekomme. Hierbei wird das vorher an der Zehe runder gerichtete Hufeisen, der Hufform entsprechend enger gerichtet. Die Zangenhand bewegt sich mit den gleichmäßigen Schlägen nach unten, damit ich immer auf diese 2-cm-Linie hinter dem Rundhorn schlagen kann. Hier habe ich auch die beste Schlagwirkung. Der Schenkel wird langsam Richtung weiteste Stelle bewegt. Soll er weiter werden, wird 2 cm vor der Rundhornmitte geschlagen. Soll er enger werden 2 cm nach der Rundhornmitte.

Anschließend wird der zweite Schenkel gerichtet. Danach ein kurzer Check nach der gemerkten Hufform. Passt die Weite

Will ich eine Biegung gerader machen, schlage ich jeweils genau an diese Stelle. Einmal am Rundhorn ansetzen, ab dem Punkt, wo es gerader werden soll, und auf der anderen Seite, bis wie weit es gerader werden soll.

Wähle genau die Rundung am Horn, die du benötigst. Die Zangenhand bewegt sich während des Richtens des Schenkels nach unten. *(Foto: Kathrin Werth)*

Check: Linien, Hoof Mapping, Balance, Ebenheit, Zehenrichtung *(Foto: Kathrin Werth)*

der Zehe? Die weiteste Stelle? Die Enden? Sind die Schenkel gleich lang und das Eisen in der Balance? Das Hufeisen dementsprechend nachrichten. Wenn so das Eisen ungefähr vorgerichtet ist, Zehenrichtung oder evtl. Modifikation anbringen. Das Eisen plan ausrichten und nochmals checken.

Die Schenkel sind gleich lang, der Abstand von der Mittellinie zu den Enden ist ebenfalls gleich und die Balance innere Hälfte zu äußerer Hälfte passt. Keine Ecken und Kanten, wenn das Hufeisen nicht auf der Spitze des Horns gerichtet wird. Diese Linie ist entweder am Amboss oder im Kopf. Jedes Eisen wird so gecheckt, bevor man damit zum Pferd geht.

3 Linien am Horn. Liegt das Hufeisen wie am Bild und man schlägt auf die mittlere Linie, wird geschmiedet. Schlägt man bei gleicher Lage auf die vordere Linie bei der Zehe, wird das Eisen ab dem Bereich, wo der Hammer trifft, weiter. Kommt der Schlag auf die hintere Linie bei den Enden, wird es ab der Mittellinie enger. Die Zange hält beim ersten Zehenloch vis-à-vis. That's it.

TIPPS UND HILFEN

- Die Hufweite am Pferd abmessen und am Amboss messen.
- Ein Strich im rechten Winkel zur Ambossbahn hilft die Balance zu finden.
- Das Eisen und die Balance von der Hufseite checken.
- Das Hufeisen lieber eine Spur weiter richten als enger, da es viel einfacher ist, einen Schlag enger zu richten als weiter.
- Vergiss deine faule zweite Hand nicht! Sie hält die Zange FEST und FORMT das Hufeisen. Sie bringt das Eisen in optimale Position. Die rechte Hand (Rechtshänder) führt den Hammer.
- Ein warmes Eisen ist viel leichter auszurichten, als ein bereits ausgekühltes. Beim kalten Hufeisen ganz leicht die Hammerbahn schräg halten und eher mit der Hammerkante schlagen. Dadurch federt das Eisen nicht zurück.
- Modifikationen anschmieden, nachdem das Eisen grob vorgerichtet ist, anschließend fertig richten.
- Sieht das Hufeisen am Amboss nicht gut aus, sieht es auch am Huf nicht gut aus!
- Die Arbeit am Amboss ist Erholung von der Arbeit am Pferd.

Das warm Anrichten

(Foto: Kathrin Werth)

Grundvoraussetzung ist ein fertig korrigierter und plan geraspelter Huf sowie ein plan ausgerichtetes Hufeisen. Zum Aufrichten wird das Hufeisen mit einem Aufrichtzirkel, einer Aufrichtzange oder einem Aufrichtdorn gehalten. Zusätzlich kann die Feuerzange mitverwendet werden. Die Temperatur des Hufeisens sollte zwischen 400 und max. 700 Grad Celsius betragen. Je kühler das Eisen, desto länger kann man es an den Huf halten, desto besser sieht man und desto angenehmer für Pferd und Mensch. Der Tragrand darf braun werden, jedoch nicht schwarz verkohlt!

Das warme Hufeisen wird von der Zehe Richtung Trachten langsam in Position geschoben. Die Augen richten wir auf den hinteren Hufbereich und die Enden des Hufeisens. Jetzt ist es wichtig, das Hufeisen so auszubalancieren, dass es nicht verdreht ist, und die Enden des vorher in Balance gerichteten Hufeisens nach dem Strahl ausgerichtet werden.

Anschließend das Eisen 1–2 Sekunden ruhig halten, um es zu fixieren. Erst jetzt wird der Rauch von der Zehe beginnend weggeblasen und die Passgenauigkeit geprüft. Der ganze Vorgang sollte nach wenigen Sekunden abgeschlossen sein.

Wir prüfen, ob die Kappen den gleichen Winkel wie die Hornwand aufweisen. Das ist sowohl am Huf wie an den Kappen „braun“ sichtbar. Der Winkel der Kappen kann auch mit dem Beschlagshammer in die exakte Position gebracht werden.

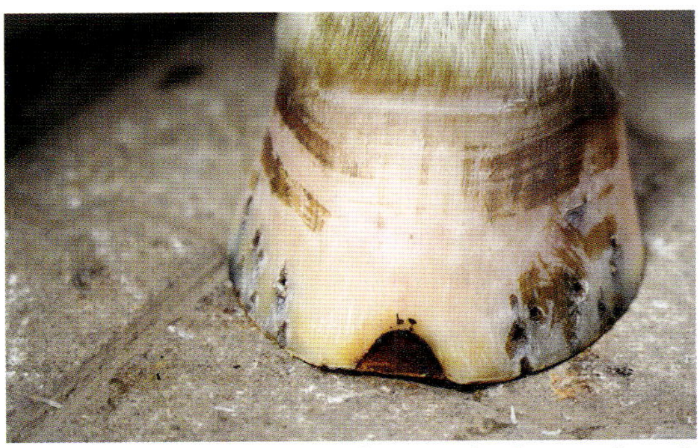

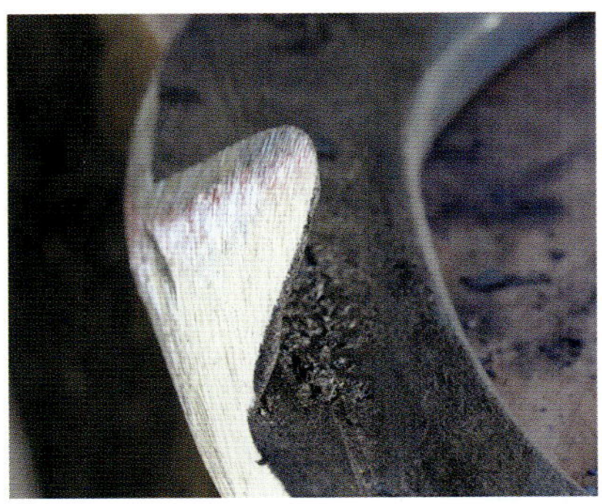

Die Kappe wird beim Anrichten exakt dem Hufwand entsprechenden Winkel angerichtet. Da die Hornwand rund und nicht gerade ist, wird beim Anrichten auf den Winkel an den Außenrändern geschlagen. So bekommt sie die Wölbung der Hornwand. Kann, wie auf dem Foto, nachgeschliffen werden. Kappe und Huf bilden somit eine Einheit. Dies ist erhöht die Haltbarkeit, vermindert Verletzungsgefahr und ist auch optisch schöner.

Der braune Abdruck am Huf markiert uns die Position, um die Kappe mit dem Hufmesser vorsichtig in die Hornwand einzulassen. Wenn jetzt das Eisen seine perfekte Position gefunden hat, die Kappe(n) positioniert sind, wird von der Zehe beginnend die Hufform kontrolliert und solange verändert, bis es passt.

Ist das Hufeisen fertig aufgerichtet, wird der Tragrand gebürstet oder mit der feinen Raspelseite leicht angeraspelt. Die angebrannte Schicht wird gereinigt und die Poren geöffnet. Abschließend mit der feinen Raspelseite die Hufkante leicht brechen. Wurde die Sohle gleichmäßig und genau korrigiert, entsteht eine gleichmäßige Auflagefläche mit einem kleinen Rand der Sohle, der mittragen kann.

(Foto: Kathrin Werth)

TIPPS

- Schule deine Augen und checke die Hufform und Eisenform gegeneinander, BEVOR du das warme Hufeisen an den Huf hältst. Du ersparst dir und dem Pferd Stress und Zeit! Geh zurück zum Amboss, ändere die Eisenform nach der Hufform.
- Achte immer auf die Temperatur des Hufeisens. Ist das Eisen zu warm fürs Aufrichten, kühle es ab, oder warte kurz.
- Funktioniert das Anrichten nicht gut, lege das Eisen weg, richte das nächste und komm zum Schluss wieder mit „einem frischen Auge“ zurück.

(Foto: Kathrin Mautner)

(Foto: Kathrin Werth)

Wird die Sohle gleichmäßig korrigiert, ist nach dem Anrichten NICHTS mit dem Messer nachzuschneiden. Wenn noch eine Kante entfernt werden muss, dann im Winkel der Sohle!

Der Reif wird je nach der Weite des angerichteten Hufeisens individuell geschliffen. Ab der weitesten Stelle soll er nicht bis zur Tragrandkante reichen, um Platz für den Hufmechanismus zu lassen und für das Weiterwerden des Hufes während der Beschlagsperiode.

Das Schleifen

An den fertig angerichteten Hufeisen wird der Reif (Phase) angeschliffen. Scharfe Kanten gebrochen und das Eisen sauber gemacht für das Aufnageln. Zehenrichtungen nacharbeiten, Modifikationen bearbeiten und abschließend noch am Huf kontrollieren. Das ist die Feinarbeit eines gut angepassten Hufeisens!

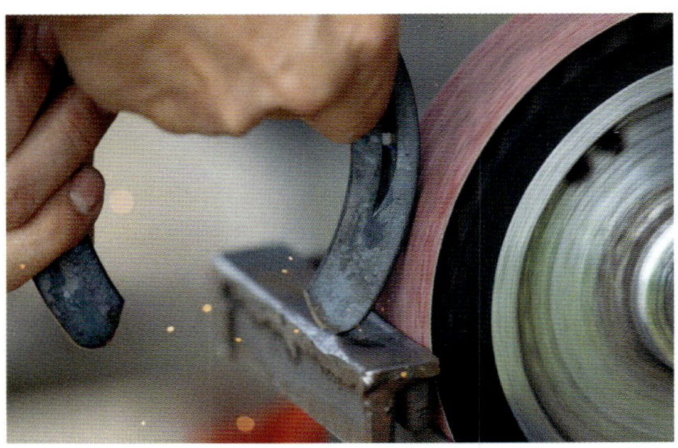

Wird der Reif senkrecht angeschliffen,
wirkt er optisch schöner und wird gleichmäßiger.
(Foto: Kathrin Werth)

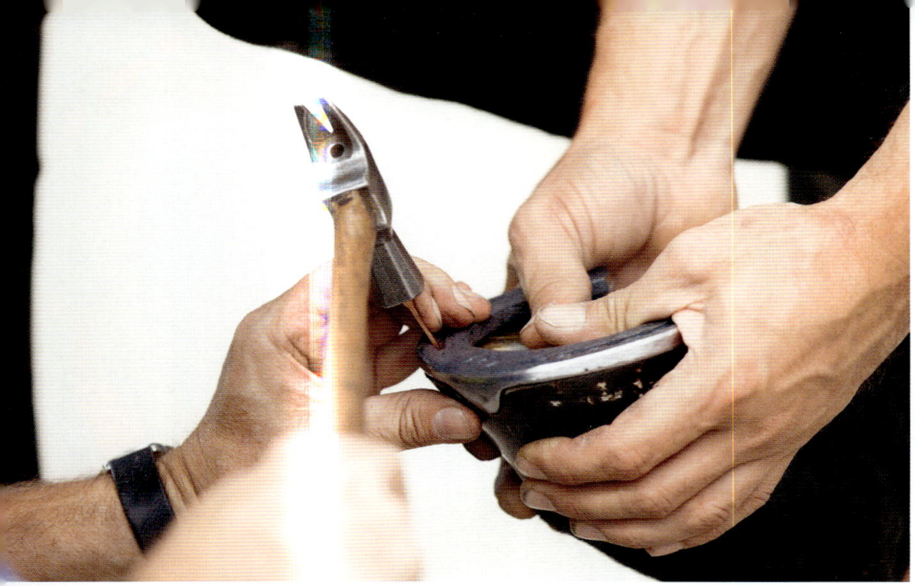

(Foto: Kathrin Werth)

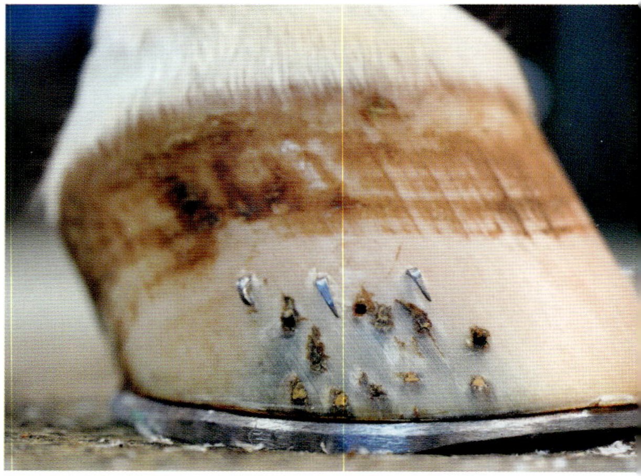

Das Aufnageln

Je besser das Hufeisen angerichtet ist, desto leichter ist es aufzunageln. Die Anzahl und Größe der Nägel hängt von der Beanspruchung und dem Verwendungszweck ab. Meist genügen 6 Nägel, um ein sicheres Befestigen zu gewährleisten. Bei Kleinpferden oft weniger, beim Kaltblut manchmal mehr.

Vor dem Nageln werden noch die Nagellöcher und die Dicke der Hufwand kontrolliert. Die Nägel sollen auf den Außenrand der weißen Linie zeigen, um optimale Festigkeit und sicheres Nageln zu gewährleisten. Zu tief angesetzte Nägel können einen Nageldruck oder eine Vernagelung hervorrufen. Zu seicht angesetzte Nägel sprengen die Hornwand.

Normalerweise beginnt man beim Aufnageln mit den Zehennägeln. Mit der Zwicke nach innen wird der Hufnagel in Richtung der Hornwand angesetzt und 1–2 mm vorsichtig eingeschlagen. Jetzt wird die Richtung des Nagels kontrolliert und evtl. mit den Fingern korrigiert und vorsichtig weitergeschlagen. Bei der Richtung wird mit den Augen durch den Nagelschaft geflutet bis zum Austrittspunkt des Nagels. Nach ca. der Hälfte des Hufnagels muss dieser in das härtere Wandhorn eindringen. Der Klang wird dabei deutlich heller. Jetzt wird der Nagel mit festen Schlägen durch die Wand getrieben. Mit ein wenig Übung ist das Austreten aus der Hornwand zu hören. Der Nagelkopf soll fest und exakt im Nagelloch sitzen. Ein allzu übermäßiges Einschlagen in das Nagelloch ist jedoch sinnlos und zu vermeiden. Die ausgetretene Nagelspitze wird mit dem Beschlagshammer umgebogen, an die Hornwand angelehnt oder gleich mit der Rückseite des Hammers abgedreht.

Nach den ersten 2 Hufnägeln ist es empfehlenswert, den Huf abzustellen und den Sitz des Eisens zu kontrollieren. Besonders bei flachen Hufwänden übt der Nagel einen Zug auf die gegenüberliegende Seite aus. Weitergenagelt wird bei optimalem Sitz abwechselnd außen und innen, ansonsten auf der weiten Seite des Eisens.

Die Nagellinie soll eine gerade Linie parallel zum Kronrand, oder je nach Huf, parallel zum Tragrand sein. Die Abstände zwischen den Nieten gleich groß. Die Nägel im rechten Winkel zum Tragrand. Die Höhe der Nagelung ca. 1/3 der Wandhöhe oder knapp darüber. Der Trachtennagel maximal an der weitesten Stelle der Hornkapsel oder noch genauer, an der weitesten Stelle der weißen Linie. Passt der Nagel nicht, wird er entfernt und nochmals genagelt.

Eine wie beschrieben gleichmäßige Nagelung ist die beste Voraussetzung für gute Haltbarkeit. Zu niedrig genagelte Nägel halten weniger und vergrößern beim Abtreten die Gefahr, dass Wandhorn mitgerissen wird. Sehr hoch genagelte Eisen haben kleine Nieten, die beim Abtreten gut aufgehen, erhöhen jedoch die Gefahr, das Pferd zu vernageln.

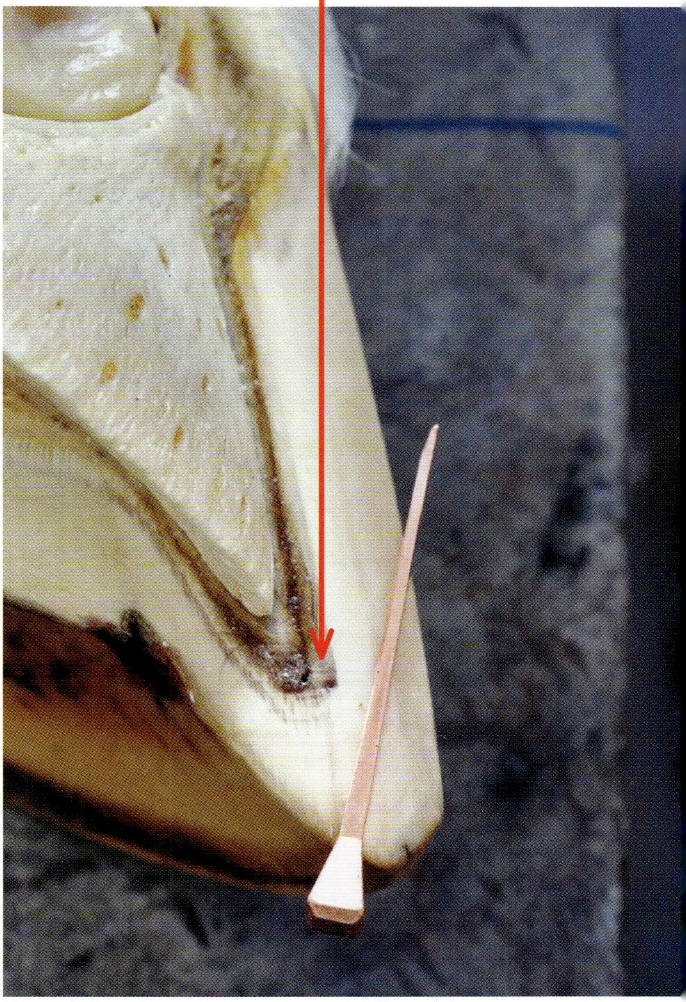

Verlauf eines korrekt angesetzten Hufnagels. Zwischen Nagel und Huflederhaut an der Hufbeinspitze ist nicht viel Platz, obwohl dieser Schnitt an der dickeren Zehenwand ist.

„*Das Nagel- und* **Nietenbild** *ist eine Visitenkarte für unsere Arbeit. Dies sehen unsere Kunden und spüren es bei der Hufpflege*“

TIPPS

Alten Nagellöchern kann man geringfügig nach vorne oder hinten ausweichen. Sind die alten Löcher in einer guten Höhe, da z. B. wenig gewachsen ist, können diese auch wiederverwendet werden. Manchmal ist dies die bessere Lösung, als den Huf zu durchlöchern.

Zu hoch genagelte Nägel können mit einem Fishhook bis zur gewünschten Austrittshöhe zurückgezogen werden und anschließend wieder eingeschlagen werden. So in eine Reihe gebrachte Nägel sind mit Vorsicht zu genießen, da sie im gleichen Nagelkanal verlaufen als der ursprünglich zu hohe Nagel.

Bei ausgebrochenen Hufen wird zuerst das lose Horn möglichst entfernt. Hier ist eine exakte Position der Nagellöcher umso wichtiger. Dünne und lange Nägel sind empfehlenswert. Ebenso können zusätzliche Nagellöcher und höhere Kappen helfen, die Haltbarkeit der Hufeisen zu gewährleisten.

Bei flach gewinkelten Hufwänden ist es oft schwierig, die Nägel entsprechend hoch zu nageln. Ein Nachlochen am Amboss erleichtert das Aufnageln erheblich. Eine schnelle Abhilfe verschafft ein Aufbohren mit dem Bohrer für die Stifte von der Hufseite aus. Man muss jedoch einen nicht ganz exakten Sitz der Nägel in Kauf nehmen.

Verbogene Nägel können wieder ausgerichtet und neuverwendet werden. Hier ist es ratsam, nicht mit dem Hammer auf die Zwicke zu schlagen, sondern ausschließlich den Schaft zu richten. Nur so ist der Nagel gefahrlos wiederverwendbar.

Vorsicht bei konkaven und konvexen Hufwänden! Bei gebogenen Wänden können korrekt angesetzte Nägel drücken. Daher mit Vorsicht und lieber 2 mm niedriger nageln.

Vor und nach dem Aufnageln die Pulsation der Mittelfußarterie prüfen. So lässt sich ein schmerzender Nagel leicht erkennen. Ist nach dem Aufnageln Pulsation spürbar, die vorher nicht vorhanden war, das Hufeisen abnehmen, alles checken, und neu aufnageln.

Funktioniert das Aufnageln mal einfach nicht, geh zum nächsten Bein oder mach kurz Pause. Du kommst mit einem „frischen Auge“ wieder und es geht meistens besser.

Das Nagel- und Nietenbild ist eine Visitenkarte für unsere Arbeit. Dies sehen unsere Kunden und spüren es bei der Hufpflege. Achte darauf!

Die Nagellinie kann auch parallel zum Boden sein.

Das Vernieten

1) Den aus der Wand ausgetretenen und umgebogenen Nagel mit der Nagelzwickzange anheben, und in 1–2 mm Länge unter leichtem Zug abzwicken.
2) Mit der Nietraspel wird jenes Horn unter der Niete entfernt, das durch die Verdrängung durch den Nagelschaft die Wand leicht aufwölbt.
3) Mit dem Unterhauer ungefähr rechtwinkelig zum Boden ca. 5 mm unterhalb des Nagels ansetzen und den Unterhauer anschließend unter leichten Schlägen nach oben drehen.
4) Mit der Nietzange wird der Nagel vorsichtig entsprechend dem Nagelverlauf nach unten gedreht bis er rechtwinkelig vom Huf weg steht. Dann den Nagel auf exakte Nietlänge ca. 1,5–2 mm, mit der Nietraspel kürzen.
5) Die Nietzange eine Spur nach unten drehen und den Nagel in das vorgesehene Nietbeet drücken.
6) Mit der Finishseite vorsichtig eventuelle Kanten entfernen, die Hufkante beim Reif brechen und bei vorhandenen Kappen glätten.

Der Niet soll bei gesunden Hufen in die Hornwand eingelassen werden und quadratisch bis maximal ganz leicht rechteckig sein. Ein zu kurzer Niet hält genauso wenig wie ein zu langer. An der Hornwand nicht eingelassene Nieten halten weniger, gehen leichter auf und sind eine Verletzungsgefahr. Dies soll nur bei sehr dünnen oder schlechten Hornwänden angewandt werden. Das durch das Vernieten entstehende Loch oberhalb sollte so klein wie möglich sein und der Niet nicht durch das Horn heruntergezogen werden. Beim Vernieten mit dem Hammer wird dies leichter vermieden und Abdrücke der Nietzangenzähne ebenfalls. Manche Pferde reagieren jedoch klopfempfindlich, daher Vorsicht.

Unter den abgezwickten Nägeln wölbt sich verdrängtes Horn.

Die Nägel sind gekürzt und das Horn unter dem Nagel vorsichtig mit der feinen Nietraspel mit der Wand eben geraspelt.

Das Nietbeet darf weder kleiner noch größer als benötigt sein. Die mittlere Niete ist bereits mit der Nietzange rechtwinkelig abgebogen. Jetzt kann sowohl das Nietbeet wie die Länge des für die Niete vorgesehenen Stücks Nagel überprüft werden.

Die Niete wird mit der Nietzange eingebettet.

Vorsichtige Schläge beim Vernieten mit dem Hammer. Festes Hinschlagen ist nicht nötig und unangenehm für das Pferd. *(Foto: Kathrin Werth)*

Wenn das Hufeisen sorgfältig angepasst wird, ist es nicht nötig, überstehendes Wandhorn wegzuraspeln. Das Hufeisen muss an den Huf angepasst werden, nicht umgekehrt!

Bei nach dem Einschlagen des Nagels an der Hornwand angelegten Nagelspitzen wird mit Schritt 2 begonnen und der Nagel nach Fertigung des Nietbeets mit der Zange nach unten gebogen und abgezwickt.

Oft wird ohne Unterhauer vernietet. Dies ist zeitsparender, aber schwieriger und meist nicht schön. Der Niet muss sehr kurz sein, um halbwegs in das Horn eingebettet zu werden. Meist wird mit der Raspel eine kleine Kante eingefeilt, um den Nagel besser zu biegen und einzubetten. Diese darf keinesfalls zu tief sein und am Ende nicht mehr sichtbar.

Es ist unsinnig, den Hufnagel mit dem Hammer zu fest in das Nagelloch zu schlagen und bei dem Niet gegenzuhalten. Zu stark angezogene Nägel reißen schneller, üben zu viel Zug aus und halten auch nicht besser.

Anmerkung aufgrund einer Frage: In der deutschen Rechtschreibung heißt es korrekt das/der Niet und „Niete“ ist die Mehrzahl. Fachsprachlich und umgangssprachlich spricht man von die Niete in der Einzahl und die Nieten in der Mehrzahl.

Mit dem Hammer vernietet. Das entstehende Loch oberhalb der Niete, soll so klein wie möglich gehalten werden.

> *„Dokumentation ist unersetzlich, wenn wir uns weiterentwickeln und das Beste für die Pferde wollen!“*

Das Finish

Finish-Systeme mit verschiedenen Körnungen oder zumindest Schleifschwämme werden für ein glattes Finish benützt. Je glatter die Hornwand wird, umso kleiner wird die Oberfläche, umso weniger Schmutz bleibt haften, umso leichter rinnt Wasser ab, umso weniger Bakterien haften und umso besser und gesünder bleibt sie. Dies soll nur bis knapp oberhalb der Nieten erfolgen.

Der Aufwand ist zwar beträchtlich, jedoch der Erfolg sichtbar! Auch bei uns Menschen wird bei der Mundhygiene der Zahn aus den gleichen Gründen geglättet!

Da bei den meisten Pferden die Deck- und Glasurschicht de facto nicht mehr vorhanden oder durch den Sand der Reitplätze weggeschmirgelt ist, wird durch dieses Glätten ein ähnlicher Effekt erreicht.

Abschließend werden alte Nagellöcher und entstehende Löcher oberhalb der Nieten verkittet und die Hornkapsel außen eingeölt Nach einer letzten Kontrolle im Stand wird das Pferd wieder wie vor dem Beschlagen vorgeführt und beurteilt.

Das Wichtigste: Dinge, die beim nächsten Beschlag weiter verbessert werden sollen, AUFSCHREIBEN UND NÄCHSTES MAL BERÜCKSICHTIGEN! Dokumentation ist unersetzlich, wenn wir uns weiterentwickeln und das Beste für die Pferde wollen!

(Foto: Kathrin Werth)

Barfuß-Korrektur

Barfuß gehen ist, wenn die Voraussetzungen dafür gegeben sind, das gesündeste für das Pferd. Schließlich wird ein Pferd ohne Hufeisen oder Hufschutz geboren. Junge Pferde sollen deshalb so lange wie möglich barfuß gehen! Genauso wie ältere Pferde wieder auf barfuß umgestellt werden! Ebenso ist es für die Hufgesundheit förderlich, beschlagene Pferde in der Nebensaison barfuß gehen zu lassen.

Grundsätzlich gilt die genaue Hufkorrektur auch für die Barfuß-Korrektur. Je nach Huf, Bodenbeschaffenheit, Anforderungen und Empfindlichkeit wird der Tragrand bis zu 3 mm länger gelassen. Die Tragrandkante wird 30–50 Grad gebrochen, um einerseits das Ausbrechen zu verhindern und anderseits das Abrollen zu erleichtern. Gleichzeitig werden die Hebelkräfte vermindert.

Weicher Boden: weniger Kante brechen
Harter Boden: mehr Kante brechen

In jedem Fall wird die Kante maximal so stark gebrochen, dass immer noch ein kleiner Teil der Hornwand plan um den ganzen Tragrand auf hartem Boden trägt. Im Idealfall, die halbe Wandstärke. Die obere Kante der ca. 45-Grad-Brechung wird zur Hufwand abgerundet. Bei der Hintergliedmaße wird die Kante weniger stark gebrochen. Sie ist der Motor des Pferdes und eine zu runde Kante vermindert die Traktion.

Beim Barfußgehen kann sich das Pferd die Hufe so abnützen, wie es für die Gliedmaßen am angenehmsten ist. Umgekehrt kann ich mit einem Hufeisen meine Hufkorrektur schützen. Barfuß habe ich eingeschränkte Korrekturmöglichkeiten, da ich nur mit dem nachgewachsenen Horn arbeiten kann. Speziell bei der Hufbalance kann ich mit einem Hufeisen mehr Einfluss geben.

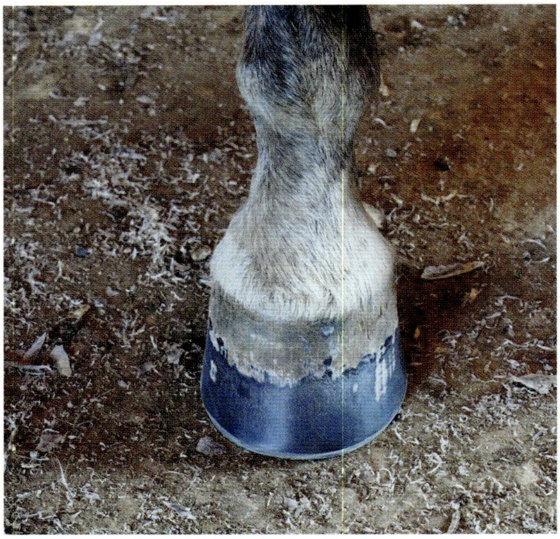

Vorderhuf: Der Tragrand hat annähernd die Form des Kronrandes, ohne die Wand zu stark zu schwächen.

Hufansicht: Trotz leichter Korrekturen an der Wand ist noch genügend Tragrand rundherum vorhanden. Die stark angewachsene Sohle nachkorrigiert und die Eckstreben stark belassen. Der Strahl wurde aufgrund der Hygienesituation etwas stärker beschnitten. Korrektur Level +1

Beim Barhufpferd ist der Abrieb oft gleichmäßiger, da unter dem Hufeisen vermehrt die Trachte durch den Hufmechanismus abgerieben wird. Barfuß treten sich gerne kleine Steine in die weiße Linie, während diese unter dem Hufeisen geschützt wird. Die vertikale Bewegung der Ballen ist mit Hufeisen nur geringfügig möglich. Dies ist in einem Schraubstock leicht zu testen. Wird ein Schenkel eingespannt, sieht man sogar bei leichten Schlägen mit einem Hammer auf den zweiten Schenkel eine Beweglichkeit um 2–4 mm.

Bei einem geschlossenen Hufeisen ist diese Bewegung absolut nicht möglich. Die Zehengelenke und Bänder werden stark strapaziert.

Die Tragrandkante im optimalen Winkel gebrochen und die obere Kante zur Wand leicht berundet.

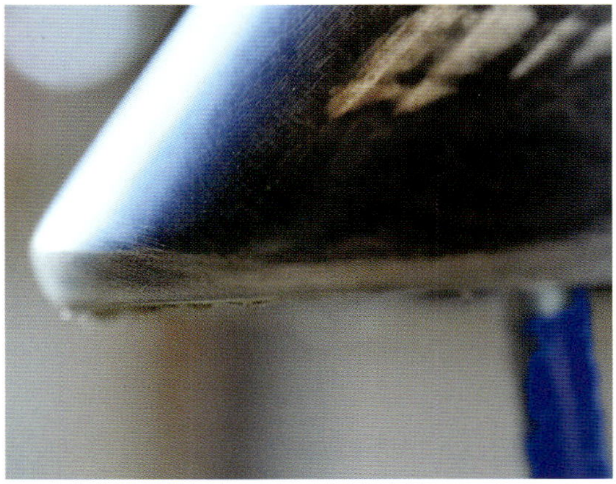

Die glatten Hufwände bieten Schutz gegen Schmutz und Bakterien.

KORREKTURABSTÄNDE

Grundsätzlich wie beim beschlagenen Pferd, alle 6–8 Wochen. Ist eine Stellungskorrektur nötig, ist es ratsam, zwischendurch eine entsprechende Nachkorrektur durchzuführen.

Manche Pferde mit gleichmäßigem Abrieb, guter Hornqualität sind durchaus in der Lage, auch länger ohne Hufkorrektur auszukommen. Jedoch, auch wenn wenig zu korrigieren ist, ist die regelmäßige Kontrolle mit kleineren Korrekturen ein wichtiger Bestandteil zur Gesunderhaltung jedes Pferdes.

FEHLERQUELLEN

Wird die Tragrandkante zu stark oder zu weit nach oben abgerundet, wird dem Huf die natürliche Stabilität genommen! Korrekturen der Balance nur im Sinne der genauen Hufkorrektur durchführen. Flache Sohlen schonen! Einen Huf mit flacher Sohle eine tiefere herauszuschneiden ist Nonsens. Die weiße Linie mit Bedacht behandeln. Sie hat einen Sinn! Sehr oft werden die Eckstreben geschwächt. Den Strahl weder zu stark, noch in einem zu flachen Winkel schneiden! Grobe Raspelrillen glätten! Wo nichts zu schneiden ist, wird gebürstet, um den Huf kontrollieren zu können. Nicht jeden Huf kurz schneiden und die natürliche Huflänge berücksichtigen. Nicht gegen, sondern mit der Natur arbeiten. Das ganze Pferd, Haltungsbedingungen, Rasse und Verwendungszweck berücksichtigen. Nicht jedes Pferd gleich korrigieren! Pferde sind verschieden! Deshalb weiterbilden und verschiedene Korrekturtechniken erlernen und einsetzen!

Ist nichts vorhanden zum Wegschneiden, wird auch nichts weggeschnitten. Kleine Korrekturen, bürsten, kontrollieren, Kanten brechen, ohne den Tragrand zu schwächen, da die Sohle flach ist. Wenn der Hufschmied nur kommt, wenn viel zu schneiden ist, kommt er meistens zu spät für das Pferd. Level +2

WENN DER HUF ZU KURZ IST

Kurzfristig bringen Hufhärter oder Huf-Armor gute Ergebnisse. Auch Kunsthorn eignet sich, um den Huf zu schützen. Selbstverständlich auch Hufschuhe. Ätherische Huföle bringen oft innerhalb einiger Tage eine Verbesserung.

Längerfristig muss mit dem Pferdehalter über Hufqualität, Haltungsbedingung und Anforderung gesprochen werden und dementsprechende Veränderungen veranlasst werden.

WIE HILFT SICH DIE NATUR?

Ist ein Hufteil zu kurz abgelaufen, hilft sich die Natur, indem sie die anderen Hufteile stärker ausbildet! Wird beispielsweise die Zehe zu kurz, bildet sich die Sohle und oft der Strahl stärker aus. DAS IST EIN PHÄNOMEN! Wie oft kommen dann wir, schneiden Sohle und Strahl auf Normalmaß und das Pferd ist LAHM! Hätten wir nichts gemacht oder diese Strukturen überstark gelassen, würde das Pferd schmerzfrei sein. Ich bezeichne es als das 3-Säulen-System. Wird eine Säule zu schwach, stärkt die Natur die anderen Säulen.

Wir können uns dieses Phänomen auch bei Defekten der Hornkapsel zu Nutze machen, indem wir die nicht betroffenen Teile stärker lassen. Es ist viel wirkungsvoller, als geschwächte Teile künstlich zu ergänzen.

UMSTELLUNG VON BESCHLAG AUF BARHUF

Ist nicht allzu viel Horn nachgewachsen, empfiehlt es sich, vorerst nur die Hufeisen abzunehmen, die Balance zu korrigieren und die Hufkante abzurunden. Sohle und Strahl und auch der Tragrand werden, wenn möglich, belassen. Dies ist gut in der Umstellungsphase und angenehmer für das Pferd. Die eigentliche Korrektur ist nach einer Eingewöhnungsphase von 2–3 Wochen durchzuführen. Ganz wichtig ist, den Besitzer zu instruieren, wie, wo oder wie oft und lange er während dieser Phase mit dem Pferd arbeiten kann und worauf er achten soll. Pferde reagieren unterschiedlich und benötigen unterschiedlich viel Zeit für die Umstellung. Diese Phase kann einige Tage, genauso jedoch bis zu 2 Monate andauern. Ein wenig Geduld zahlt sich aus.

Vorher: Starke Ausschweifung der Seitenwände, außen mehr wie innen. Die weiße Linie wird nach außen gezerrt und lose Wände entstehen. Hier kann die Wand stärker beraspelt werden, da die nach außen gedrückte weiße Linie täuscht.

Nachher: Gute Balance, fast gerade, tragkräftige Wände ohne zu viel Schwächung

NUR BARFUSS?

Wird Barfußgehen zum Zwang, ist es genauso gesundheitsschädlich wie ein schlechter Hufbeschlag. Wir sollen alle Möglichkeiten nützen, um dem Pferd zu helfen, ohne das jeweilig andere zu verteufeln. Mit unserem Beruf verpflichten wir uns, alles zu tun, um die Pferde und deren Hufe gesund zu erhalten. Zu kurz abgelaufene oder kranke Hufe, die dem Pferd Schmerzen verursachen, benötigen einen zusätzlichen Schutz. Genauso wie Pferde auf hartem und steinigem Untergrund oder Pferde, die wir auf glattem Untergrund vor dem Ausrutschen und den damit verbundenen Gefahren schützen müssen. Bei Erkrankungen des Bewegungsapparates stehen uns mit unzähligen Spezialbeschlägen Mittel zur Verfügung, die die Gesundung beschleunigen und verbessern.

MUSS EIN TURNIERPFERD BESCHLAGEN SEIN?

NEIN! Wenn es die Bedingungen für Barfußgehen erfüllt und den Anforderungen des Sportes gerecht wird, kann ein Pferd selbstverständlich auch barfuß starten!

Ein Spitzenpferd, das problemlos über 1,60 m springt, wird das auch barfuß oder mit einem Hufschutz machen. Doch meist erfordern die Anforderungen einen stabilen Hufbeschlag. Nicht der Sport ist das Problem, sondern steinige oder asphaltierte Böden beim Ausreiten oder grob schmirgelnder Sandboden. Perfekte Böden und gute Haltung samt Pflege ermöglichen im Spitzensport auch barfuß zu laufen. Voraussetzung sind gesunde, gute Hufe und Beine. In manchen Sportarten ist jedoch ein Beschlag vorgeschrieben.

BEISPIEL VERSCHOBENE WÄNDE

LINKS VOR DER KORREKTUR   **RECHTS** NACH DER KORREKTUR

Vorher: Innen hochgestauchte Wand mit zu viel Belastung, Zehenachse gebrochen, relativ kurz

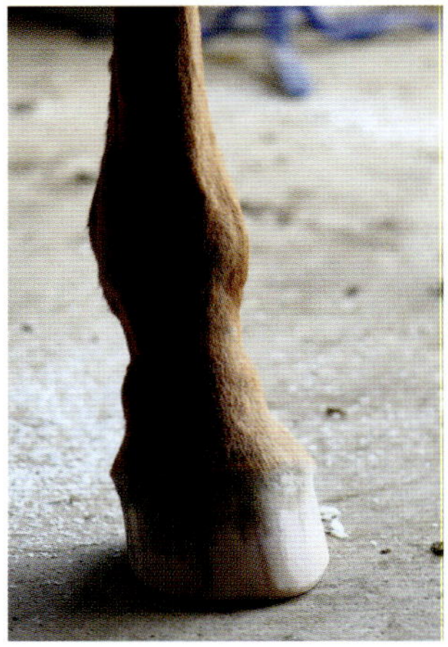

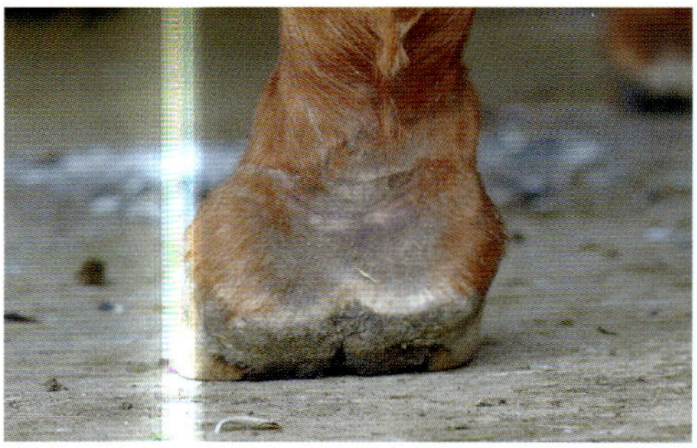

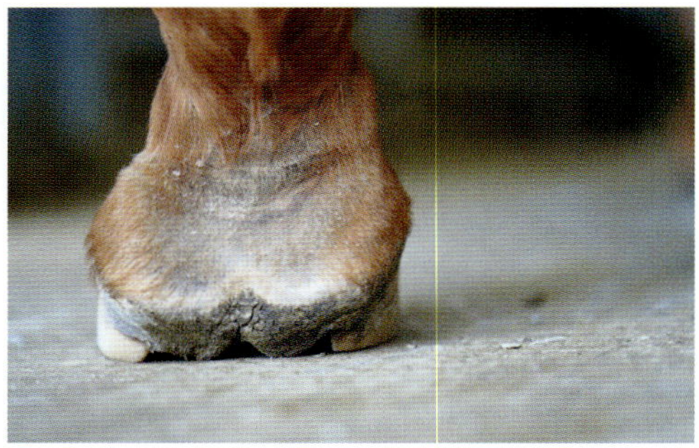

Korrektur: Innere Wand soweit als möglich keilförmig zur Zehe hin kürzen und am Bock nicht beraspeln, äußere Wand am Bock beraspeln und nicht kürzen, Tragrandkante außen berunden, Tragrandkante innen nicht berunden, den inneren Tragrand breiter lassen (mit Sohlenanteil), schiefe Eckstrebenwand vorsichtig kürzen. Da in den Strahlfurchen bereits Ansätze einer Strahlfäule zu sehen waren, wurde er nachgeschnitten.

Nachher: Gerade Zehenachse trotz Kürzen der Innenwand, hochgestauchte Wand so gut wie möglich entlastet, Hufbalance verbessert. Durch den breiteren Tragrand innen wird das Bein auf weichem Boden innen mehr gestützt und knickt im Fesselgelenk weniger nach innen. Die Zehenachse ist viel gerader. Auch wenn nur Millimeter Horn für die Korrektur zur Verfügung stehen, ist eine massive Verbesserung für das Pferd möglich. Korrektur Level 0

Fohlenkorrektur

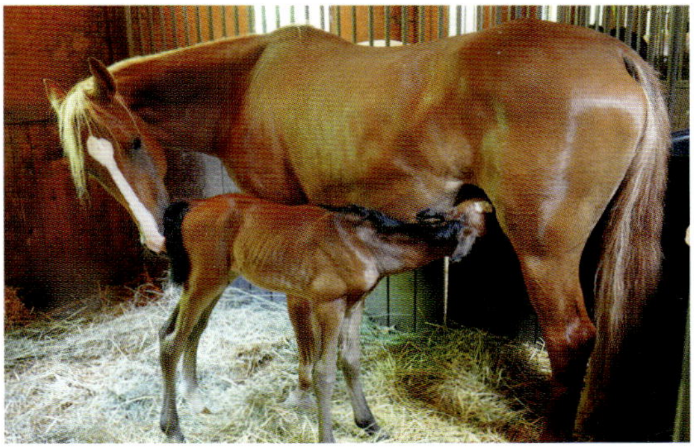

Der natürliche Schutz ist das Fohlenkissen. Diese weiche Masse schützt die Mutterstute vor Verletzungen. Kurz nach der Geburt fällt dieses ab.

Fohlen kommen mit gleichmäßigen Hufen zur Welt. Die Verformung beginnt erst mit der Belastung. Fohlenhufe sind steiler und am Kronrand meist weiter als am Tragrand. Eine leicht bodenweite Stellung ist normal. Fohlenhufe wachsen doppelt so schnell, wie die Hufe eines erwachsenen Pferdes. Beim Jährling immer noch um ca. ein Viertel schneller als bei einem Großpferd. Während das erwachsene Pferd ein knappes Jahr benötigt, um die Hornkapsel zu erneuern, ist dies beim Fohlen schon nach 5 Monaten der Fall. In dieser Phase wird der Huf auch in sich komprimiert und verformt sich ständig. Nach ungefähr zwei Jahren ist dieser Wachstumsprozess abgeschlossen. Der Tragrand ist größer als der Kronrand, die Hufe flacher, die bodenweite Stellung durch das Breiter-werden der Brust ausgeglichen, dieses in sich komprimieren und stauchen ist abgeschlossen und das Hufwachstum langsamer.

8 Stunden altes Fohlen mit Fohlenkissen

Der Fohlenring an der Hornkapsel zeigt das Wachstum ab der Geburt. Er beginnt am Kronrand sichtbar parallel dazu ab dem ersten Tag nach unten zu wachsen.

Während dieser Wachstumszeit haben wir die Möglichkeit und PFLICHT, Stellungsfehler zu korrigieren. Je nach Problem ist das jedoch nur in den ersten 6–7 Monaten möglich und zielführend. Die Zusammenarbeit mit dem Tierarzt ist absolut notwendig, da Korrekturen nicht immer nur auf den Huf beschränkt sind und beide Fachmeinungen notwendig sind. Fohlenkorrektur duldet keinen Aufschub! Vernachlässigungen und Fehler sind nicht mehr gutzumachen.

Grundsätzlich gilt: Je weiter unten das Problem, desto früher wird eingegriffen. Liegt das Problem höher, muss sich erst die Zehe stabilisieren, da sich jede Korrektur am Huf unten mehr auswirkt als in den Gelenken darüber.

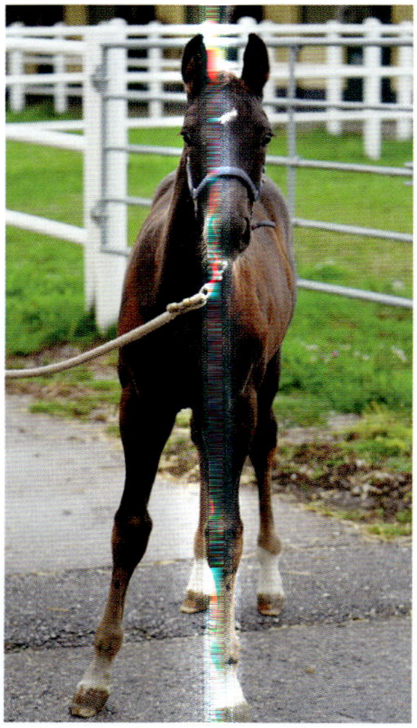

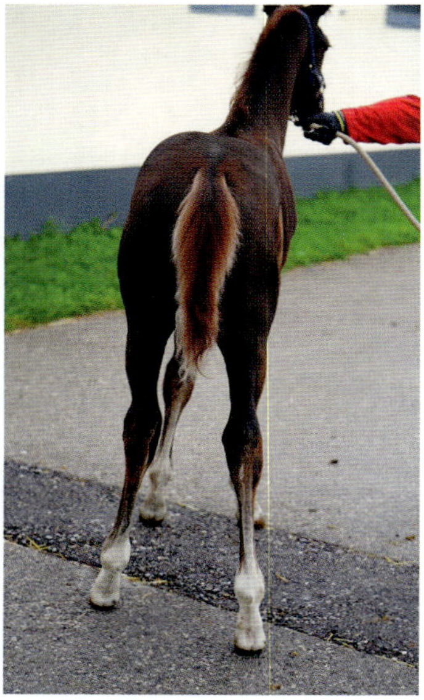

Leicht bodenweite Stellung ist normal und wächst sich aus, wenn die Brust breiter wird. Bodeneng hingegen muss korrigiert werden, da sich die Situation eher verschlechtert.

3 Monate altes Fohlen. Der Huf ist am Tragrand noch eng und gleicht einem Zwanghuf. Fohlenring an der Zehe.

AUFHEBEN DER GLIEDMASSEN

Fohlen heben die Hinterhand leichter auf als die Vorderhand, da sie hier das Gleichgewicht besser halten können. Daher ist es meist leichter, an der Hintergliedmaße zu beginnen. Die Fessel nur in die offene Hand legen oder ohne Druck umgreifen, um die Angst zu mindern. Es empfiehlt sich, in der Box gemeinsam mit der Mutterstute zu arbeiten.

KORREKTUREN

Ein paar Raspelzüge oder kleine Korrekturen mit der Hufzwickzange sind zu Beginn völlig ausreichend. Weniger ist meist mehr, dafür in kurzen Abständen. Alle 2–3 Wochen nachkorrigieren, da die Hufe schnell wachsen! Vorsicht! Die Hornkapsel ist noch sehr dünn. Strahl und Sohle schonen!

MERKE:

Zeheneng: **Inneren Zehenteil korrigieren**
Zehenweit: **Äußeren Zehenteil korrigieren**
Bodeneng: **Inneren Tragrand korrigieren**
Bodenweit: **Äußeren Tragrand korrigieren**

Sind stärkere Korrekturen nötig, kann dies mit Kunsthorn, Fohlenschuhen oder Fohlenhufeisen durchgeführt werden. Hierbei ist eine leichte Sedierung durch den Tierarzt absolut empfehlenswert. Kunststoff und Klebelösungen sind bei sehr jungen Tieren die beste Option. Auch hier sind kurze Intervalle und ständige Kontrolle Priorität!

Die Schwierigkeit bei der Fohlenkorrektur ist die Frage: Was wächst sich aus und wo soll man eingreifen? Erfahrung ist von Nöten. Jeder Fall ist individuell. Einen erfahrenen Kollegen oder Tierarzt zu Rate ziehen, ist keine Schande!

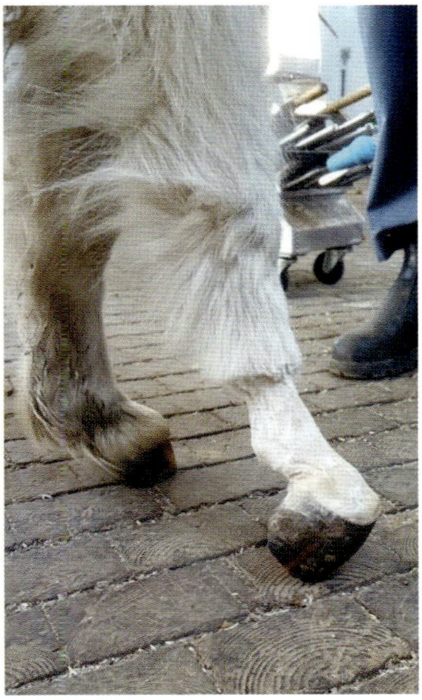

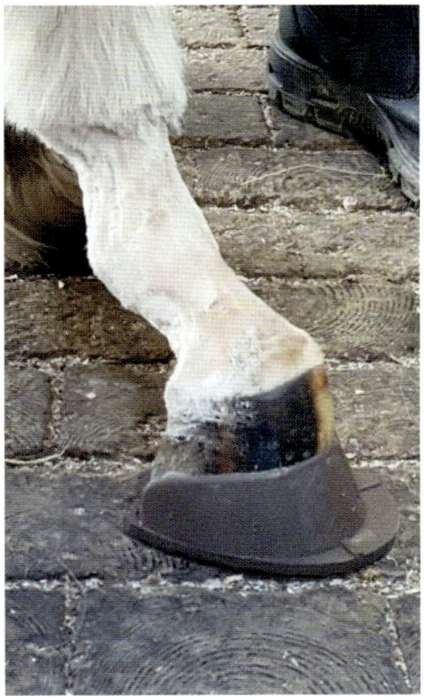

Fohlenstelzfuß *(Fotos: Lukas Juster)*

Schnabel-Eisen zur Zehenverlängerung aus Aluminium. Kann auch geklebt werden.

FOHLENKORREKTUR BASICS VON DR. CHARLOTTE VON ZADOW

Durchtrittigkeit In leichten Fällen, in denen die Zehen nur leicht vom Boden abheben und der Huf noch Bodenkontakt hat, reicht oft ein Zurückkorrigieren der Trachte, um die Kontaktfläche zu vergrößern. Das Fohlen benötigt Bewegung auf festem Untergrund. In vielen Fällen löst dies eine Selbstkorrektur aus. Steht das Fohlen am Ballen oder Fesselkopf, empfiehlt es sich, eine Trachtenverlängerung anzukleben. Dies kann schon bei 1–2 Tage alten Fohlen angeklebt werden. Das Klebesystem soll die wachstumsbedingte Ausdehnung der Hornkapsel nicht einschränken oder muss häufig gewechselt werden.

Fohlenstelzfuss Angeboren tritt er typischerweise im Huf oder Fesselgelenk auf. Die Fohlen benötigen Boxenruhe! In leichten Fällen kann manuelles Dehnen der Beine erfolgreich sein. In deutlicheren Fällen erfolgt eine Behandlung mit Cast-Bandagen und der Gabe von Oxytetracyline ab dem 2. Lebenstag durch den Tierarzt. Zehenverlängerungen dürfen aufgrund der zu starken Hebelwirkung noch nicht angebracht werden. Hieraus kann eine Ablösung der Hornkapsel im Trachtenbereich resultieren.

Beim erworbenen Stelzfuß, der typischerweise zwischen dem 2. und 6. Monat auftritt, sind Zehenverlängerungen mit Keilen, die den Bodenkontakt herstellen und schrittweise reduziert werden können, sehr effektiv. Auch das Aufkleben eines weichen Kunststoffbeschlages kann helfen, die betroffenen Muskelpartien zu entspannen und die Situation zu verbessern. Die Fohlen sollen wenig bis gar nicht bewegt werden.

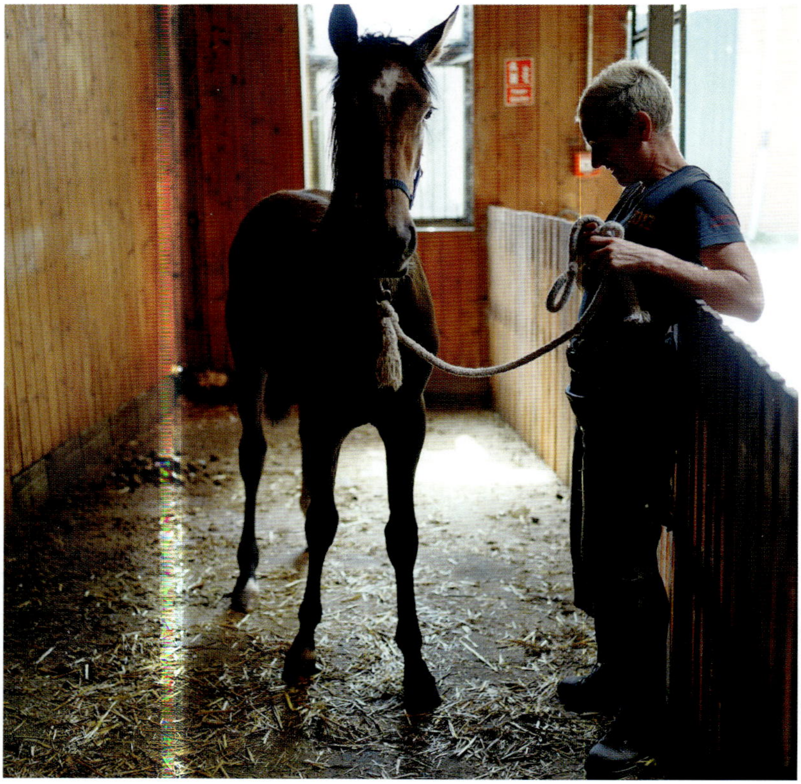

Eine leicht bodenweite und geringradige X-Beinigkeit bedürfen momentan keiner Korrektur *(mit Andrea Schmaderer).*

Grasfuss Häufiges Grasen auf kurzen Weiden kann besonders bei langbeinigen Fohlen zu einer einseitigen Fehlentwicklung mit einer Steilstellung des betroffenen Hufes führen. Wichtig ist das Futter in einer höheren Position anzubieten, um den typischen Stand mit einem weit vor und einem weit zurückgestellten Bein zu vermeiden. Die Behandlung deckt sich mit dem des erworbenen Stelzfußes und einer häufigen Korrektur des anderen Beines.

Achsenfehlstellungen X-Beinigkeit und Auswärtsrotationen haben eine Tendenz zur Selbstkorrektur. O-Beinigkeit und Einwärtsrotationen haben eine Tendenz zur Verschlimmerung, je größer das Fohlen wächst. Das Fohlen sollte mindestens 2 Wochen alt sein, bevor seitliche Verbreiterungen/Extensionen angeklebt werden, ansonsten kann die Hornkapsel den Kräften nicht standhalten.

X-Beinigkeit/Valgus Fehlstellungen des Karpalgelenkes sind durch Hufbearbeitung schwieriger zu beeinflussen als Fehlstellungen der Fessel und darunter. Bei einer reinen X-Beinigkeit und Fehlstellung im Karpalgelenk sollen die Fohlen ca. 4 Monate alt sein, bevor mediale Verbreiterungen angewendet werden. Dabei muss der Fesselbereich und darunter ständig beobachtet werden. Kommt es hier zu einer negativen Veränderung, ist das Fohlen noch nicht genug entwickelt, um das Vorderfußwurzelgelenk zu behandeln. Bei einer Valgusstellung der Fessel soll das Fohlen während der ersten 4–5 Wochen genau beobachtet werden, ob eine ausreichende Selbstkorrektur stattfindet. Zeigt sich keine Verbesserung, kann dann mit medialen Verbreiterungen behandelt werden.

O-Beinigkeit/Varus In Fällen, bei denen nur das Karpalgelenk betroffen ist, sollte das Fohlen ca. 3 Monate alt sein, bevor mit lateralen Verbreiterungen behandelt wird. Ist auch das Fesselgelenk betroffen, kann bereits nach ca. 2 Wochen geklebt werden.

Bei Varus-Stellungen der Fessel soll immer mit Verbreiterungen außen gearbeitet werden (ab der 2. Woche), da sie sich im Wachstum durch das Verbreitern der Brust verschlimmern. Pferde, die rassenbedingt eine breite Brust entwickeln, können durch leichte Korrekturen auf der medialen inneren Hufseite, einer Rotation nach innen entgegenbeugen. Dies soll bis zum 3. Monat korrigiert werden. Danach wird es deutlich schwieriger.

Gelenksrotationen Diese sind schwieriger als Achsfehlstellungen zu behandeln. Korrekturen sollen aufgrund der Gesamtsituation der Gliedmaßenstellung mit dem Tierarzt besprochen werden. Eine Besonderheit bilden dynamische Rotationen , wie z. B. in Fällen, in denen das Fohlen den Fesselkopf während der Stützbeinphase nach außen dreht. Dies kann mit einer lateralen Verbreiterung im Zehenbereich effektiv korrigiert werden. Auch hier sollte das Fohlen mindestens 2 Wochen alt sein.

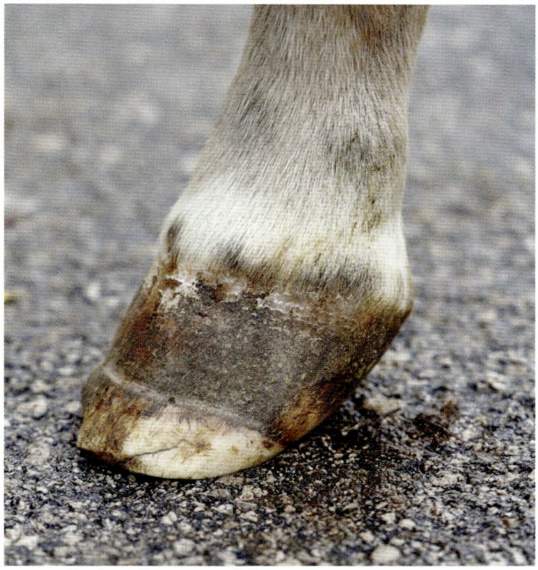

Die Zehe bei diesem Fohlen ist zu lang und gehört korrigiert.

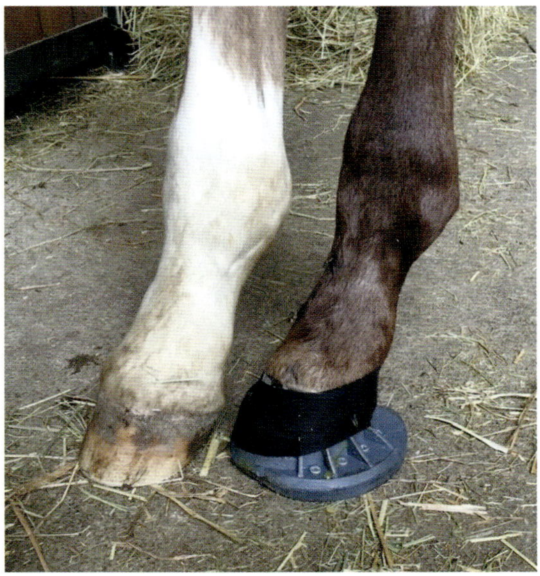

Geklebter Fohlenschuh mit einer Verbreiterung außen

(Präparat: Vetmeduni Vienna)

Eselkorrektur

Eselhufe sind im Schnitt ca. 5 Grad steiler als Pferdehufe mit steilen Seitenwänden. Die Hufform ist lyraförmig und kompakt. Sie sind schmal an der Zehe, gehen entlang der Seitenwände ziemlich gerade und weiten sich manchmal bei den Trachten. Der Strahl ist hinten breiter als bei Pferden und verbindet mit den Ballen die nach außen zeigenden Trachten. Die Hufe sind dunkel pigmentiert mit einer meist hellen Sohle. Die Wand ist im Verhältnis zum Pferdehuf dicker. Das Sohlenhorn ist meistens sehr fett mit wenig Zerfallshorn. Sehr viele Esel stehen von Natur aus hinten kuhhessig. Esel kommen aus Ländern mit harten Böden und ihre Hufe sind bestens dafür ausgelegt Daher sind sie auf sehr weichen Böden anfällig gegen Umwelteinflüsse und pflegebedürftig.

Die Hufe der Esel werden leider oft vernachlässigt. Viel zu lange, verformte Hufe mit Fäulnis sind häufig anzutreffen. Bakterien führen oft zu hohlen Wänden. Zu Beginn ist ein dunkler, schmutziger Strich innerhalb der Wand zu sehen. Später trennt sie sich ab, die Esel belasten nur den Trachtenbereich und die Ballen werden gequetscht. Sie bedürfen genauso einer Hufkorrektur wie ein Pferd! Grundsätzlich sollen sie alle 6–10 Wochen korrigiert werden.

Beim Aufhalten der Hufe ist es besser, niedrig und nicht zu fest zuzudrücken, ansonsten werden sie sehr leicht störrisch. Das ist besonders bei älteren Eseln wichtig. Werden die Besitzer angehalten, die Hufe zu pflegen und auszukratzen, stehen sie allgemein sehr brav. Esel sind intelligent!

Oft ist an der Sohle wenig zu korrigieren. Sie wird in einem gleichmäßigen Verlauf vorsichtig beschnitten. Der Strahl wird auch

Handgeschmiedetes Esel-Hufeisen

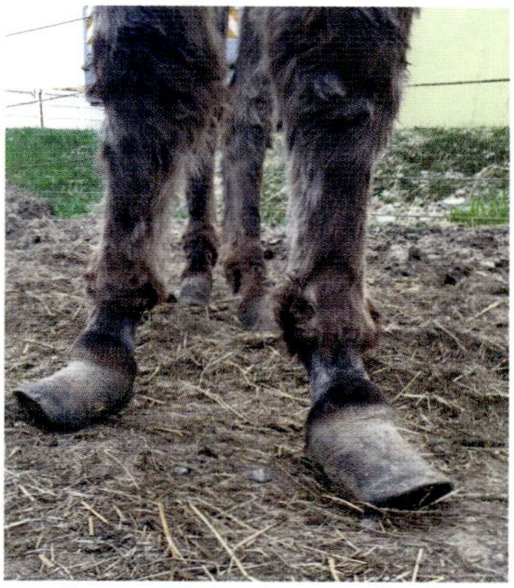

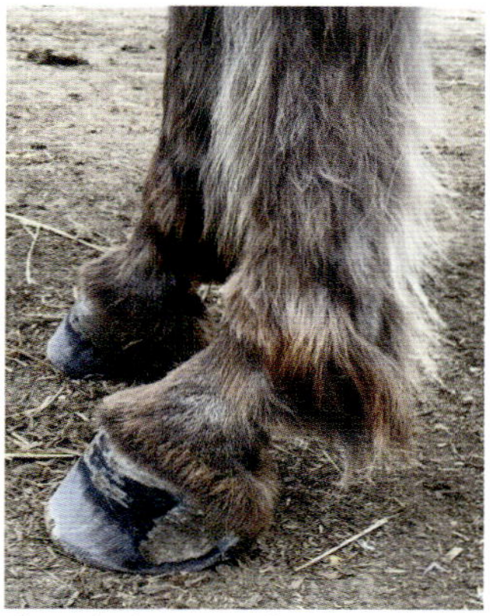

Stark vernachlässigte Eselhufe – vor und nach der Korrektur

nur vorsichtig beschnitten, da er speziell beim Esel sehr wichtig ist, er braucht Bodenkontakt. Die Trachten gehören gut bis zum Strahl korrigiert. Sehr oft werden sie zu lange belassen. Den Tragrand grundsätzlich auf Sohlenniveau kürzen. Natürlich werden alle Achsen der Gliedmaße in die Korrektur miteinbezogen. Die Tragrandkanten werden gut abgerundet. Oft haben Esel unterschiedliche Vorder- und Hinterhufe. Sie sollen paarweise behandelt und korrigiert werden.

Bereits von Bakterien angegriffene weiße Linie

Die Hufbearbeitung von kleinen Hufen ist schwierig und benötigt Gefühl.

Typisch kuhhessige Stellung bei Esel

Krummer vernachlässigter Huf mit Punktbelastung an der rechten/äußeren Trachte. Hier sind mehrere Korrekturschritte nötig, um eine Hufbalance, abhängig von den geschädigten inneren Strukturen, herzustellen.

Derselbe Huf nach zweimaliger Korrektur

3-Säulen-Theorie

HORNWAND - SOHLE - STRAHL

Sehr dünne und schwache Hornkapsel. Der starke Strahl ist auf einer Ebene mit den Hufeisenschenkeln und stabilisiert mit der Sohle den Huf.

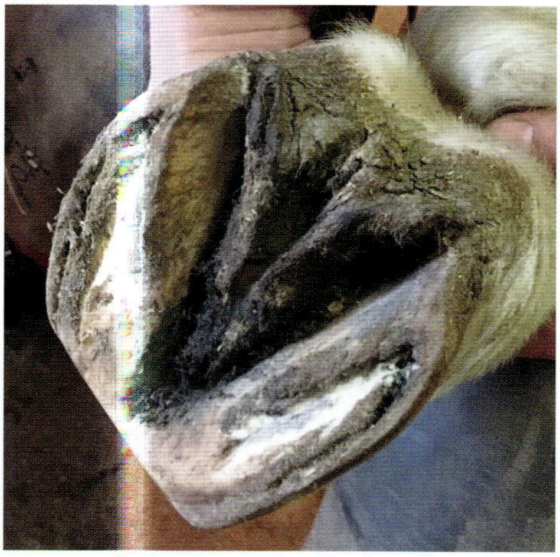

Hier wurde durch „Nachschleifen" die Zehe weggeschliffen. Mächtige Eckstreben und Eckstrebenbogen rund um die Strahlspitze sowie ein wuchtiger Strahl haben sich gebildet, um die fehlende Zehe zu kompensieren.

Sie sind die 3 Säulen der Hornkapsel. Jede hat ihre Aufgabe und Funktion. Wird eine davon schwach, setzt die Natur ihre Selbstheilungskräfte ein.

Ein gutes Beispiel ist beim Nachschleifen der Zehe beschrieben. Wird die Zehe weggeschliffen, produziert die Sohlenlederhaut fettes, widerstandsfähiges Sohlenhorn und gibt dem Huf die fehlende Stabilität. Entfernen wir es bei der Korrektur, schwächen wir die Hornkapsel und das Pferd wird lahm.

Hat ein Huf eine dünne oder schwache Wand und vielleicht noch eine dünne Sohle, ist meist der Strahl groß und stark. Sehr oft wird er dann bei der Korrektur stark beschnitten und wir schwächen den starken Teil des Hufes.

Ist ein Hornstrahl von lang andauernder Strahlfäule zerfressen, ist oft die Wand oder Sohle stark. Ändert sich wenig an der Situation, zieht sich die Eckstrebenwand in Richtung Strahl zusammen und es kann auch ein Trachtenzwanghuf entstehen. Es ist ein Schutzmechanismus der Natur, um zu mehr Stabilität zu kommen. Wir müssen uns dessen bewusst sein und es verstehen, um nicht dagegen zu arbeiten. Dieses Verständnis und Wissen können wir nutzen. Haben wir z. B. einen sehr ausgebrochenen Huf, können wir die zwei anderen Säulen, die Sohle und den Strahl stärker belassen.

Die zweite Möglichkeit ist, die defekte Säule zu reparieren und die Wand mit Kunsthorn zu ergänzen. Dies wurde in den letzten Jahren sehr viel praktiziert.

Ich habe mit dem Stärken der gesunden Säulen immer gute Ergebnisse bekommen. Und in besonders schwierigen Fällen kann ich beide Möglichkeiten kombinieren. Die gesunden Säulen wie die Natur stärken und die schwache Säule stützen. Wir müssen die Natur verstehen und nicht gegen sie, sondern mit ihr arbeiten. So haben wir mit unserer Arbeit mehr Erfolg und helfen den Pferden.

Wie Scharf Ausschneiden? Level 0?

LEVEL +1: Der Huf wird einen mm länger belassen, als in der genauen Hufkorrektur beschrieben ...

LEVEL 0: Wie bei der genauen Hufkorrektur beschrieben.

LEVEL -1: 1 mm kürzer als bei der genauen Hufkorrektur

LEVEL -2: 2 mm kürzer

Usw. (Nach einer Idee von Daniel Anz, der den Punkt, an dem die funktionale Sohle in den Tragrand übergeht als Niveau 0 bezeichnet.)

Während wir speziell bei der Barhufkorrektur häufig mit einem positiven Level arbeiten, werden oft beschlagene Pferde schärfer ausgeschnitten. Die Schwächung des Hufes wird meist mit einem stabilen Hufeisen ausgeglichen. Obwohl eine große Anzahl der Pferde dies gut verträgt, ist es nur in bestimmten Situationen angebracht. Der Huf unter Level 0 gehört dem Pferd! Wenn der erste Blutstropfen durch das Horn steigt, ist die schützende Hornschicht weg. Manche Pferde benötigen Tage, um sich nach einer Korrektur oder einem Beschlag zu erholen. Ist das unser Ziel?

„Der Huf unter Level 0 gehört dem Pferd!"

Andere wiederum reagieren schon bei Level 0. Dann werden wir beim nächsten Mal auf Level +1 oder +2 arbeiten. Mit der Hufuntersuchungszange kann sowohl die Empfindlichkeit als auch die Dicke der nach der Korrektur verbleibenden Hornkapsel geprüft werden. Es ist besser, dem Besitzer den Sinn einer kurzen Beschlagsperiode zu erklären, als die Hufe aufs Minimum zu schneiden und die Pferde 10 Wochen damit laufen zu lassen. Wenn sich Schmiede darin messen, wie kurz sie die Hufe nicht schneiden können, ohne dass das Pferd lahmt, geht es am Ziel der Hufkorrektur vorbei. Holt die alten oder auch neuen Lehrbücher der großen Meister unseres Faches hervor. Steht dort, dass es gut ist, die Hufe so zusammenzuschneiden?

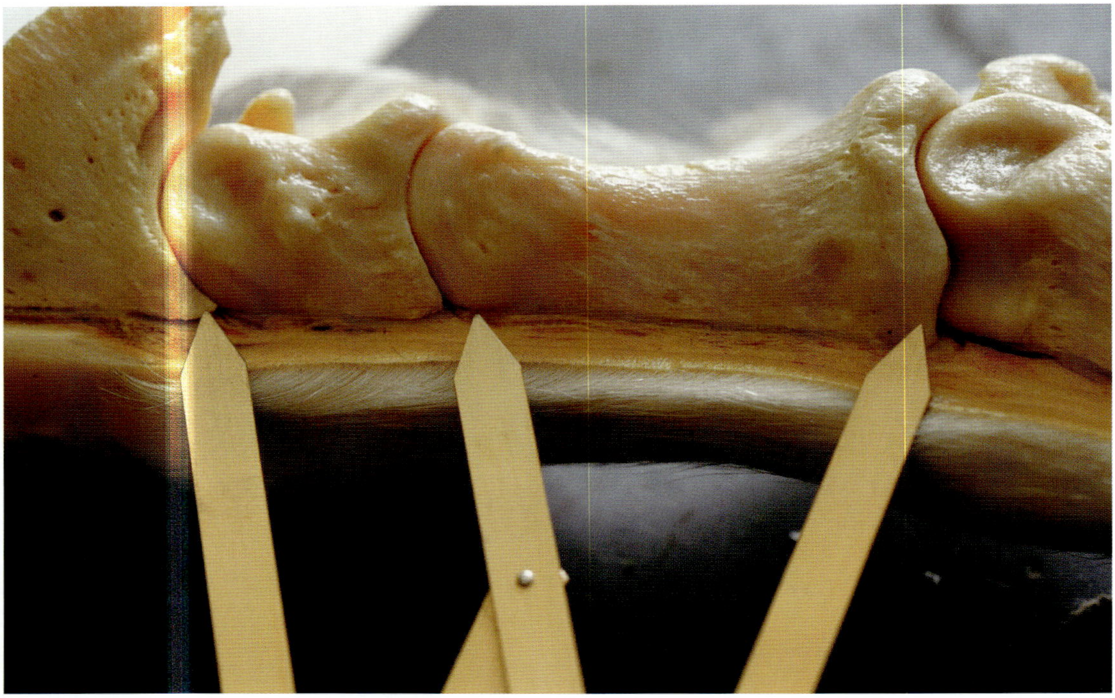

Messen mit dem „Goldenen Schnitt“ Zirkel

Korrekturarten

Es gibt viele Arten und Meinungen zur Hufkorrektur, nach denen wir uns richten. Meist sind es Mischformen und viele haben für bestimmte Pferde ihre Berechtigung. Die Grundsätze der genauen Hufkorrektur sollen dabei jedoch eingehalten werden. Hier nur ein paar Auszüge. Um eine Methode ausüben zu wollen, MUSS man sich VORHER damit gründlich auseinandersetzen. Hier sind einige Grundsätze der Methoden angeführt, wie ich sie aufgefasst habe. Dies kann von den Originalen abweichen.

X-, Y-, Z-ACHSE

Die Ausrichtung nach den Zehenachsen, Z – seitliche Ansicht, X – vordere Ansicht und Y – Draufsicht, ist eine der wichtigsten und weitverbreitet. Gebrochene Zehenachsen verursachen Fehlbelastungen in den Gelenken und überbeanspruchen Sehnen und Bänder. Deshalb sollten die Achsen immer in die Hufkorrektur einfließen. Eine zwanghafte Korrektur ist jedoch nicht immer zielführend, wenn sich Gelenke und Strukturen bereits angepasst haben.

PLANE FUSSUNG

Die plane Fußung ist ebenfalls weit verbreitet. Ein Kippen beim Auffußen ist nicht optimal für die Beine des Pferdes. Daher wird an der Stelle, wo der erste Bodenkontakt stattfindet, mehr Horn weggenommen. Viele Pferde berühren zuerst mit der Trachte den Boden, da der hintere Hufteil auch als Tastsinn verwendet wird.

Wichtiger als eine völlig plane Fußung ist die Hufstellung während der vollen Belastungsphase. Messungen mit Werkman Black zeigen, dass die Zeit des Auffußens extrem kurz ist und die Gewichtsbelastung sehr niedrig ist. Daher ist es sinnvoller, den Huf für die Belastungsphase zu korrigieren und ungleiches Fußen durch Abschmieden oder Schleifen der Hufeisen zu erleichtern. Die Bewegung wird runder. Bei der Barhufkorrektur ist es genauso wichtig. Ganganalysen zeigen weiters, dass die Pferde in den unterschiedlichen Gängen unterschiedlich fußen. Sollen wir jetzt die Fußung nach dem Schritt oder Trab korrigieren?

Mit freiem Auge ist das nicht sichtbar.

KORREKTUR DER TRACHTEN NACH DEM STRAHL

Wie in der genauen Hufkorrektur beschrieben, ist der höchste und weiteste Punkt vom Strahl ein wichtiger Indikator beim Kürzen der Trachte. Sie gewährleistet einen leicht positiven Hufbeinwinkel der Sohlenfläche des Hufbeines und die Mitbelastung des Strahls bei der Barhufkorrektur.

KORREKTUR NACH DER SOHLENTIEFE – MIKE SAVOLDI

Die Hufsohle wird auf gleichmäßige Dicke korrigiert und anschließend der Tragrand danach gekürzt. Somit steht das Hufbein parallel oder leicht positiv zum Boden. Diese Art der Korrektur ist mittlerweile in viele andere Arten mit eingeflossen.

F-BALANCE – DANIEL ANZ

Hier wird nach Referenzpunkten im Huf korrigiert. Weiters wird sich die vertikale Hufbewegung im hinteren Hufbereich zunutze gemacht, um verschobene Ballen zu korrigieren. Funktioniert bei beschlagenen Pferden ebenso wie in der Barhufkorrektur.

NBS-KORREKTUR

Hier wird von der Trachte weg korrigiert. Mit den dazugehörigen NBS-Hufeisen ergibt sich eine spezielle Art des Beschlages. Der extrem weit Richtung Strahlspitze verschobene Abrollpunkt sowie einige andere Ansätze sind sehr umstritten. Die verringerten Hebel kommen Pferden mit Hufgelenks- oder Hufrolleproblemen entgegen. Die überstehende Zehe kann sich ablaufen und der Hufwinkel bleibt bei nachwachsender Zehe annähernd gleich.

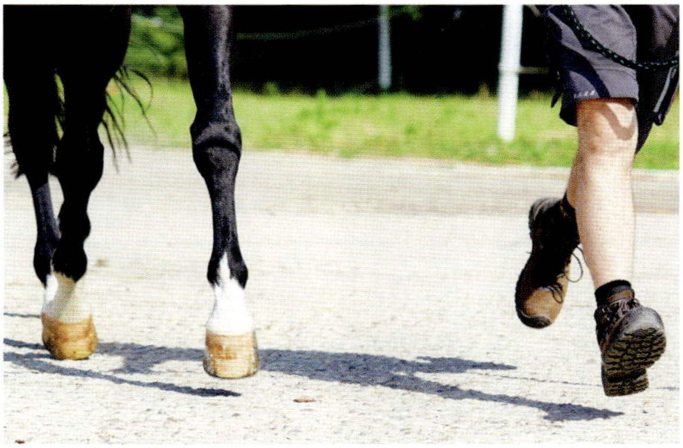

Beurteilen der Fußung

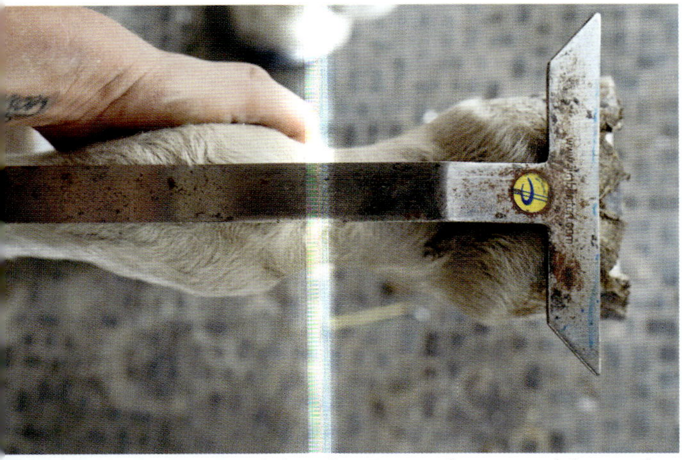

T-Square wird an den Beugesehnen angelehnt und nach vorne zum Tragrand geschoben

NBS-Centre-Fit-Hufeisen mit gerader Zehe und der höchste Teil ist der Innenrand

HUFKORREKTUR NACH STRASSER

Da bei dieser Art der Hufkorrektur so viel Horn entfernt wird, dass dem Pferd Schmerzen zugefügt werden, lehne ich diese Form aus Tierschutzgründen ab.

T-SQUARE

Dieser ist ein 90-Grad-Winkel, der an den Beugesehnen entlang des Röhrbeines angelegt wird. Der Querteil auf den Trachten zeigt deren Höhe im rechten Winkel an. Es ist mehr ein Überprüfungsgerät für unsere Augen, um ein planes Fußen zu ermöglichen. Bei Achsfehlstellungen und verschobenen Ballen ist Vorsicht zu walten.

KORREKTUR NACH GLEICHEN HUFWINKELN – WINKELMESSER

Wurde viel im Trabrennsport aber auch bei Reitpferden eingesetzt. Das Ziel, einen gleichmäßigen und schnellen Gang zu erreichen, wird verfehlt. Hufe sind der natürliche Ausgleichsfaktor für Pferdebeine. Wir müssen mit der Natur arbeiten und jedes Bein individuell behandeln, um die Hufgesundheit zu erhalten. Auch der Sehnen- und Bandapparat ist darauf abgestimmt. Winkelmesser eignen sich sehr gut zum Messen und Dokumentieren.

HUFKORREKTUR – SCOTT LAMPERT

Wie auch einige andere Experten beschäftigt sich Scott mit dem Verhältnis aller Knochen und Hufteile zueinander. Der sogenannte Goldene Schnitt (Leonardo da Vinci, Albrecht Dürrer). Hier gibt es spezielle Zirkel, um diese Verhältnisse (1,618) zu messen und danach zu korrigieren. Des Weiteren besagt er eine Auflage des Hufeisens auf der Länge des Hufbeines, darüber hinaus werden Zehe und Trachte hohlgelegt.

KORREKTUR NACH DEM BELASTUNGSZENTRUM DES HUFGELENKES

Auch hier gibt es Zirkel, um dieses zu finden. Auch auf der Sohlenseite kann man dieses ca. mittlere Wandstärke Richtung Zehe vom weitesten Punkt der weißen Linie finden. Ein wichtiges Hilfsmittel, um den Huf ausbalancieren zu können.

ROUNDING WALL VON STEVEN BEANE

Sie besagt, die Hornwand am Hufbock von weitester Stelle zu weitester Stelle, nicht gerade, sondern konvex zu beraspeln. Dadurch soll das Ausschweifen der Wände verhindert werden und der Huf mehr Stabilität bekommen.

EXTENSIONS MESSGERÄT VON HANS CASTELIJNS

Der Huf wird darauf gestellt und mit einem langen horizontal drehbaren Hebel wird er auf der jeweiligen Seite langsam angehoben. Es kann die Beweglichkeit in jede Richtung vermessen werden. Eine Anzeige erleichtert das Feststellen. Dies gibt Rückschlüsse für Korrektur und Beschlag.

FOUR POINT TRIM VON DR. REDDEN

Hier werden die Seitenwände leicht hohl gelegt und ein Abrollpunkt nach der Hufbeinspitze in einem flachen Winkel angeraspelt. So entsteht eine 4-Punkt-Auflage an den Trachten und ungefähr im Bereich der Zehennägel. Für Barfußpferde, Wildpferden nachempfunden, soll sie Hufprobleme leichter lösen.

FAZIT

Mehrere dieser Methoden gehen Hand in Hand bei der Hufkorrektur. Eine Methode schließt die andere nicht immer aus. Weiterbildung und Offenheit anderen Meinungen gegenüber ist die beste Möglichkeit, um die ideale Methode für jedes Pferd zu finden. Die meisten Methoden haben ihre Berechtigung, jedoch nicht für jedes Pferd und jedes Problem. Schließlich dürfen wir bei der Hufkorrektur das Pferd nicht außer Acht lassen.

„Weiterbildung und Offenheit anderen Meinungen gegenüber ist die beste Möglichkeit, um die ideale Methode für jedes Pferd zu finden.“

Korrigiert die Pferde nicht Kaputt!

Nicht jede Fehlstellung muss auf Biegen und Brechen völlig korrigiert werden. Speziell bei älteren Pferden ist es nicht sinnvoll, die Pferde auf Bilderbuchbeine zu korrigieren. Meist zeigt die Natur, wie weit eine Korrektur möglich und vor allem sinnvoll ist. Hier muss die Hornkapsel, der Gang und die Gliedmaße ständig beobachtet werden. Verformt sich der Huf? Verschlechtert sich das Gangbild?

Pferde laufen mit Fehlstellungen genauso wie Menschen mit Fehlstellungen. Auch wir werden nicht mit Gewalt gerade gebogen. Weder unsere Wirbelsäule noch unsere Arme oder Beine. Der Körper passt sich mit allen Strukturen an. Wir greifen ein, um unseren Körper zu unterstützen und ihn möglichst gesund zu halten.

Unsere Aufgabe ist es, diese Fehler zu erkennen, wenn möglich positiv zu beeinflussen und so zu korrigieren, dass das Pferd sein Leben lang gut damit laufen kann. Das ist eine schwierige Aufgabe! Oft kommen Pferde mit einer leicht gebrochenen Zehenachse besser zurecht als mit aufgebockten Hufen. Nicht jede Sohle muss ein starkes Gewölbe aufweisen, um eine gute Sohle zu sein. Nicht jeder enger Huf oder leichter Zwanghuf ist schlecht für das Pferd. Einem engen Huf helfen, weiter werden zu können, ist hervorragend. Ihn mit Gewalt zu weiten probieren endet oft in einem schlechten Gesamtergebnis für das Pferd oder häufig wird nur optisch eine Weitung für Kunde und Tierarzt erzielt.

FAZIT

Pferd und Huf ständig beobachten, Fotos machen, Gang vermessen ... Auf positive und negative Auswirkungen reagieren und lernen.

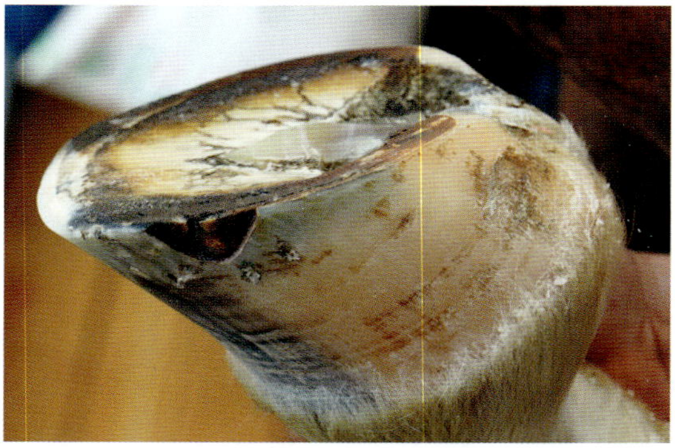

Die Auflagefläche des Tragrandes ist hier nur über dem Hufbein. Die Zehe und die Trachtenenden werden leicht abgeschrägt und somit hohl gelegt. Dies entlastet diese beiden Teile bei diesem Bockhuf. *(Scot Lampert)*

Hufbalance

(siehe auch Hoof Mapping)

Wenn das Gewicht über das Pferdebein gleichmässig auf den Huf übertragen wird und von diesem wieder gleichmässig über alle Gelenke auf das Pferd zurück übertragen wird.

Links: Zuviel Druck auf der Außenwand. Der Huf ist nicht in der Balance und beginnt sich zu verformen. Auch die Zehenachse ist nicht mehr gerade.

Die Hufbalance begleitet uns durch die gesamte Arbeit. Beginnend bei der Beurteilung, bei der Korrektur, der Position des Hufeisens bis zum Spezialbeschlag. Nur ein gut ausbalancierter Huf kann die volle Kraft ausschöpfen, hält das Pferd gesund und leistungsfähig. Schlechte Hufbalance wirkt sich auf das gesamte Pferd aus. Gliedmaßenstellungen werden verändert, die Muskulatur, Sehnen und Bänder werden anders beansprucht.

Verspannungen in der Schulter und Hüfte sind ebenfalls Folgen einer Imbalance. Der Huf selber beginnt sich zu verformen und auch Hornspalten, unterschobene Trachten usw. sind die Folge.

Die Hufbalance ist für Barfußpferde genauso wichtig, wie für beschlagene oder mit Hufschutz versehene Pferde. Die genaue Hufkorrektur und die Position des Hufeisens sind die Eckpfeiler der Balance. Mit Spezialeisen, Platten, Polster stehen uns weitere Hilfsmittel zur Verfügung. Sie können jedoch eine mangelnde Korrektur und schlechte Hufeisenposition nicht ausgleichen!

Für die Hufbalance ist der Huf während der Belastung wichtiger, als die plane Fußung, da hier das volle Gewicht zum Tragen kommt. Die Fußung ist ein vergleichsweise kurzer Moment mit wenig Gewicht, im Vergleich zur Stützbeinphase. Slow-Motion-Aufnahmen helfen uns, diesen Belastungsmoment einzufangen. Die Linien im Huf zeigen uns das Zentrum der Schwerkraft und das Rotationszentrum. Mit Hilfe der Linien können wir das Eisen leichter in Balance anrichten.

Gewicht fällt aufgrund der Schwerkraft immer senkrecht zum Boden. Wir können die Balance mit der Korrektur und dem Beschlag verbessern.

Wird ein Huf überkorrigiert oder an einer Stelle zu stark geschwächt, kippen unsere Bemühungen um eine bessere Hufbalance ins Gegenteil und der Huf kollabiert.

Verformungen der Hufe

(siehe auch „Korrektur und Anrichten nach dem Hufbein“)

Es ist eine Gabe der Natur, dass sich Hufe anpassen und verformen können. Pferde aus Irland und Holland haben breite weite Hufe, da sie sich vorrangig auf weichen Böden bewegen. Pferde aus Spanien und Arabien sind von der Natur mit engen kompakten und harten Hufen ausgestattet, um auf hartem trockenen Untergrund zurecht zu kommen. Da diese von der Natur unterschiedlich ausgestatteten Pferde durch uns Menschen zwangsweise auf ganz anderem Untergrund zurechtkommen müssen, stößt die Natur auf ihre Grenzen.

Hufe verformen sich nach Belastung. Die Gelenke in den Gliedmaßen sind Scharnier- und Sattelgelenke, die keine oder nur geringe Seitwärtsbewegung zulassen. Die Hufe sind ein wichtiger Ausgleichsfaktor. Geringgradig unterschiedliche Beinlängen sind normal und werden durch unterschiedliche Hufe vom Pferd kompensiert.

Hufwände, die mehr Belastung aufnehmen müssen als andere, werden steiler, um mehr Gewicht tragen zu können. Bei Gliedmaßenfehlstellungen, die im Fohlenalter nicht korrigiert werden (oder nicht korrigiert werden können) ist das ein Schutzmechanismus der Natur. Stärker gesamt belastete Hufe werden weiter und weniger stark belastete Hufe enger. Bei älteren Pferden mit chronischen Erkrankungen ist fast immer der kleinere Huf auf der kranken Gliedmaße zu finden, da dieser geschont wird und weniger belastet. Wird das Problem größer, werden die Hufe ungleicher. Geht es dem Pferd besser, werden die Hufe wieder gleichmäßiger. Oft wird dies dem Hufschmied zu Gunsten oder zu Lasten ausgelegt. Dabei ist es ein natürlicher Prozess, anhand dessen wir den Gesundheitszustand der Pferde beobachten können.

Genauso kann sich ein Huf infolge einer Schonhaltung krümmen und eine Wand konkav und die andere konvex ausbilden. Auch fehlerhafte Hufkorrektur kann dazu führen. Bei Sehnenerkrankungen und der darauffolgenden Entlastungshaltung werden Hufe steiler oder flacher.

Trachten rollen sich ein, Ballen verschieben sich, der Kronrand verschiebt sich, je nachdem, welcher Hufteil überbelastet wird. Die Auswirkungen der Hufverformungen zu bekämpfen, ist zu wenig und manchmal falsch. Die Natur unterstützen ist besser, als zwei symmetrische Hufe zu schnitzen.

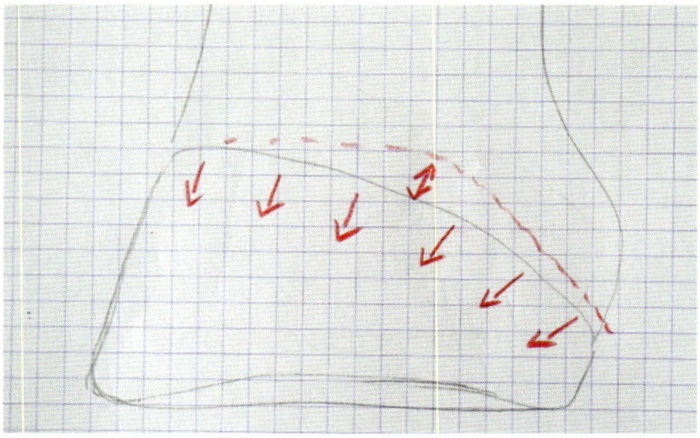

Auch der Kronrand verschiebt sich bei zu viel Belastung über den natürlichen Bogen nach oben. Eine Entlastung kann durch Hohllegen am überbelasteten Tragrand dieses Bereiches erfolgen. Diese wird in Verlängerung der Hornröhrchen durchgeführt. *(Zeichnung Alexandra Kammerhuber, Tierärztin)*

Korrektur und Anrichten nach dem Hufbein

Normalerweise hat das Hufbein die Grundform des Hufes. Unter einem regelmäßigen Huf steckt ein regelmäßiges Hufbein. Bei einem weiten Huf ein weites Hufbein. Ist bei einem bodenweiten Huf die innere Hufwand steiler und die äußere flacher, findet man dies auch am Hufbein vor. Die Hufwand wächst entlang des Hufbeines herunter. Daher ist bei gesunden Hufen die genaue Hufkorrektur und das Anrichten wie beschrieben wichtig.

Verformt sich ein Huf, wie vorhin beschrieben, ist zu Beginn nur die Hornkapsel verformt. Das Hufbein hat noch seine ursprüngliche Form. Um den Huf wieder in seine ursprüngliche Form und Balance zu bringen, ist es wichtig, die Form und Lage des Hufbeines herauszufinden. Dazu haben wir die Möglichkeit eines Röntgenbildes und unsere Anhaltungspunkte am Huf. Diese sind die Hornsohle und das Wachstum der Wand gleich unterhalb des Kronrandes.

Wie in der genauen Hufkorrektur beschrieben, zeigt uns eine so korrigierte Sohle die Lage der Sohlenfläche des Hufbeines. Die Hornwand unter dem Kronrand ist in der Form des Hufbeines. Und so schließt sich der Kreis: Der Tragrand soll die vergrößerte Form des Kronrandes aufweisen. Unter Berücksichtigung dieser Werte und eines evtl. vorhandenen Röntgenbildes wird der Huf so korrigiert. Dabei wird die genaue Hufkorrektur nicht außer Acht gelassen! Sind die Hufwände zu stark verformt, wird mit der Platzierung des Hufeisens unter dem Hufbein eine weitere Verbesserung erreicht. Das

„Mona-Lisa-Eisen" ist eine Möglichkeit und eignet sich hervorragend dafür. Auch der Traction Shoe von Stefan Wherli wird nach dem Hufbein angepasst. Wird der Huf gleichmäßig rund um das Hufbein belastet, beginnt die Wand wieder entlang des Knochens zu wachsen. Natürlich muss auch die Beseitigung der Ursache behandelt werden, sofern nicht ein reiner Korrektur- oder Beschlagsfehler vorliegt.

Nach einer dauerhaften Verformung des Hufes verändert sich auch das Hufbein! Ränder können sich krempenartig aufbiegen, Knochenmaterial abgebaut werden und auch die ursprüngliche Form verändern. Diese Veränderungen sind irreparabel. Umso wichtiger ist eine Korrektur, um die Situation zu verbessern und einer weiteren Verschlechterung Einhalt zu gebieten. Je nach Fall und Möglichkeit wird mit genauer Hufkorrektur, Hufbalance, evtl. Beschlag, unter Berücksichtigung des Hufbeines und aller anderen Faktoren, die beste Möglichkeit gesucht, so einem Pferd zu helfen.

Huf nach dem Hufbein und dem Kronrand korrigiert

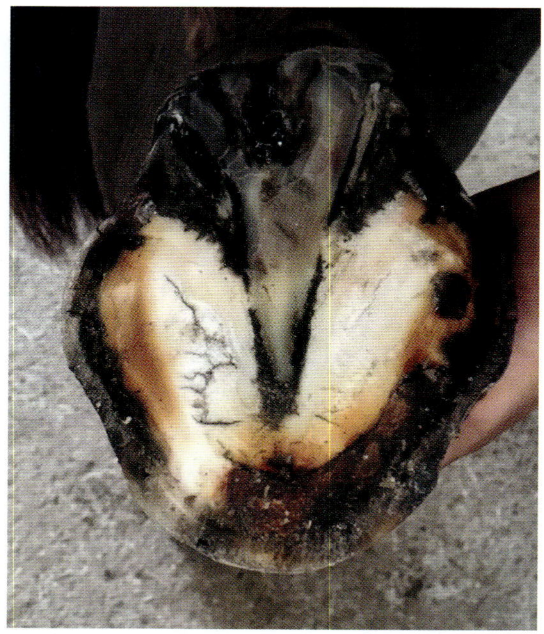

Wird hier die Hufform belassen und das Hufeisen nach der Hufform angerichtet, kann es nicht positiv für das Hufbein und die Hufbalance sein. Die Zehe wird am Bock berundet, die Ausschweifungen an den Seitenwänden ebenfalls in Form gebracht, die unterschobenen Trachten gekürzt und die Strahlfäule behandelt. Den Huf und das Eisen so weit wie möglich der Form des Kronrandes und des Hufbeines anpassen und er wird sich erholen.

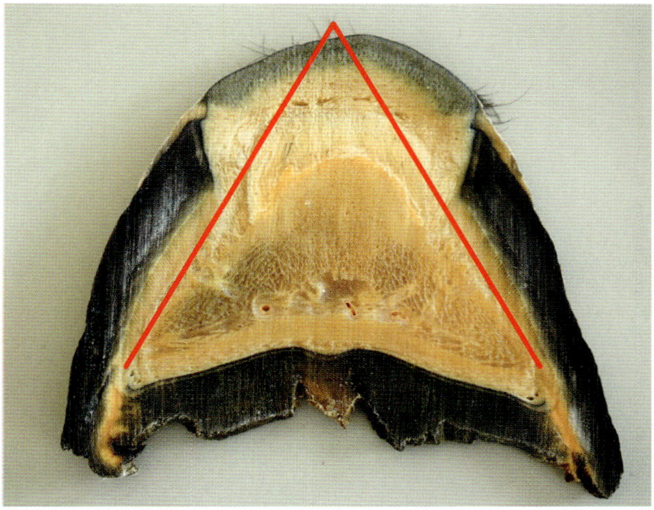

Noch relativ regelmäßiges Hufbein mit verformten Hufwänden. Eine gleichmäßige Korrektur der gesamten Hornkapsel nach dem Hufbein führt zu einer besseren Hufbalance und Belastung. Guidelines sind die ersten 2 cm der Hornwand vom Kronrand abwärts und die korrigierte Sohle nach der genauen Hufkorrektur. *(Präparat: Dr. Christoph von Horst)*

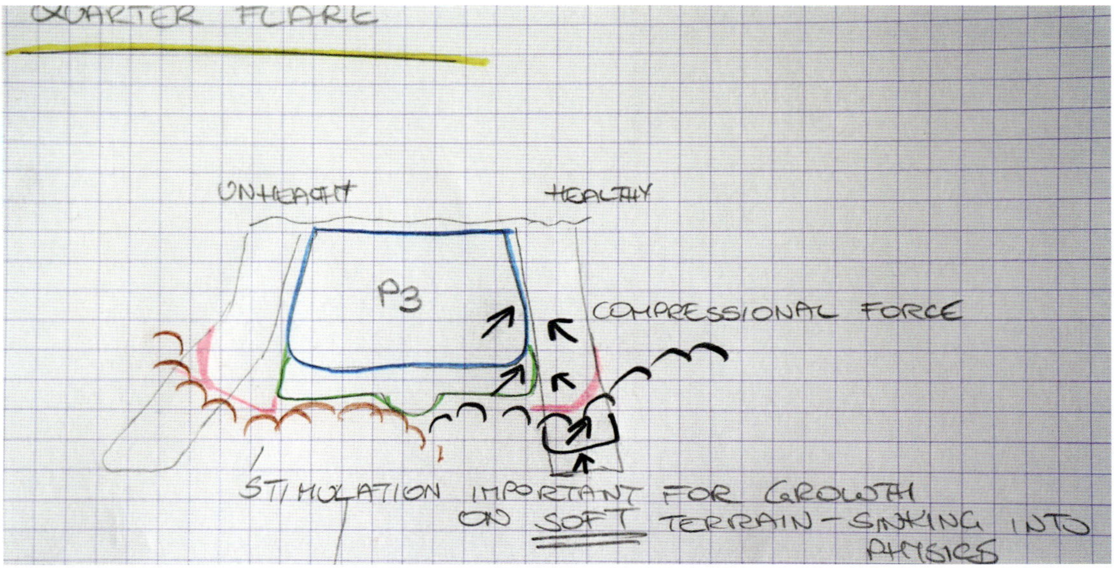

Hier sieht man wunderbar die Wichtigkeit der Korrektur nach dem Hufbein. Bei einer ausgeschweiften Wand wird die Balance, Belastung, die Stimulation und das Hornwachstum beeinflusst. Wird der Huf nicht dementsprechend korrigiert, verschlechtert sich die Situation zusehends. *(Zeichnung: Alexandra Kammerhuber, Tierärztin)*

Gedanken zur Korrektur von Sohle und Eckstreben

Eckstreben schützen das Gewölbe der Sohle und tragen maßgeblich zur Hufstabilität bei. Sie drücken NICHT gegen die Sohle. Sie sind aus Wandhorn und sind Wände!

Unter dem Sohlenbereich der Strebe liegen die Hufbeinäste. Unter der Strebe liegt ein Teil des Strahlkissens und die an den Hufbeinästen ansetzenden Hufknorpel. Das ganze System arbeitet beim Hufmechanismus zusammen und ist für einen gesunden Huf von größter Bedeutung. Eckstrebenwände geben speziell Barfußpferden zusätzlich Traktion. Umgelegte Eckstrebenwände werden vorsichtig gekürzt, damit sie wieder gerade nachwachsen können und tragfähig sind. Die gleichmäßige Sohle wird belassen und nicht beschnitten.

Das Sohlengewölbe ergibt sich durch die Form der Sohlenfläche des Hufbeines. Es ist daher davon abzuraten, ein stärkeres Gewölbe hineinzuschnitzen! Ein flaches Gewölbe ist für steinige Böden suboptimal. Die Sohle kann geschützt werden, indem der Tragrand auf Level +1 oder +2 mm korrigiert wird und damit etwas länger ist. Genauso verhält es sich mit dünnen Sohlen. Auch Sohlenhärter und ätherische Öle helfen. Die Sohlendicke erkennt man am Übergang von der Strahlspitze zur Sohle, am Sohlenverlauf, am Übergang zum Wandhorn und kann auch mit der Hufuntersuchungszange getestet werden. Nur eine gute Beobachtung und präzises Nachschneiden macht eine genaue Hufkorrektur mit dem Blick nach innen möglich. So oft wird gedankenlos darübergeschnitten, nur um dem Besitzer eine frische Hornschicht zu zeigen, in der Annahme, dass dies schön sei. Gerade auf den vielen unnatürlichen Böden benötigen die Pferde den Schutz der Sohle und keine ausgehöhlte Suppenschüssel!

Strahl, Sohle und Eckstreben werden sehr oft von Hilfskräften oder Lehrlingen geschnitten und die Wichtigkeit unterbewertet. Dabei sind es so wichtige Korrekturmaßnahmen. Gebt diese wichtigen Gedanken an eure Mitarbeiter und Kunden weiter.

Umgelegte Eckstrebenwände werden vorsichtig gekürzt, damit sie wieder gerade nachwachsen können und tragfähig sind. Die gleichmäßige Sohle wird belassen und nicht beschnitten.

Gedanken zur Korrektur der Zehe

In meiner Ausbildung habe ich gelernt, die Zehe so kurz wie möglich zu korrigieren. Kurz bevor es blutet, aufhören. Am Bock haben wir die Zehe fast bis zur weißen Linie zurück geraspelt. Wer das geschafft hat, ohne dass das Pferd lahmt, war ein guter Hufschmied. Andere Länder, die die Zehe länger ließen, wurden milde belächelt. Teilweise ist dies immer noch so. Kurze Zehen werden als Voraussetzung für Sport gesehen und die Huflänge sieht nach 2 Monaten immer noch passabel aus.

Warum ist die Zehenwand am natürlichen Huf am dicksten? Sie gibt Stabilität und setzt die Kraft in Bewegung um. Wenn wir den Huf mit einem Hufeisen schützen, können wir die Zehe ein wenig mehr bearbeiten. Das ist wichtig, da sich die Zehe nicht natürlich abreibt und unnatürlich lang wird und die inneren Strukturen durch die zu langen Hebel überbeansprucht werden.

Was passiert, wenn wir einem ohnehin geschwächten Huf die Zehe dünn korrigieren? Gleich, ob dieser Huf barfuß ist oder beschlagen – die Zehe kann nicht mehr stützen! Hufwände schweifen durch die Überbelastung aus, verformen sich, Trachten werden noch niedriger bei flachen Hufen, die Sohle senkt sich ab und sogar die Zehe verformt sich, wird schmäler und nach vorne geschoben. Der Huf kollabiert. Oft wird den Seitenkappen die Schuld für eine Verformung gegeben, es ist allerdings die fehlende oder nicht mitbelastete Zehenwand! Durch die geschwächte Zehe ist der Huf instabil, die Seitenkappen halten an der Seitenwand zusammen und der Huf wird länglicher, da er sich nur nach vorne und nach hinten ausdehnen kann.

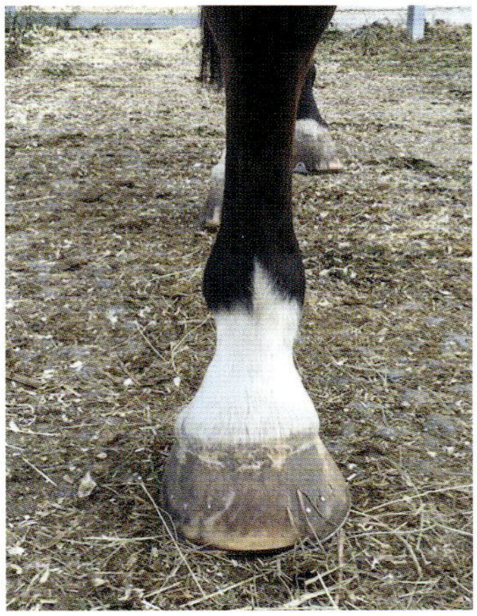

UDO (Dez. 2019) Zurückgesetztes Eisen, verformte Seitenwände, eingerollte Trachten, lose Wände und dünne Sohle

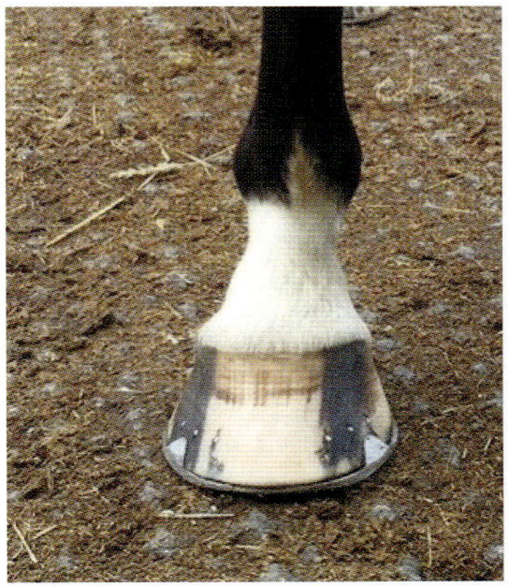

UDO (MAI 2020) Gute Balance mit geraden Hufwänden. Erreicht durch genaue Hufkorrektur, Schonung von Sohle und Strahl, Mittragen der Zehe, ausbalanciertes offenes Hufeisen ohne Einlagen und Polster, Kappen dünn geschliffen als leichte Stütze.

Sehr häufig kommt dies bei flachen Hufen vor, bei denen die Zehe immer radikal gekürzt oder das Eisen zurückgesetzt wird. Anstatt den Huf steiler zu bekommen, wird alles nur schlechter. Daher ist es bei solchen Hufen sinnvoller, die Zehe zu schützen und unterstützen. Der Abrollpunkt kann mit einer stark angeschmiedeten Zehenrichtung trotzdem nach hinten versetzt werden. Oft versuchen wir mit Sohleneinlagen den Huf zu unterstützen, den wir vorher massiv geschwächt haben. Fazit: Manchmal ist es besser, die Zehe länger zu belassen, um den Huf schlussendlich steiler zu bekommen. Mit gesunden und geraden Wänden, die imstande sind, das Gewicht und die Belastung aufzunehmen.

Mein erstes handgeschmiedetes Hufeisen in meiner Lehrzeit. Es wurde mir mit einer geraden Zehe beigebracht.

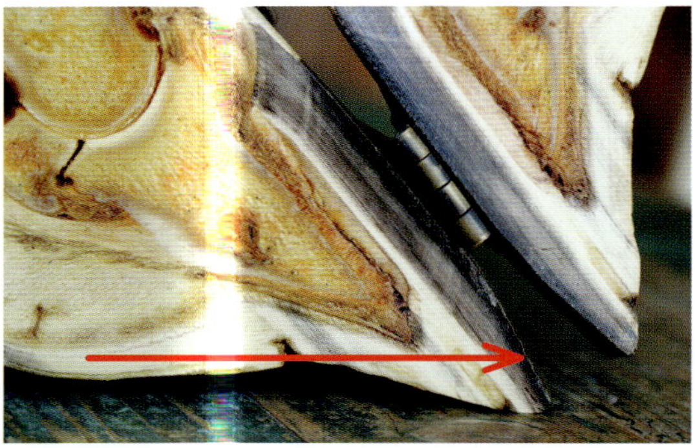

An diesem Präparat wurde die Zehe dünn geraspelt. Gut sichtbar, die dunkle und starke Zehenwand, die im letzten Drittel geschwächt wurde.

Die starke Zehe hat eine Sinn! Es ist Schwachsinn, diese zu stark auszudünnen, um eine kurze Zehe zu erreichen. Schon gar nicht bei Pferden, die viel gearbeitet werden und Leistung bringen müssen.

GERADE ZEHE?

Mein erstes handgeschmiedetes Hufeisen wurde an der Zehe gerade geschmiedet. So wurde es gelehrt. Woher kommt dies? Kürzere Zehe, noch kürzer, wird ständig gefordert. In keinem der so hochgelobten alten Lehrbücher ist das zu finden. Die Zehe an allen Mustereisen aus früheren Zeiten sind rund und in Form des Kronrandes.

Ein seitliches Abrollen wird durch gerade gerichtete Zehen erschwert, das Abrollen über die Zehe unnatürlich forciert. Das Pferd wird gezwungen, nach vorne abzurollen, anstatt so, wie es physiologisch gut wäre.

Kurze Zehe und früher Abrollpunkt sind bei vielen Hufproblemen wichtig. Es ist sinnvoller, eine kurze Beschlagsperiode einzuhalten, als einen Huf derart zu schwächen. Schwachsinn ist es, jedes Pferd mit unnatürlich geraden Zehen zu beschlagen.

Runder Huf mit eckigen Hufeisen

Derselbe Huf. Kronrand und halbe Hufwand sind rund, dann wurde er eckig beraspelt.

Kalt richten und anrichten

Das Hufeisen wird genauso angerichtet wie beim Warmbeschlag.

Ein genau arbeitender Hufschmied wird das Hufeisen beim Kaltbeschlag genauso genau anrichten.

Ein Hufeisen kalt richten erfordert einen höheren Kraftaufwand und ist vorwiegend bei leichten Hufeisen wie Rennpferden zu empfehlen. Bei schwereren Pferden kostet es einen enormen Kraftaufwand, verbunden mit optimaler Schlagtechnik. Die Prellungen für unsere Gelenke sind auf Dauer absolut schädlich. Einkerbungen und Bolzen am Amboss erleichtern die Arbeit beim Biegen. Gripzangen helfen, das Hufeisen mit wenig Kraftaufwand festzuhalten.

Angepasst wird das Hufeisen mit der Raspel. Diese empfiehlt sich auch zum Einlassen der Kappen. Mag ein Pferd das Warmbeschlagen nicht, kann das Hufeisen warm gerichtet und kalt angepasst werden.

Herbert Rath zeigt, wie er die Hufeisen kalt richtet. Durch die zentral angeschweißten Zapfen haben die Schläge eine optimale Wirkung und die Prellungen in der Hand sind gering.

Zehenrichtung

Die Zehenrichtung ist eine Abrundung des Zehenteils am Hufeisen und auch am Huf. Sie erleichtert das Abrollen der Zehe. Das betrifft vor allem die Vordergliedmaße.

Sie kann angebogen, angeschmiedet oder angeschliffen werden. Durch Zurücksetzen des Hufeisens versucht man, einen ähnlichen Effekt zu erreichen, oder eine angeschliffene bzw. angeschmiedete zu verstärken.

Angebogene Zehenrichtung: Kann mittig oder seitlich in Abrollrichtung angebracht werden. Die Schweizer Zehenrichtung verläuft rund um die Zehe, um ein Abrollen in jede Richtung zu erleichtern. Die Zehenrichtung am gesunden Pferd soll kurz sein – ca. 1/2–2/3 der Eisenbreite und 1/2 bis max. Eisendicke hochgebogen. Die angebogene Zehenrichtung wird eher bei hartem Boden verwendet.

Angeschmiedete und angeschliffene Zehenrichtung: Die Huffläche des Hufeisens ist dabei eben.

Zurückgesetztes Eisen: Ermöglicht ebenfalls ein besseres Abrollen. Wird bis zur halben Wandstärke an der Hintergliedmaße als sogenanntes Einhaueisen verwendet. Weder am Vorderhuf, noch am Hinterhuf soll das Eisen im Normalfall zu weit zurückgesetzt werden, da die Zehe frei schwebt und wenig Belastung aufnehmen kann.

Abrollpunkt: Dieser darf nicht hinter der Hufbeinspitze beginnen. Die Bodenfläche des Hufbeines soll mit der geraden Fläche des Eisens geschützt und gestützt werden. Ausnahme sind Rolling- oder Rock'n-Roll-Eisen

Je mehr Zehenrichtung desto besser Abrollen.

Je weniger Zehenrichtung desto besser Abstossen.

Keine Zehenrichtung verlängert die Zehe und vergrössert die Belastung und Hebel.

Gedanken zur Zehenrichtung

Die Natur hat dem Pferd eine starke Zehenwand gegeben. Sie stärkt den Huf und ermöglicht gutes Abstoßen. Gerade bei gesunden Sportpferden auf Sandböden nimmt man Pferden mit stark angebogener Zehenrichtung viel ihrer Leistungsfähigkeit. Bei jedem Abstoßen rutschen sie ein paar Zentimeter weg.

Pferde, die ihre Arbeit auf hartem Boden verrichten, wie z. B. Kutschpferde, freuen sich über die Zehenrichtung. Genauso hilft die Zehenrichtung bei vielen Krankheiten zu einer besseren und schnelleren Genesung.

Die Hinterhand des Pferdes ist der Motor und die Bewegung der Gliedmaße ist anders als an der Vorderhand. Man bedenke nur den Unterschied des Vorderfußwurzelgelenkes zum Sprunggelenk. Um die Kraft der Hinterhand optimal umzusetzen, wird hier beim gesunden Pferd nur die Kante gebrochen.

Viele Hufschmiede bringen bei jedem Pferd und jedem Beschlag die gleiche mehr oder weniger starke Zehenrichtung an. Mit Hilfe der Zehenrichtung beeinflussen wir massiv den Gang der Pferde. Messungen mit Werkman Black machen das offensichtlich. Die Ausführung der Zehenrichtung sollte bei jedem Pferd überdacht werden!

ZEHENRICHTUNGEN VORDEREISEN

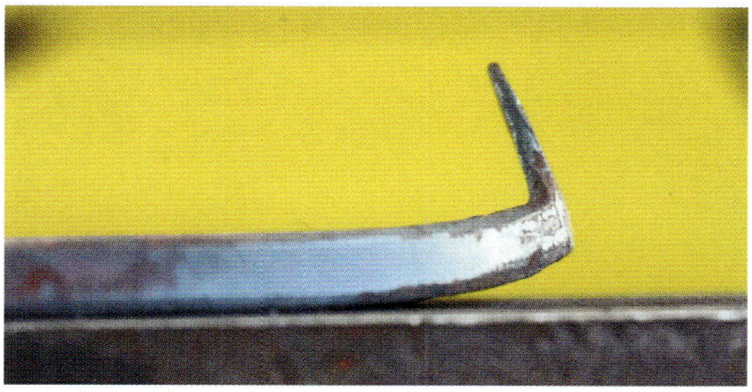

Angebogen bis Materialstärke, innerer Eisenrand liegt plan auf – für harten Boden und gutes Abrollen

Angeschmiedet kurz – für gesunde Pferde und Sportpferde

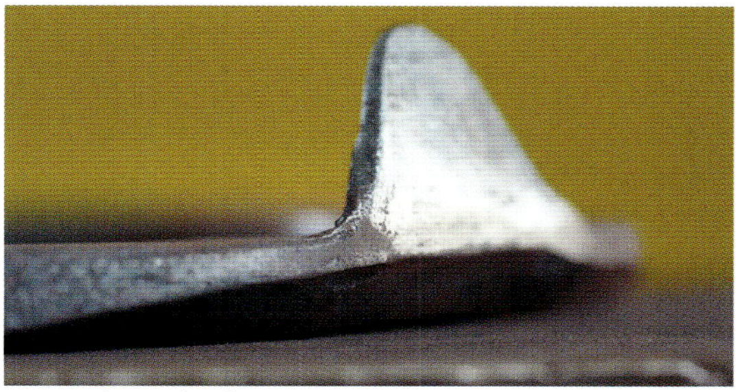

Angeschmiedet kurz

Stark angeschmiedet – für zurückgesetzten Abrollpunkt

Angebogene Roller Richtung (Schweizer/Französische ZR) – erleichtert das Abrollen in jede Richtung und stützt die Zehenwand (z. B flachen Hufen) – für Gelenksprobleme, Stellungsfehler

Roller-Richtung

Fehlerhafte Zehenrichtung – bereits im Hufbeinbereich angebogen, zu stark angebogen, kantig abgebogen

Leicht angebogene Richtung (hier halbe Materialstärke) – für harten Boden

Angeschmiedet kurz – für leichte Probleme und ältere Pferde

Angeschmiedet kurz

Angeschmiedet stark – für Spat-Pferde und zurückgesetzten Abrollpunkt (z. B. Bullnose)

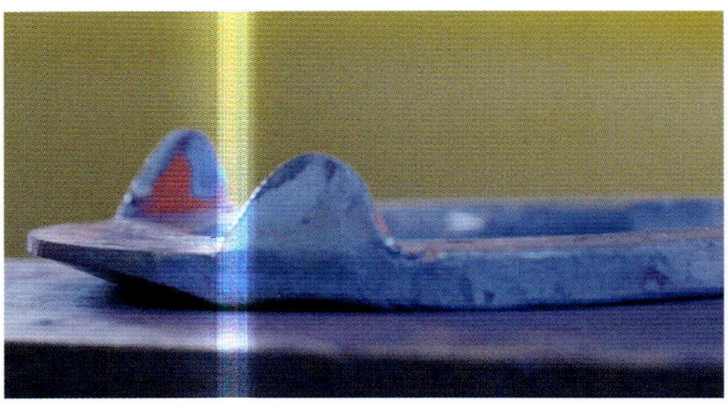

Angeschmiedet stark

Safety – beim Einhauen in Verbindung mit einer abgerundeten Zehe, um Verletzungen zu vermeiden. Ist keine Zehenrichtung! Eisenkante bleibt erhalten – für Sportpferde

Safety

Trachtenrichtung

Eine Trachtenrichtung ist bei Pferden mit stärkerer Trachtenfußung auf hartem Boden zu empfehlen. Hier wird die Vorwärtsbewegung speziell bei über die Trachte hinausragenden Eisenschenkeln stark irritiert und abgelenkt. Eine Trachtenrichtung macht dies flüssiger und komfortabler für das Pferd. Eine leichte Trachtenfußung ist natürlich, da Trachte und Ballen von Pferden auch als Tastorgan verwendet werden. Das Gewicht von Hufeisen, Kunststoff Hufschutz, Einlagen und auch lang angewachsenen Hufen verstärkt das Auffußen mit der Trachte!

Trachtenrichtung mit ebenem Schenkel: Sie kann angeschmiedet oder geschliffen werden. Sie soll nur im hintersten Bereich angebracht werden, ohne die Enden des Hufeisens gefährlich anzuspitzen. Normalerweise genügt eine kleine Abrundung. Bei vielen Aluminium-Hufeisen sind sie schon angebracht.

Trachtenrichtung mit angebogenem Schenkel: Diese wird ebenfalls ganz im hinteren Bereich angefertigt und ist z. B. bei Bockhufen günstig. Die Auflage des Hufeisens soll auf der gesamten Länge des Hufbeines eben sein. Eine leichte Abneigung ist oft ausreichend. Bei schmerzempfindlichen Hufen kann diese Trachtenrichtung auch 1–2 mm vor dem Aufnageln hohl gelegt werden.

Diese Art des angebotenen Endels kann auch gegen das Abtreten von Hufeisen eingesetzt werden. Hier erst 2 mm nach dem Trachtenende kurz anbiegen, damit die Trachte nicht geschwächt wird.

Ein Durchbiegen der gesamten Hufeisenschenkel ist ein Roller-Hufeisen und wird bei diversen Erkrankungen verwendet. Eine Trachtenrichtung ist ein normales Hufeisen, um das Auffußen mit der Trachte auf hartem Boden natürlicher und angenehmer zu gestalten. Wie so oft gilt auch hier: Weniger ist mehr.

Trachtenrichtung angeschmiedet und geschliffen auf ebenem Schenkel

Trachtenrichtung angeschmiedet auf ebenem Schenkel

Trachtenrichtung mit angebogenem Schenkel

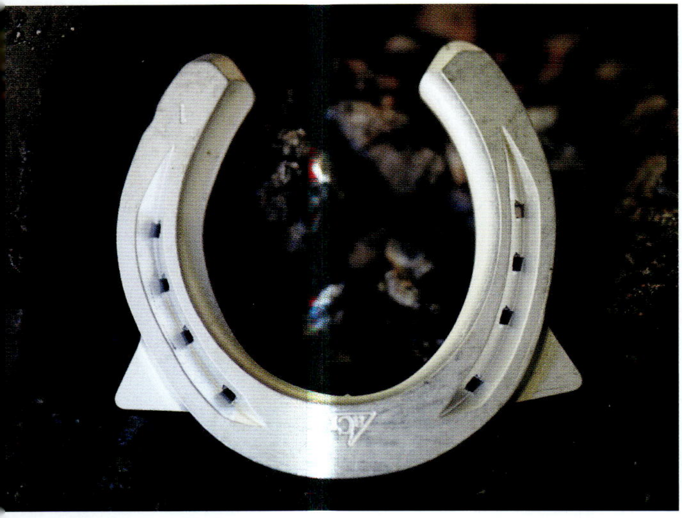

Aluminium-Hufeisen

VORTEILE

Hufeisen aus Aluminium sind bis zu 2/3 leichter als Stahl-Hufeisen (Dichte 2,7 kg/dm^3, Stahl 7,85 kg/dm^3). Die Belastungsspitzen für Gelenke sind geringer, da Aluminium die Stöße nicht so stark weiterleitet. Fabrikeisen aus Alu sind mit Titan und anderen Werkstoffen legiert, um die Abriebfestigkeit zu erhöhen.

Empfindliche Pferde reagieren positiv auf Aluminium, andere Pferde zeigen weniger Reaktion. Wichtig sind die Vorteile bei Spezialbeschlägen und Eisen, die sehr schwer sind. Schwere Beschläge verändern das Gangbild negativ. Verstärkte Trachtenfußung und veränderter Vorführbogen sind die Folge. Durch den Schwung wird das Pferdebein unnatürlich nach vor geschleudert. Weiters beschleunigt das geringere Gewicht die Abheilung nach Verletzungen und Krankheiten, da Sehnen und andere Strukturen bei Mehrgewicht auch mehr belastet werden.

NACHTEILE

Höherer Preis als herkömmliche Hufeisen und mehr Vorsicht und Zeit beim Richten und Erwärmen.

UMWELT

Aluminiumoxid wird aus Bauxit gewonnen und mittels Schmelzflusslektrolyse wird daraus Aluminium hergestellt. Das ist extrem energieintensiv und pro Tonne Aluminium fallen ca. 1,5 Tonnen giftiger Rotschlamm an.

Dunkler, fetter Strich ca. 480 Grad C und heller Strich ca. 380 Grad C

Ist das Aluminium Hufeisen fertig angerichtet, wird es gebürstet. Verfärbungen und Schmutz lösen sich in wenigen Sekunden.

Ein Schenkel gebürstet

BEARBEITUNG

Aluminium hat einen Schmelzpunkt von ca. 660 Grad Celsius. Die meisten Produkte können bis ca. 480 Grad erwärmt werden, geschmiedet und warm aufgerichtet. Bei höherem Titangehalt verringert sich die Temperatur auf ca. 380 Grad. Diese sind nur mehr erwärmt richtbar – Herstellerangaben beachten oder eine kurze Mail an den Erzeuger senden. Je schneller das Schleifband läuft, umso mehr schmiert Alu.

ERWÄRMEN

Am besten im bereits vorgewärmten Ofen bei geringer Gaszufuhr, genau im Zentrum für gleichmäßige Erwärmung. Mit einem Stück Holz über das Aluminium streichen, dies kann ein Hammerstiel, ein umgedrehtes Streichholz oder auch Pappe einer Hufeisenschachtel sein. In warmem Zustand zeigt sich ein schwarzer Strich, wenn wir darüber streichen. Ist es ein satter dunkler Strich, sind ca. 480 Grad Celsius erreicht.

Ist der Strich noch fein und hell, haben wir ca. 380 Grad. Aluminium kann genauso in der Schmiedeesse erhitzt werden.

Wird zu stark erhitzt, schmilzt es im Ofen oder zerfällt beim ersten Hammerschlag. Zu stark erhitztes Alu erkennt man am ganz dunklen Strich und einer leicht goldfarbenen Verfärbung. Kurz WARTEN, das Aluminium-Eisen soweit am Amboss abkühlen lassen, bis der Strich mit dem Holz wieder unsere Schmiedetemperatur anzeigt. Dann mit dem Richten oder Schmieden beginnen.

Beschlag nach Verwendungszweck

Freizeitpferd: Grundsätzlich mit normalen Reitpferdeisen. Wird viel auf rutschigem Boden geritten, empfehlen sich Profileisen als Gleitschutz und Hartkernstifte.

Dressurpferd: Eher mit breiteren Eisen, vor allem hinten. Dadurch sinkt das Pferd weniger ein und kann sich bei den Aufgaben besser „setzen". Die Hufeisen schließen an der Zehenspitze bündig ab, wenn es die Hufbalance erlaubt. Das ergibt ein schöneres Gangbild.

Springpferde: Hinten eher schmälere Eisen, um besseren Grip zu haben. Zu weit angerichtete Hufeisen behindern enge Wendungen und erhöhen die Belastung des Bandapparates im Huf. Die Eisen haben Stollenlöcher, um speziell auf Rasenböden die Möglichkeit zu haben, Stollen einzudrehen. Meist werden Stifte verwendet. Die Hintereisen werden die halbe Wandstärke zurückgesetzt und evtl. mit einer Abschrägung (Safety) gegen Verletzungen beim Einhauen versehen. Die Hufeisenkante an der Zehe bietet Grip.

Distanzpferde: Werden im Rennen mit leichten Profil- oder Aluminiumeisen beschlagen. Oft wird die Sohle mit einer Platte und einem leichten Polster geschützt. Sie schützt vor Steinen oder verhindert zu tiefes Einsinken auf weichen Boden. Auch Kunststoff-Hufeisen kommen bei trockenen Bedingungen zum Einsatz.

Kutschpferde: Mit dickeren Hufeisen und Stiften als Gleitschutz. Auf weichem Boden werden auch Stollen verwendet. Auf hartem Boden können Ledersohlen hilfreich sein. Stollen und Griffe sind auf Asphalt schädlich und werden in den meisten Städten Europas nicht mehr eingesetzt.

„Egal welcher Verwendungszweck, die Korrektur bleibt die Gleiche!"

Arbeitspferde: Bei schwerer Arbeit z. B. im Wald werden sie mit Stollen und Griffen beschlagen. Achtung: Griffe sind für Reitpferde verboten!

Galopper: Leichte und schmale Profileisen für guten Grip. Die Hufeisen schließen bündig mit dem kompletten Tragrand ab. Die Pferde werden alle 3–4 Wochen neu beschlagen. Daher auch viele Nagellöcher zur besseren Auswahl.

Traber: Leichte und dünne Eisen mit vielen Nagellöchern, meist ohne Profil und mit Stiften. Die Hufeisen schließen ebenfalls bündig ab. Die Beschlagsperiode dauert meist 3–5 Wochen. Oft werden die Eisen vor oder nach einem Rennen gewechselt, da sowohl mit unterschiedlichen Gewichten als auch unterschiedlichen Spezialeisen gearbeitet wird Aluminium Hufeisen, Pads, verschiedene Profileisen, Ei-Eisen etc. Traberbeschlag ist eine eigene Philosophie. Trainer bestimmen und der Hufschmied führt aus. Gewinnen geht vor die Gesundheit der Pferde und viele dieser Pferde werden bereits in jungen Jahren ausrangiert. Eine Verbesserung der Situation ist in Sicht.

Westernpferde: Ähnlich dem Trab- und Galopprennsport sind auch hier eigene Hufschmiede-Spezialisten tätig. Meist werden die Vorderhufe mit normalen Reitpferdeisen und die Hinterhufe mit Slider-Eisen beschlagen. Die Nägel in den Slidern schließen glatt mit der Bodenfläche ab, um das Gleiten nicht zu behindern. Diese Eisen werden in Slid-Richtung gedreht aufgenagelt, um ein sicheres Geradeausgleiten zu ermöglichen (ähnlich einem Schi im Schnee). In den hohen Sportdisziplinen wird auch hier der Sieg über die Gesundheit der Pferde gestellt. Bereits mit 2 Jahren werden schon die ersten Turniere geritten.

Ich halte Sportarten, die die Gesundheit der Pferde so gefährden, für mehr als bedenklich und appelliere an alle Kollegen, diesbezügliche Aufklärungsarbeit zu leisten. Gemeinsam können wir einiges bewegen!

Muss ein Hufeisen, ein Beschlag schön sein?

Für das Pferd ist es völlig egal, ob das Hufeisen schön ist. Ob unsere Arbeit schön ist. Die Position der Nagellöcher zum Beispiel ist enorm wichtig. Die schöne glatte Oberfläche eines Hufeisens ist nach 100 m Asphalt zerkratzt.

Ist ein Pferd sehr nervös oder unerzogen, ist es schon allein aus Sicherheitsgründen für alle Beteiligten wichtig, dass es flott geht und unnotwendiger Stress vermieden wird! Schönheit hat hier absoluten Nachrang.

Auf der anderen Seite will ich eine Arbeit verkaufen und herstellen, die nicht nur funktionell, sondern auch schön ist. Und viele kleine Dinge sind nicht nur schön, sondern tragen auch zur Hufgesundheit bei. Ich denke dabei z. B. an das Glätten der Raspelrillen oder das Verkitten der alten Nagellöcher

Der Reiter kauft Decken, Bandagen usw., die ihm gefallen. Beim Kaufen spielt das Auge mit. Schönheit bringt Freude. Schönheit hat nichts mit einem guten Beschlag oder einer guten Hufkorrektur zu tun. Es hängt jedoch sehr wohl mit der Einstellung zu unserer Arbeit zusammen. Wer genau arbeitet, arbeitet auch schön! Schönheit alleine wiederum hilft keinem Pferd. Blender nenne ich solche Schmiede. Den Besitzer blenden, funktioniert nicht auf Dauer. Qualität und Schönheit sind wünschenswert.

Wie einmal eine Frau zu mir sagte: Entweder man hat Stil oder man hat keinen ... :)

NUR EIN KLEINER UNTERSCHIED BEIM BESCHLAGEN, DOCH EIN GROSSER FÜR DAS PFERD ...

2 mm mehr auf der einen Seite und 2 mm weniger auf der anderen ergibt 4 mm. Wenn ein Pferd nach einem Sprung auf einem Bein landet, kommt viel mehr als 1 Tonne Gewicht auf einen Huf. 4 mm Unterschied in der Balance sind ausschlaggebend für den Huf und in Folge für das Pferd. Meist ist uns das nicht bewusst, weil die Pferde sehr viel kompensieren. Natürlich sind mache Pferde empfindlicher und andere sehr robust (Haflinger sind nicht umzubringen ... :)). Schäden treten oft erst später auf und werden anderen Ursachen zugeschoben. Genetik, Alter u. v. m.

Es sind die Kleinigkeiten, die einen guten Beschlag ausmachen. Bei der Korrektur ebenso wie beim Beschlag. Nicht die neueste Einlage oder ein glänzendes Hufeisen. Diese Basics sind das wichtigste für eine erfolgreiche Arbeit. Oft sind es viele kleine Mosaiksteinchen, die zusammengesetzt die beste Lösung ergeben. Auch die besten Hufschmiede sind keine Zauberer, sie nützen nur jeden mm Horn zur Unterstützung, balancieren perfekt aus und passen das Hufeisen genauestens an. Sie geben nicht auf und tüfteln weiter.

Effizienz beim Beschlagen und Korrigieren

Oft ist es nötig, schnell zu sein. Sei es bei jungen Pferden, unruhigen oder auch sedierten Pferden, wo die Sedierung nur kurze Zeit wirkt. Schneller wird man durch Effizienz und nicht durch „hudeln".

Wie so oft ist Vorbereitung wichtig. Benötigte Werkzeuge, Materialien und Maschinen vorbereiten.

Effizienz heißt, weglassen unnötiger Arbeitsschritte und trotzdem sauber arbeiten!

Das muss man trainieren, um es im Bedarfsfall zu beherrschen. Ansonsten kippt man in einer Stresssituation wieder ins alte Schema. Ein 2er-Team ist beim Beschlagen effizienter als alleine arbeiten. Zusätzlich spart es Energie und Kraft. Auch die Motivation wird gesteigert und eine zweite Meinung erweitert den Horizont.

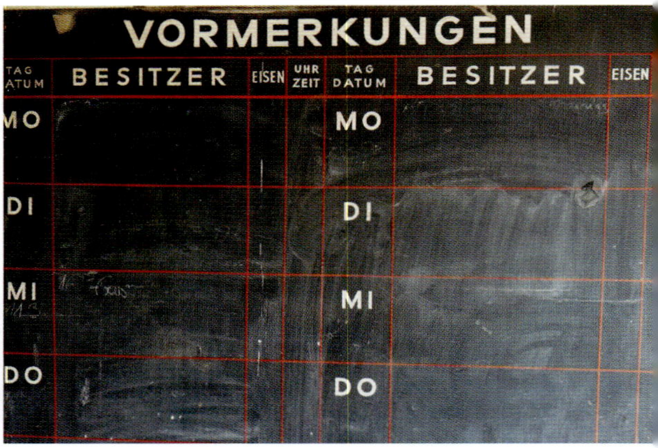

Bei unruhigen Barfußpferden beginne mit den wichtigsten Arbeiten. Korrigiere zuerst die Zehe oder Trachten, damit das Pferd gut laufen kann. Wenn es sich beruhigt, kann immer noch fein nachgearbeitet werden. Bei schwierigen Beschlagspferden ist es ähnlich. Ich korrigiere erst einmal auf 7 Punkte und schaue, wie sich die Situation entwickelt (siehe genaue Hufkorrektur). Dem Pferd ist gute Arbeit wichtiger als schöne. Kläre die Situation mit dem Besitzer, um sie beim nächsten Mal zu verbessern.

Gutes Werkzeug ist Voraussetzung für gutes und effizientes Arbeiten. Genauso Planung des Arbeitsablaufes und Planung der Kundentermine. Wer viele Kilometer mit dem Auto fährt, hat wenig Zeit zu arbeiten. Zeitmanagement sollte deine nächste Fortbildung sein.

Arbeitsplanung

Ungesunder Stress ist ein Faktor, der mit guter Planung eingeschränkt werden kann. Unser Beruf ist nicht planbar, weil ständig etwas dazwischen kommt? Ein wichtiges Turnierpferd, ein verlorenes Hufeisen oder ein akuter Notfall. Es ist doch planbar!

Wir wissen, wieviel Zeit wir für ein Pferd benötigen. Die Fahrzeit ist ebenso bekannt, wie die Menge der Pferde unseres Kundenkreises und der Beschlagsintervall. Die Zeit für die Kommunikation mit den Kunden, die Zeit für Fortbildungen, Materialeinkauf, Steuerberater, unsere Bürozeit und unseren Urlaub. All das ist leicht auszurechnen. Wir müssen es halt machen. Diese Dinge sind zu planen. Was ist mit den unberechenbaren oben beschriebenen Faktoren? Da wir wissen, dass sie eintreten, müssen wir für sie Pufferzeiten einberechnen. Wenn ich 5 Tage in der Woche arbeite, darf ich mir maximal 4 1/2 Tage Arbeit verplanen. So bleiben einige Stunden frei für Unberechenbarkeiten. Somit weiß ich, wenn Unvorhergesehenes dazwischen kommt, kann ich es ohne Stress erledigen. Manchmal treten Wochen ein, in denen kein Notfall eintritt und sogar noch Pferde ausfallen. Bravissimo :) Es klingt komisch, jedoch ist es oft gar nicht leicht, unvorhergesehene Freizeit anzunehmen. Wir sind ja Stress gewohnt. Wie wäre es dann mit Werkzeug herrichten, Auto reinigen oder ewig aufgeschobene Aufgaben zu erledigen? Die Zeit mit Partner oder Familie verbringen, vielleicht einfach nur faul sein. Es ist jedem vergönnt und wir tanken Energie. Was können wir tun, wenn uns zwischen zwei Terminen ein Pferd ausfällt? Wie wäre es, das letzte Pferd besonders schön zu beschlagen und die Arbeit fotografieren, auf die Homepage oder Social Media stellen? Dann nutzen wir die Zeit für Werbung. Oder unsere Skills verbessern und ein Hufeisen zu schmieden? Vielleicht sogar aufzunageln? Unserem Lehrling oder Mitarbeiter etwas zeigen oder erklären? Sein Wissen kommt uns zugute! Arbeitsplanung wäre auch ein Thema.

Es ist ein Lernprozess. Genauso wie das Setzen von Prioritäten. **Alles, was wichtig und dringend ist, muss zuerst erledigt werden. Dann kommen wichtige Dinge, auch wenn sie nicht dringend sind. Erst zum Schluss alle dringenden Sachen, die nicht so wichtig sind.** Es hat einige Zeit gedauert, um dies zu verstehen und umzusetzen. Glaubt mir, es funktioniert. Manchmal erledigen sich dringende, jedoch unwichtige Aufgaben, von selbst.

NEIN zu sagen ist schwer. Noch dazu, weil wir uns freuen, wenn wir gefragt werden. Und Menschen, die etwas von uns wollen, können sehr, sehr freundlich und nett sein :). **NEIN hilft uns auch, uns zu schützen und uns abzugrenzen!** Anstatt Nein zu sagen, besteht auch die Möglichkeit, momentan ist es mir nicht möglich, zu sagen. Das lässt uns eine Option offen.

Um eine solche Planung einzuhalten, muss man diszipliniert sein. Planung ist auch Arbeit! Es geht viel leichter, wenn wir uns die Pferde, nach Absprache mit den Kunden, im entsprechenden Rhythmus, selbst einteilen. Wenn wir auf die Anrufe unserer Besitzer warten, ist erstens eine Planung extrem schwierig und zweitens vergessen viele auf den Hufschmied und melden sich erst, wenn bereits Feuer am Dach ist. Unvorhergesehenes tritt immer ein. Trotzdem – Planung erleichtert es, zu agieren anstatt ständig zu reagieren.

Wie bringst du Gott zum Lachen? Erzähle ihm deine Pläne.

(BLAISE PASCAL)

Einen Plan schmieden bei Hufproblemen

(nach einer Idee von David Varini)

Bei einem Hufproblem wie z. B. einem blutigen Hornspalt oder einem völlig verformten Huf hilft dem Pferdebesitzer ein Beschlagsplan für die nächsten 3 oder 4 Beschlagsperioden. Damit weiß dieser die Kosten, die auf ihn zukommen. Weiters, dass es eben solange dauert, bis eine Besserung zu erwarten ist und es gibt ihm eine Perspektive. In so einem Plan zeige ich ihm, wenn die zu erwartende Verbesserung der Situation noch nicht eintrifft, welche Möglichkeiten und Maßnahmen ich dann einsetze, um mein und unser aller Ziel zu erreichen. Damit weiß der Besitzer über unsere Kompetenz und unser Bemühen Bescheid und wird uns vertrauen. Die Gefahr, dass er nach ein paar Wochen ungeduldig wird, einen Kollegen mit der Problematik engagiert, ist deutlich geringer. Ein großes Problem ist nur mehr halb so groß, wenn ich einen Plan für die Lösung habe. Hingegen ein „Schauen wir mal", „Warten wir mal ab", „Weiß auch nicht" oder „Wir probieren halt ein bisschen" bringt Unsicherheit und Misstrauen.

Tritt die erhoffte Verbesserung nicht ein, müssen wir das begründen. Der Plan wird erweitert oder abgeändert. Im Normalfall wird dieses akzeptiert. Allerdings nicht mehrmals. Spätestens jetzt ist der Zeitpunkt da, einen mit diesem Problem erfahrenen Kollegen um Rat zu fragen oder uns anderweitig schlau zu machen. Die Kunden sehen es positiv. Es zeigt von Größe und bestärkt unser Bemühen um das Pferd. Natürlich lernen wir auch dazu.

„Alle sagten, das geht nicht. Dann kam einer, der wusste das nicht und hat's einfach gemacht."

Je besser und einfacher ein Plan ist, umso leichter erreichen wir ein Ziel. Funktioniert Plan A nicht, wird er abgeändert zu Plan B. Manchmal müssen wir von unseren gewohnten Plänen abweichen und neue Ideen und Wege beschreiten. Das ist das spannende im Leben.

Eine Tierärztin sagte einmal bei einem Problem: Bitte korrigiere den Tragrand außen mehr. Als ich sagte, dass ich das schon erfolglos auf Anordnung eines anderen Tierarztes gemacht hatte, sagte sie: Na dann korrigiere innen mehr. Es hat funktioniert.

KEEP IT SIMPLE

Auch bei komplizierten Fällen ist die EINFACHE Lösung oft die Beste. Wenn du 3 Sachen auf einmal einbaust, ist es schwer, herauszufinden, was wirklich hilft. Auch die Ursachenfindung wird schwieriger. Oft wird der Beschlag schwerer und hat wieder negative Auswirkungen auf andere Dinge. In besonders schwierigen Fällen versuche zuerst eine genaue Hufkorrektur und gute Hufbalance. So oft wirkt dies besser als teure Spezialbeschläge. Auch Barfußgehen ist eine Option! **Eine gute Lösung ist immer eine einfache Lösung!**

Schmieden von Hufeisen

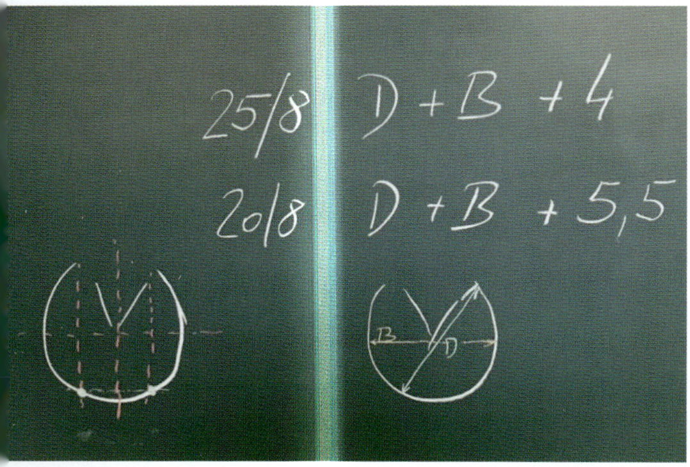

Material: Grundsätzlich verwendet man Flachstahl für ein normales Reitpferdeisen. Je nach Größe und Verwendungszweck kann das ein 20/8, 20/10, 25/8 oder 25/10 sein. Bei Kaltblutpferden ist das meist ein 30/10 oder 30/12.

Ablängen, Anzeichnen und Ankörnen: Hier muss jeder seine eigene Formel herausfinden. Da das Hufeisen am Schuss (Zehe) eine Spur breiter als an den Schenkeln ist, wird entweder der Schuss gestaucht oder die Schenkel schmäler geschmiedet, je nach verwendetem Material und gewünschter Breite. Meist wird 20 mm breiter Stahl an der Zehe gestaucht.

Grundsätzlich messe ich bei gestauchter Zehe für ein mittelgroßes Eisen: Hufbreite + Hufdiagonale + 55 mm

Bei schmäler geschmiedeten Schenkeln: Hufbreite + Hufdiagonale + 40 mm

Die Maße sind für ein Hufeisen passend auf die Abmessungen des Hufes. Das heißt, entsprechend größer als der Huf! Schmiedest du ein Hufeisen nach einem Mustereisen, werden die Maße dementsprechend kleiner gemessen. Miss dort, wo der Huf enden würde.

Markiere die Mitte des Hufeisens so, dass der äußere Schenkel minimal länger ist (2–4 mm). Markiere den Beginn des Falzes. Der Abstand von der Mitte beträgt die Entfernung von Strahlmittelfurche bis zur Mitte der Trachtenecke. Das sind in etwa 40 mm (+/-). Dann wird noch das Ende des Stabes am äußeren Schenkel markiert.

Mit dem Körner den Falzbeginn in entsprechender Tiefe, bei einer Zehenkappe auch die Mitte, und das Schenkelende ankörnen. Ein festes Ankörnen erleichtert das Finden am heißen Eisen.

Vordereisen schmieden – *Methode Schenkel schmäler schmieden*

ZEHE/SCHUSS VORDEREISEN

Der Stab wird in der Mitte über beide Körnerpunkte – welche den Falzbeginn markieren – hinaus gleichmäßig erwärmt. Ein Ende wird mit der Feuerzange im rechten Winkel gehalten, das zweite Ende am Amboss aufgelegt. Mit der Ballseite wird von einem Körnerpunkt bis zum zweiten die Zehe geformt. Die Zangenhand bewegt sich mit dem Biegen nach oben. Anschließend die Zehe am Rundhorn auflegen und ab dem Körnerpunkt noch einen Schlag auf jeden Schenkel, da bei Falzbeginn die größte Rundung des Hufeisens ist. Eisen auf die Ambosskante auflegen und Symmetrie checken. Abschließend wird die Innenkante auf der Hufseite überschmiedet, da sie sich beim Biegen staucht. Die Form der Zehe entspricht jetzt schon der des Hufes und wird nicht mehr verändert.

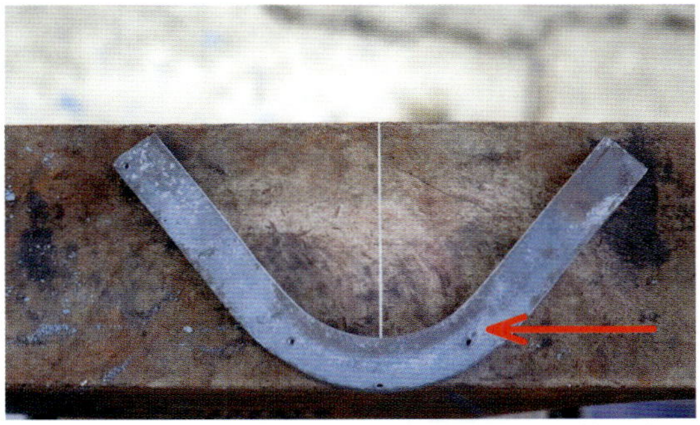

Hier ist die stärkste Biegung. Nach dieser sollen die Schenkel gerade auslaufen.

Werkzeuge

Biegen der Zehe. Gleichmäßige Schläge vom 1. Körnerpunkt zum 2.

Bei den Körnerpunkten, wo die stärkste Biegung notwendig ist, wird nachgebogen.

Die Hammerschläge werden in Richtung des Stabes geführt. Dadurch wird die Kante in das Material rund eingearbeitet. Es bleibt keine Kerbe zurück.

ENDL/SCHENKELENDEN

Die Enden sind rund wegen der Verletzungsgefahr und haben entlang des Strahls eine sogenannte Strahlfreiheit, die dem Winkel des Strahlschenkels entspricht. Dadurch kann der Strahl arbeiten und das Reinigen der Hufe wird erleichtert.

Zuerst wird das Ende des Stabes von außen und innen abgerundet und anschließend die Strahlfreiheit angeschmiedet. Beim Abrunden die Schläge möglichst zur Stirnseite des Eisens, damit keine Einkerbung entsteht. Kurz auf der Huffläche flach überschmieden und die Kanten brechen.

Alternativ kann das Endl auch über dem Rundhorn von außen abgerundet werden und am entstehenden Spitz der inneren Seite die Strahlfreiheit geschmiedet werden.

Das Schmieden der Enden wird an der Hinterkante der Ambossbahn gemacht. Mit dem Oberkörper nach vor kommen, um in einem optimalen Schlagwinkel arbeiten zu können. Wichtig ist eine gute Zangenhaltung in der Nähe der Zehe, um den Wirkungsgrad zu erhöhen. Die Kanten des Flachstahls werden in Richtung Hufstab zu einer Rundung geschmiedet (Hammerfinish).

SCHENKEL

Den äußeren Schenkel am Körnerpunkt des Falzbeginnes auf das Rundhorn legen und beginnen, den Schenkel um 2–3 mm schmäler zu schmieden. Nach den ersten Schlägen auf die Ambossbahn wechseln und bis zum Falzende weiterschmieden.

Nochmals leicht wie vorhin überschmieden und den Hammer leicht Richtung Falz schräg halten, da sich beim Falzen der äußere Rand wieder senkrecht aufrichtet.

Dann den Falz mit dem Falzhammer entsprechend der Wanddicke anzeichnen.
In Richtung Zehe der dicker werdenden Hufwand ganz leicht Richtung Eisenmitte ziehen. Nach ein wenig Übung kann der Falz auch am gebogenen Schenkel angezeichnet werden. Der Falzhammer wird kontinuierlich 2–3 mm unter leichtem Anheben des Stieles weitergezogen und vor dem nächsten Schlag wieder abgesenkt. So entsteht eine wiegende Bewegung.

Der etwas schmäler geschmiedete Schenkel im Falzbereich ist leicht abgeschrägt.

Ein leichtes Schrägschmieden oder Kantenbrechen genügt, damit der Falz den Hufeisenrand nicht nach außen drückt.

An der Zehe zieht der Falz ganz leicht nach innen. Das Nach-innen-Ziehen am Falzende ist reine Stilsache.

Das Biegen beginnt ganz hinten am Rundhorn, die Zange bewegt sich nach unten und dreht das Eisen während der Schläge Richtung Rundhornspitze. Die Zehe liegt am Rundhorn an und behält seine Form.

Der Beginn des Schmälerschmiedens am Rundhorn

Schmäler weiter schmieden auf der Ambossbahn

Leicht abschrägen als Falzvorbereitung

Den Falzhammer immer zu sich weiterziehen, nicht vom Körper wegschieben.

Kanten brechen und das Eisen mit der Zange gegen das Rundhorn drücken.

Nimm dir Zeit beim Positionieren der Nagellöcher.

Durchlochen am kleinen Pritchel-Loch wieder in Richtung Hornwand

Coinen mit überlappenden festen Schlägen auf das fast erkaltete Hufeisen

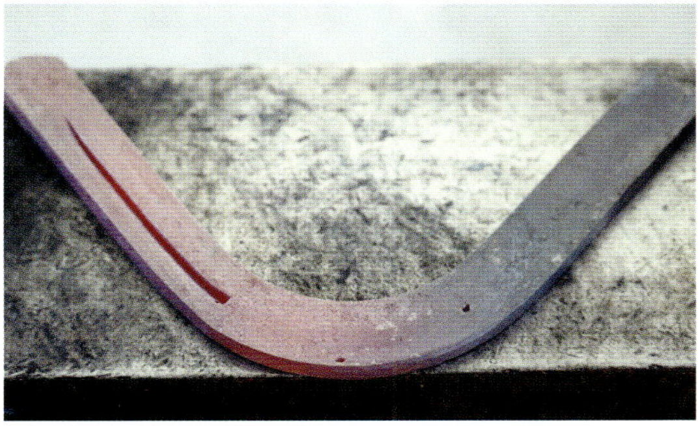

Die Temperatur des Eisens soll beim Falzen nicht extrem heiß sein. Das schont das Werkzeug, ist angenehmer zu arbeiten und der Stahl „quillt“ nicht so auseinander.

Wir machen uns die Linien am Huf beim Schmieden und Anrichten zunutze. Wird der Schenkel bis zur senkrechten Linie des ersten Nagelloches geformt, passt er auf die Trachte (siehe Linien). Der entstehende Halbmond zwischen dieser Linie und dem inneren Eisenrand ist bei einem regelmäßigen Huf gleichmäßig auf jeder Seite.

SCHENKEL BIEGEN UND FALZEN

Das Hufeisen am dickeren Ende des Rundhornes anlegen, dass der Falzbeginn oben in der Mitte ist. Mit der Feuerzange ca. an der anderen Falzmarkierung halten und hinter dem Rundhorn mit gleichmäßigen Schlägen biegen. Die Zangenhand geht dabei nach unten und dreht das Eisen Richtung Rundhornspitze. Dadurch entsteht die ovale Form des Schenkels. Kurz nach den Linien checken und fertig formen, ausrichten und bis ca. 2/3 der Eisenstärke falzen. Der Falzhammer wird in wiegenden Bewegungen gleichmäßig jeweils wieder um 2–3 mm weitergeführt. Das Falzende bei den Endeln ist auslaufend und das Ende bei der Zehe wird kantig eingesetzt, indem man den Falzhammer in die Ecke absenkt und auf die vordere Kante der Schlagseite des Falzhammers schlägt. Den Falzvorgang wiederholen, bis ca. 3/4 der gewünschten Tiefe erreicht sind.

Anschließend am Rundhorn auf eine Kante stellen und die vis-à-vis-Kante leicht überschmieden. Wechseln und die zweite Kante brechen. Wird das Hufeisen fest gegen das Rundhorn angelegt, verbessert sich zusätzlich die Form. Abschließend zuerst die Bodenseite mit überlappenden Schlägen überschmieden, dann die Hufseite und den Falz schön nachziehen.

LOCHEN

Das Zehenloch ca. 2 mm von der Falzecke in Richtung der Hufwand mit dem Vorbeißer vorbeißen. Der erste Schlag ist kräftiger, der zweite leichter, um das Werkzeug zu schonen. Der Klang am Amboss wird heller und auf der Rückseite zeichnet sich ein „Kreis" um das spätere Nagelloch ab. Das Trachten-Nagelloch wird maximal bei der weitesten Stelle des Hufes, und allen weiteren dazwischen, gesetzt. Der Winkel des Vorbeißers entspricht dem Winkel der Hufwand – an der Zehe schräger und an den Seitenwänden steiler.

Das verbleibende Blättchen im Nagelloch von ca. 0,7–1 mm Dicke wird mit dem Lochdorn wieder in Richtung der Hornwand über dem Vierkant oder Rundloch mit einem Schlag fertig gelocht.

Beim Lochen soll das Eisen maximal dunkelrot sein, da das Material ansonsten zu stark weitet und außerdem ist es werkzeugschonender. Das fast erkaltete Eisen „coinen" – mit überlappenden gleichmäßigen Schlägen über den gesamten Schenkel auf der Hufseite bearbeiten. Hierbei wird die Bodenseite glatt und glänzend.

Der erste Schenkel ist fertig – Hammerfinish

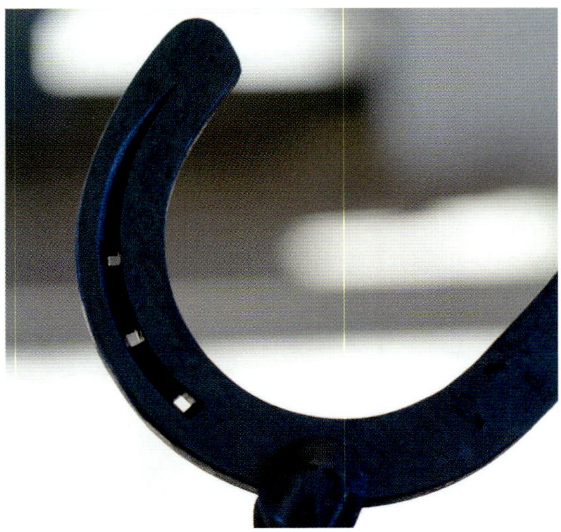

Der Außenrand des inneren Schenkels wird leicht schräg geschmiedet.

INNERER SCHENKEL

Der innere Schenkel wird im hinteren Ende ganz leicht in seiner Breite verjüngt und 1–2 mm schmäler geschmiedet. Dabei den Hammer etwas schräg Richtung Bodenseite halten, damit die Streifgefahr vermindert wird. Dann das Endl anschmieden und den Schenkel wie den äußeren überschmieden, Falz anzeichnen, biegen, falzen und lochen. Das Hufeisen nach den Linien checken und coinen.

Kappen ziehen

Kappen können mit fast allen Hämmern und mit Verwendung eines Bob Punch gezogen werden. Die gebräuchlichste Form ist ein Kugel- oder Kappenziehhammer. Die Kappen werden aus dem Material gezogen. Bei Mazelot Clips wird vorher zusätzliches Material angestaucht, um keine Einbuchtung am Eisen zu haben. Hier die sicherste Methode, eine Kappe mit dem Kappenziehhammer zu ziehen:

1) Das Hufeisen 4–5 mm über eine Ambosskante legen und die Zangenhand leicht anheben. Der Überstand über die Ambosskante bestimmt die Größe der Kappe. Mit dem Körper möglichst über den Amboss gehen, das gibt bessere Treffsicherheit und leichteres Arbeiten. Mit der Kugel genau auf den Körnerpunkt schlagen und dabei die darunterliegende Ambosskante anvisieren. Die Augen dabei IMMER auf den Körnerpunkt fixieren, auch wenn ein Schlag ungenau ist. Du schlägst automatisch dorthin, wo du hinschaust. Nach einigen Schlägen den Hammer weiter nach unten drehen und Richtung Ambossbrust schlagen.

2) Materialcheck: Ist genug Material für die Kappe da? Dann weiter mit Punkt 3. Ist zu wenig da, nochmals auf der Ambosskante ansetzen, 2 mm mehr Überstand geben und wieder Material holen. Ist zu viel Material da, bei Punkt 3 das Eisen gleich senkrecht an die Ambossbrust halten.

3) Das Hufeisen mit der entstehenden Kappe an die Ambosskante halten und in einem Winkel von 20–30 Grad von der Ambossbrust mit der Zange festhalten. Den ersten Schlag mit der Schlagfläche flach auf die werdende Kappe, dann den Hammer leicht absenken und die Zangenhand senkrecht zur Ambossbrust drehen.

4) Den Hammer ganz absenken, so dass er mit dem Stiel fast die vordere Ambosskante berührt und mit der Hammerkante mit senkrechten leichten Schlägen auf die Kappe von hinten nach vorne die Kappe wie gewünscht verlängern. Achtung: Nicht auf den äußeren Hufeisenrand schlagen, sondern nur auf die Kappe.

5) Die fertige Kappe mit dem flachen Hammer glätten und auf der Hufseite vorsichtig den Zehenteil im Kappenbereich überschmieden und die Kappe in Richtung Wand biegen.

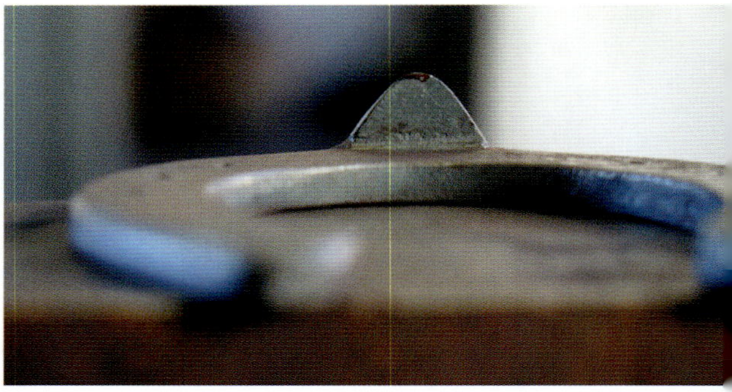

1) Material holen

1) Hammer nach unten drehen

2) Materialcheck, es bildet sich die Grundform der Kappe

3) 1–2 Schläge abflachen

4) Mit der Hammerkante vom Ansatz bis zur Spitze strecken.
5) Mit leichten flachen Schlägen glätten.

FEHLERQUELLEN:

- *Der Hammer wird schräg* anstatt im rechten Winkel zum Amboss gehalten.
- *Die Kappe ist nicht in der Mitte* – Körnerpunkt verstärken und vorher nachmessen. Treffsicherheit, wenn der Hammer ziehend, anstatt senkrecht schlagend verwendet wird.
- *Zu breite Kappe:* Entweder ist die Kugel sehr groß, der Hammer zu wenig abgesenkt oder zu wenig Treffsicherheit. Evtl. den Hammer kürzer halten.
- *Tipp:* Versuche eine Kappe bewusst in eine Richtung schief zu ziehen, dann die nächste in die andere Richtung. So erkennst du, wie du schlagen musst, wenn die Kappe in die falsche Richtung driftet.

Finish

Warmraspeln/Bürsten: Abschließend werden mit einer (alten) Raspel und einer Halbrundfeile alle Flächen, Kanten und der Reif in warmem Zustand beraspelt, gefeilt und gebürstet. Je schöner geschmiedet wird, desto weniger wird beraspelt. Für ein Hufeisen reichen 1–2 Mal orangefarbenes Erhitzen und fertig stellen (3–5 min gesamt).

Hammerfinish: Das Hufeisen darf nur gebürstet werden. Alle Kanten werden am Amboss gebrochen und der Reif angeschmiedet.

Hintereisen schmieden
jetzt mit der Methode Zehe stauchen

Wie beim Vordereisen das äußere Schenkelende, die Mitte 1–2 mm außerhalb Richtung innerer Schenkel und den Falzbeginn entsprechend der Wanddicke markieren. Für den Beginn des Falzes wird wieder am Huf Maß genommen. Meist ist die Zehe am Hintereisen schmäler ca. 35 mm von der Mitte bei einem mittelgroßen Huf. Angekörnt wird nur der jeweilige Falzbeginn an der Zehe und der äußere Schenkel. Wird die Zehe stärker gestaucht, den Falzbeginn erst nach dem Stauchen anzeichnen.

Zum Stauchen den Stab heiß und gleichmäßig im Mittelbereich erhitzen und anschließend die Schenkel im Wasser abkühlen. Entweder bis zur Falzmarkierung oder beidseits gleichmäßig darüber hinaus.

Fertiges Hintereisen bereits warmgeraspelt beim Bürsten

Zum Stauchen erhitzter Stab, die Schenkel bereits abgekühlt

Die Zehe ist leicht gestaucht und ca. 2mm breiter

Beim Stauchen den Stab mit der Feuerzange knapp am Ende und im rechten Winkel festhalten und mit der Hand Richtung Ambossbahn drücken. Dadurch wird die Treffsicherheit erhöht und der Stab „springt" nicht vom Amboss weg. Mit schnellen Schlägen auf das Ende stauchen und sofort wieder ausrichten bevor sich das Eisen zu stark verbiegt. Das Ganze wiederholen, bis die gewünschte Stärke erreicht ist.

ZEHE/SCHUSS

Wie beim Vordereisen erwärmen, gleiche Zangen- und Hammerführung, und jetzt zuerst auf die erste Falzmarkierung schlagen und dann sofort auf die zweite. Die Zehe wird dadurch eine Spur gerader. Wieder auf dem Rundhorn mit der Falzmarkierung auflegen und mit ein, zwei Schlägen auf jeder Seite weiter biegen.

Symmetrie checken und evtl. nachrichten. Die durch das Biegen leicht angetauchte innere Seite des Schusses auf der Hufseite überschmieden. Das Stauchen der Zehe hat den Vorteil, dass der äußere Hufeisenrand, der durch das Biegen dünner wird, die Materialstärke behält.

Zehenweite und Symmetrie checken

Fertige Zehe

Das Endl ist angeschmiedet

Im Falzverlauf ist der Schenkel leicht schräg angeschmiedet

Der Schenkel ist gebogen. Anschließend wird fertig gefalzt

ENDL/SCHENKELENDEN

Wie beim Vordereisen anschmieden.

SCHENKEL ÜBERSCHMIEDEN/FALZ ANZEICHNEN

Da der Schenkel schon schmäler als die Zehe ist, nur mehr den äußeren Rand leicht schräg den Falzverlauf anschmieden. Siehe Vordereisen. Den Falz auch genauso mit dem Falzhammer anzeichnen.

SCHENKEL BIEGEN UND FALZEN

Den Schenkel auf das Rundhorn legen, so dass die weiteste Stelle des Hufeisens exakt über dem Horn platziert ist. Mit der Zange möglichst an der Zehe fassen und mit Schlägen 2–3 cm hinter dem Horn biegen. Die linke Hand wandert wieder nach unten und dreht Richtung Hornspitze. Form checken und nachrichten. Gefalzt wird genauso wie beim Vordereisen.

NAGELLÖCHER

Zwischen dem Zehenloch und dem zweiten Nagelloch kann ein größerer Abstand gewählt werden, damit die seitlichen Zehenkappen mehr Platz haben. Ansonsten wie bei den vorderen Hufeisen vorgehen.

INNERER SCHENKEL

Wie beim Vordereisen den hinteren Teil leicht schmäler schmieden und anschließend wie den äußeren Schenkel schmieden. Das Hufeisen „coinen", Kappen ziehen, ausrichten und fertig stellen.

Mona-Lisa-Eisen mit gegengleich abgeschrägten Rändern zum effektiven Verschieben und Ausgleichen der Hufbalance.

Breitschenkel und schmaler Schenkel zur Entlastung eines Seitenbandes. Am schmalen Schenkel wird der innere Rand 2–3 mm mit dem Falzhammer herausgeschnitten. Am breiteren innen verbreitert.

Fabrikhufeisen umarbeiten/modifizieren

Auch wenn es mittlerweile Hufeisen in allen erdenklichen Formen, Dimensionen und für alle Anforderungen gibt, sind Modifikationen für das jeweilige Pferd für einen guten Hufbeschlag unerlässlich. Zusätzliche Nagellöcher und höhere Kappen bei ausgebrochenen Hufen, das Versetzen von Nagellöchern bei dicken oder dünnen Hufwänden, verschiedene Zehenrichtungen und Trachtenrichtung oder einen Trailer anschmieden. Einen Schenkel breiter schmieden sorgt aufgrund des gleichbleibenden Gewichtes für eine bessere Hufbalance als ein Stück einschweißen. Das Gleiche gilt beim Breiten der Zehe für ein Fesselträgereisen.

Selbst fabrikgefertigte Spezialhufeisen sind nur ein Grundprinzip. Auch sie helfen dem Pferd besser, wenn sie für das jeweilige Pferd umgearbeitet werden.

Jeder Arbeitsschritt des Hufeisen-Schmiedens kann für Modifikationen verwendet werden. Dieses Umschmieden ist nicht so schwierig, wenn man es einmal gemacht hat. Steht man am Pferd neben Besitzer und Tierarzt, probiert niemand gerne und bleibt beim normalen Eisen. Deshalb nur einmal eine Stunde Zeit und ein paar Hufeisen nehmen und ausprobieren. Verlasse die Komfortzone und sei offen für Neues. Es macht Spaß!

Verlasse die Komfortzone und sei offen für Neues. Es macht Spaß!

Fette Lochung für dicke Hufwände und bei abgeschmiedeter Außenkante für mehr Unterstützung und bessere Balance, von der Zehe beginnend.

Abgeschmiedete Enden bei Trachtenfußung oder zum Schutz gegen das Abtreten. Zwischen dem abgebogenen Endel und der Trachte muss Platz frei bleiben (ca. 2 mm), um den Huf nicht einzuschränken. Kann warm und kalt über die Ambosskante geschmiedet werden.

Zusätzliche Nagellöcher für stark ausgebrochene Hufe. Am besten alles lose Horn entfernen. Wandhorn, das zwischen pigmentierter und umpigmentierter Wand gerissen ist, entfernen. Loses Wandhorn hält nicht und ist schwierig beim Aufnageln.

Ei-Eisen aus geschlossenen Eisen oder umgekehrt, wenn das benötigte Eisen nicht mit ist. Am Rundhorn aufsetzen und gleichmäßig abrunden. Rille mit Falzhammer nacharbeiten.

Hunter Heel abgeschrägtes und angespitztes Endl aus GB gegen das Abtreten. Kurze Beschlagsintervalle sind Voraussetzung. Die Schräge des Endls entspricht der Schräge der Trachtenwand. Die Spitze schließt exakt mit der Trachte ab.

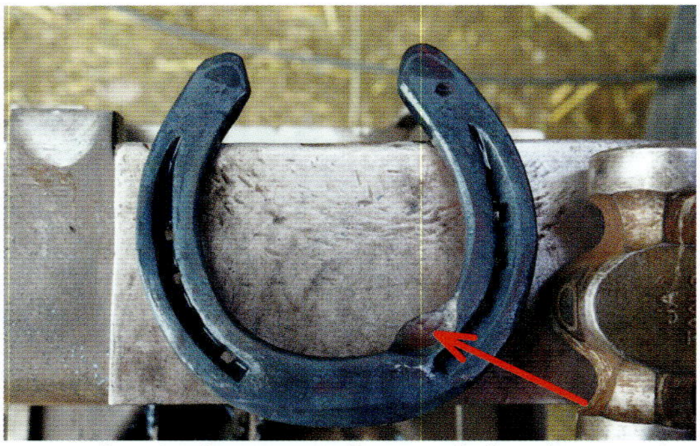

Zunge für eine bessere Auflage und als Schutz nach einem Abszess. Darunter kann z. B. Desinfektionsmaterial eingebettet werden. Mit dem Kappenhammer geschmiedet.

Leichtes Roller-Eisen mit der Ballseite des Hammers von der Hufseite geformt. Kann auch auf ebenem Hufeisen abgeschmiedet werden.

Abschrägung für einseitige Fußung. Geschmiedet und geschliffen.

Trailer: Hier bei einem Spateisen mit Zehenrichtung auf der inneren Zehe. Wird über der hinteren Ambosskante abgebogen und an der vorderen geschmiedet. Die Richtung weist entlang der Strahlfurche auf das Zehenloch gegenüber.

Breitschenkel mit dem Falzhammer verbreitert und gegenüber eine leichte Verbreiterung durch Abschmieden.

Zehenverbreiterung zum Schutz der Zehe und gegen starkes Einsinken z. B. als Fesselträgereisen. Mit dem Falzhammer verbreitert oder abgeschmiedet, sowohl auf der Bodenseite als auch an der Hufseite im Sohlenbereich an der Innenkante.

Das Hufeisen wird bis nach den Seitenkappen am Rundhorn völlig gerade gerichtet. In der zweiten Hitze auf der hinteren Ambosskante der Schutz kappenartig abgezogen und in der dritten Hitze zuerst mit dem Ballhammer wie beim Hufeisenschmieden die Zehe eingebogen. Unter ständigem Ausrichten über das Rundhorn in Form biegen.

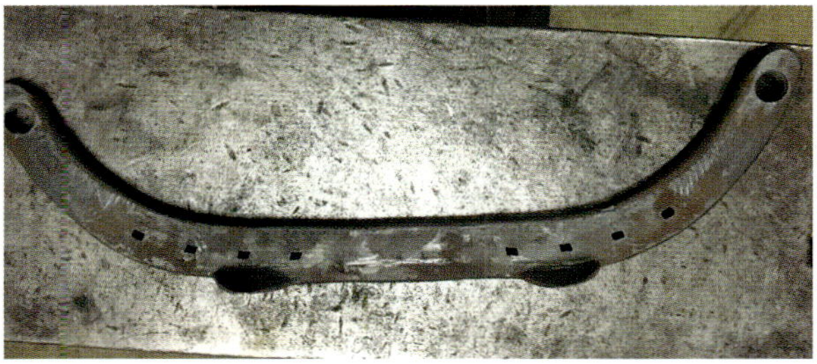

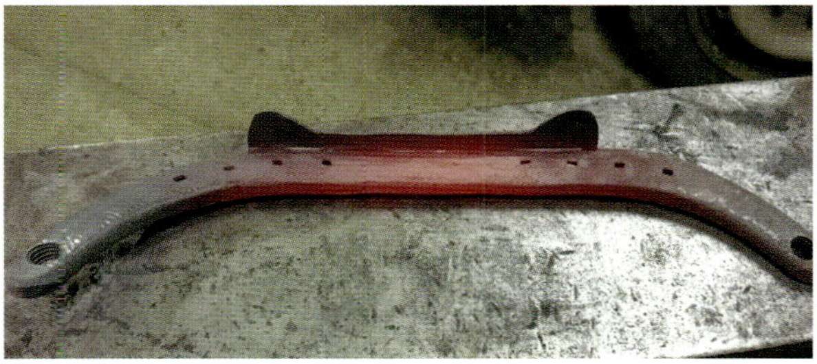

Zehenschutz für das Nachschleifen und gegen das Zurückstoßen der Hufeisen. Geschmiedet.

Werkzeug Instandhaltung

Geschichte: Ein Spaziergänger geht durch den Wald und begegnet einem Waldarbeiter, der hastig und mühselig damit beschäftigt ist, einen bereits gefällten Baumstamm in kleinere Teile zu zersägen. Der Spaziergänger tritt näher heran, um zu sehen, warum der Holzfäller sich so abmüht und sagt dann: „Entschuldigen Sie, mir ist da etwas aufgefallen: Ihre Säge ist ja total stumpf! Wollen Sie diese nicht einmal schärfen?" Darauf stöhnt der Waldarbeiter erschöpft auf: „Dafür hab ich keine Zeit – ich muss sägen!" *(Unbekannt)*

HUFMESSER

Die Schneide des Hufmessers wird nur auf der Vorderseite geschliffen und auf der Rückseite plan abgezogen. Das Messerblatt ist keilförmig und die Schneide der Messerklinge ist 1–2 mm breit und ein wenig steiler angeschliffen. Von Zeit zu Zeit muss die Klinge nachbearbeitet werden, damit die kurze Schneide nicht zu breit wird (Schleifband, Dremel, Feile, ...). Ansonsten gleitet das Messer nicht und das Nachschleifen ist mühsam und zeitraubend. Auch die Rinne wird innen geschärft und außen plan abgezogen. Glatte Schneiden gleiten besser und bleiben länger scharf.

Scharfes, funktionierendes Werkzeug ist Voraussetzung für gute Arbeit, sicherer snd kraftsparender!

Nachpolierte ältere Raspel. Die Spitzen der Zähne sind bereits weg, doch die verbleibenden Kanten wieder scharf.

RASPEL

Die Raspelzähne können auf Sisalscheiben mit Abziehpaste nachpoliert werden. Diese Schneide hält zwar nur ein paar Pferde, jedoch wird die Standzeit mindestens verdoppelt. Mit 2 abgezogenen Raspeln kann man wunderbar arbeiten. Das tägliche Abziehen der Raspel dauert weniger als eine Minute. Wie viel Geld kannst du pro Jahr sparen?

HUFZWICKZANGE

Die Schneidbacken werden im Schraubstock eingespannt auf der inneren Seite mit einer Feile nachgeschärft und mit dem Schleifstein nachpoliert. Dann wird die äußere Schneide mit dem Schleifstein in einem steileren Winkel nachgezogen. Anschließend wird mit der Feile der Anschlag nachgefeilt, so dass ein ganz feiner Luftspalt bleibt und die Schneiden nicht gegeneinander drücken. Wenn nötig, werden die Griffe leicht aufgebogen. Entweder mit einem Schweißbrenner punktuell nach dem „Haus“ anwärmen oder mit einer Spreizgabel drücken.

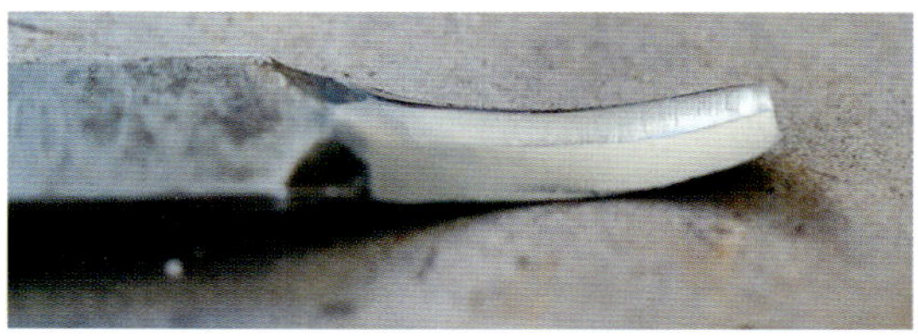

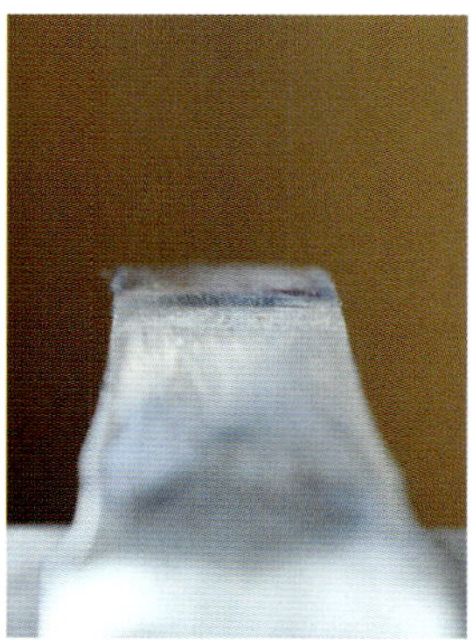

Beidseitige Hauklinge, grob vorgeschliffen, die Unterseite ist leicht bombiert. Damit gleitet sie in Form der Sohle.

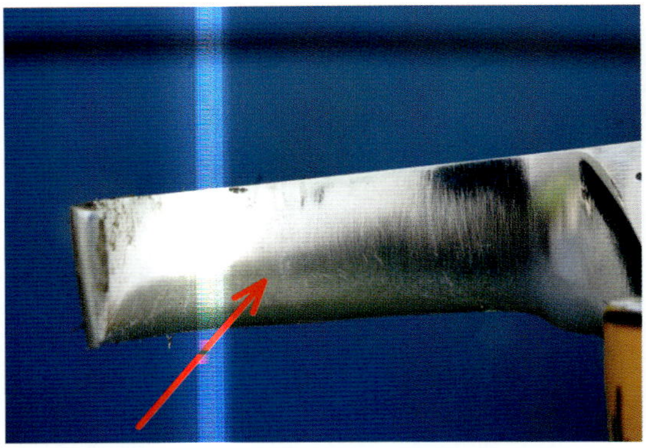

Messer vor dem Schleifen. Nach der Schneide hat sich bereits ein großer Rücken gebildet. Es benötigt mehr Kraftaufwand und ein schnelles Nachschleifen hält nur mehr sehr kurze Zeit scharf.

Der Rücken am Messerblatt ist blau markiert. Er wird von Zeit zu Zeit am groben Schleifband oder mit einem anderen Schleifwerkzeug z. B. Dremel oder Feile entfernt.

Der Rücken ist weggeschliffen. Anschließend wird die Schneide wie gewohnt geschliffen.

Fertig geschliffenes Messer und die Schneide mit der Polierscheibe glatt aufpoliert. Je glatter die Schneide, desto schärfer und lang anhaltend.

Sitzen Raspelgriffe zu locker, kann es mit einem Stück Tape leicht behoben werden.

NIETZANGE

Die Zähne können mit einer feinen Feile nachgefeilt werden, bzw. kleine Kanten wieder geglättet.

UNTERHAUER

Von außen auf feinem Schleifband nachschleifen und innen mit einem Schleifstift oder einer Rundfeile abziehen.

FEUERZANGE

Den vorderen Teil erwärmen, ein Maul der geöffneten Zange auf den Amboss legen und mit Gefühl plan schmieden. Bei der zweiten Seite genauso. Anschließend einen Flachstahl für die gewünschte Größe ins Maul geben, im Schraubstock einspannen und die Griffe auf gewünschte Weite auseinander biegen.

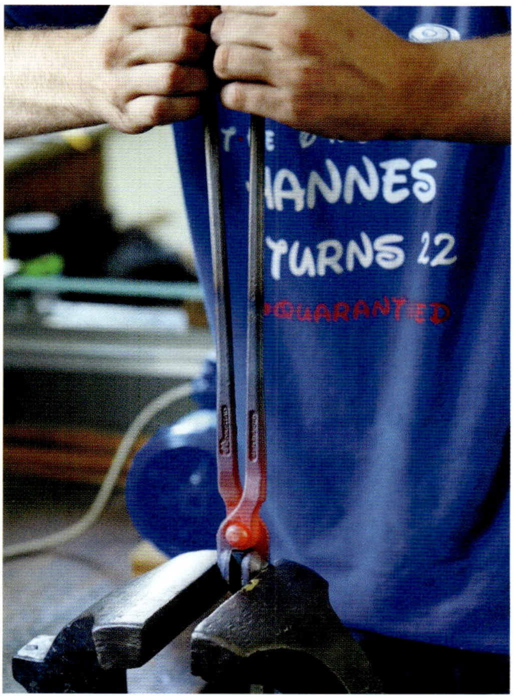

FALZHAMMER

Der Winkel des Falzhammers entspricht exakt dem Winkel des Nagelkopfes. Mit einer Lehre sind die Winkel einfach zu kontrollieren. Sind nur kleine Kanten auszubessern, empfehle ich eine Feile. Beim Nachschleifen ist die Temperatur unbedingt zu beachten. Die Schneide darf keinesfalls zu heiß werden ansonsten muss sie neu gehärtet werden (mindestens Korn 80). Polierte Schneiden gleiten besser und halten länger. Die Schneide liegt genau senkrecht zur Lochmitte.

Der Stiel wird am sichersten mit einem Fahrradschlauch befestigt. Hierzu soll der Stiel eine Spur kleiner als das Auge im Hammerkopf sein, aber mit der exakt gleichen Form. Ein paar Zentimeter langes Stück nassen Fahrradschlauch zur Hälfte über den Stiel ziehen und über dem Vierkantloch am Amboss einschlagen. Der Rest des Schlauches wird abgeschnitten. Es kann auch ein Schlauchstück auf das Auge gelegt werden und mit dem Holzstiel (Kanten abrunden) durchgeschlagen.

Messerschleifmaschine mit langsamer Drehzahl, um ein Überhitzen des Stahls zu vermeiden.

Mobiles Abziehband

Schleifmaschine mit höherer Drehzahl für Vorarbeiten

Poliermaschine mit vielen Aufsätzen z. B. für die Raspeln, Polierpaste und Schleifstift

Befestigung des Stiels mit einem Gummischlauch (z. B. Fahrrad). Dieser dämpft die Schläge und Kräfte, die beim Falzen entstehen.

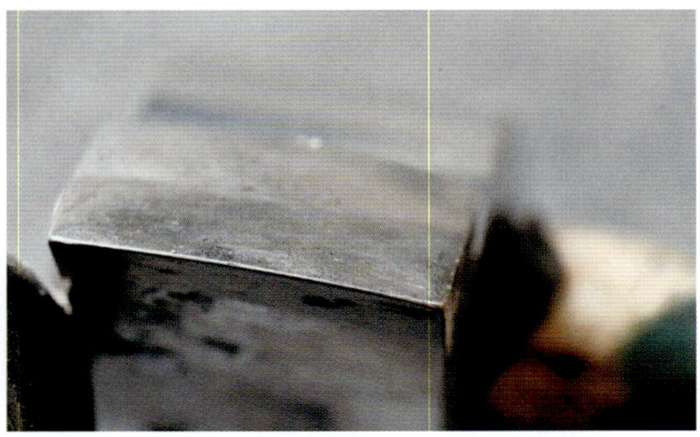

Die Schneide des Falzhammers ist leicht gewölbt.

Polieren der Schneide. Der Grat wird entfernt, das Messer schärfer und die Schneide langlebiger. Wichtig: immer Paste auftragen.

Raspel nachschärfen. Paste auftragen und im gezeigten Winkel mit mäßigem Druck gleichmäßig auf und ab fahren. 2–3 Mal, nicht öfter.

VORBEISSER

Die Winkel entsprechen ebenfalls dem des Nagelkopfes und die Spitze hat die exakte Form des Nagelhalses. Wird auch mit der Lehre kontrolliert.

LOCHDORN

Die Spitze des Lochdorns passt exakt auf die Spitze des Vorbeißers und wirkt als Stanzwerkzeug. Wenn die Spitze nach dem Ausschmieden mit ein, zwei Hammerschlägen leicht angetaucht wird, bleibt der Lochdorn im Loch nicht stecken.

Das Gewicht des Hammers kann exakt auf uns abgestimmt werden. In der Hammermitte ist genug Material, das wir evtl. herausschleifen können, bis er perfekt ist. Auch der Durchmesser des Stieles wird an die Hand angepasst (siehe Schmiedehammer Seite 38).

„Das Werkzeug ist die Verlängerung unserer Hände. Deshalb personalisieren wir es auf uns."

Messergriffe haben meist eine Einheitsgröße, unsere Hände nicht. Es dauert nur 5 Minuten ihn anzupassen, runder zu schleifen oder zu kürzen. Genauso können wir jedes Werkzeug modifizieren. Griffe von Zangen und Feuerzangen, Hauklingen … Es dauert nicht lange. Wir müssen es nur TUN.

Stumpfe und abgearbeitete Schneidebacke der Hufzwickzange

Nach dem Schleifen soll wieder ein gleichmäßiger feiner Luftspalt zu sehen sein. Hier vor dem Schleifen.

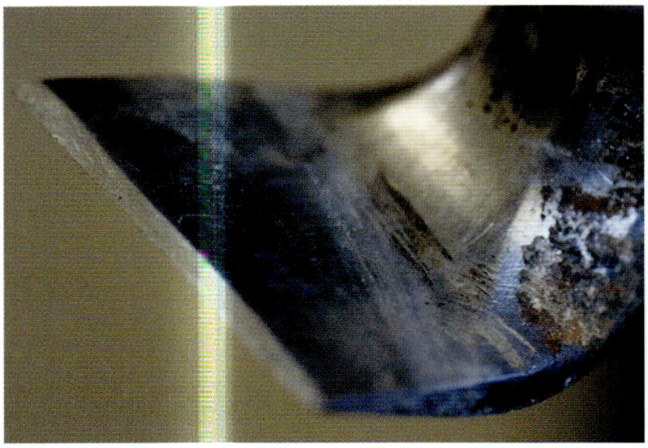

Die Schneide nachgeschliffen

Lehre für exakte Winkel von Vorbeißer und Falzhammer

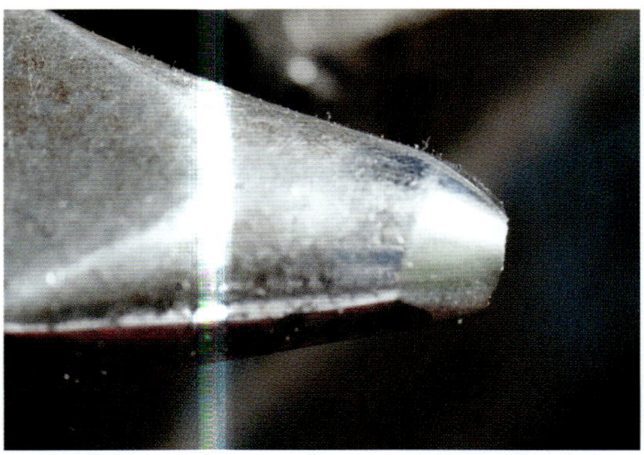

Die Außenseite des Unterhauers ist leicht bombiert, die Innenseite wird im Verlauf der Nut abgezogen.

Vorbeißer und Lochdorn sind an ihrer Spitze von der gleichen Form.

Die Form des Vorbeißers ist mit der des Nagelkopfes ident.

Bereits kleine Kanten in der Nietzange, diese können mit der Polierscheibe geglättet werden.

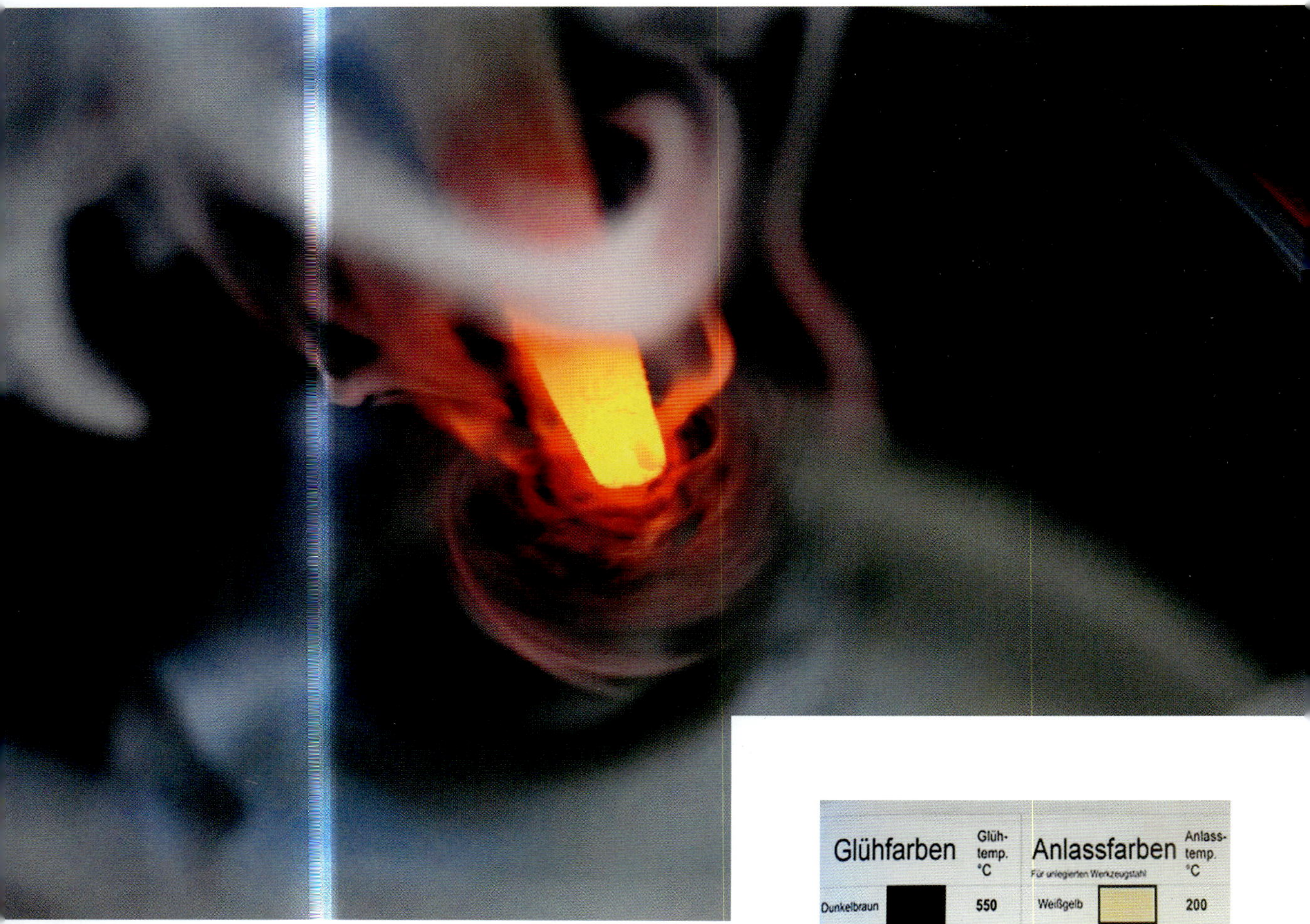

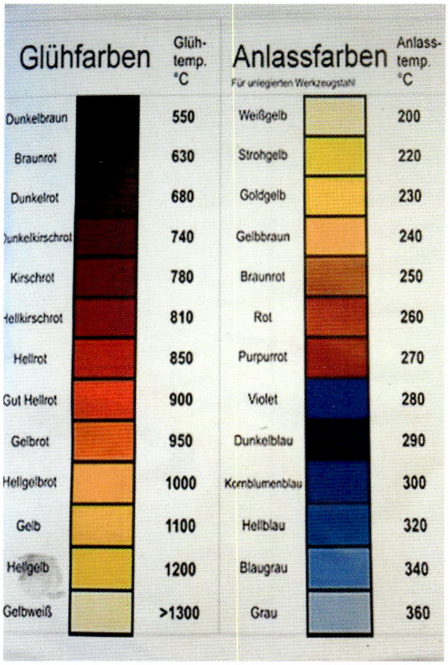

Glühfarben	Glüh-temp. °C	Anlassfarben Für unlegierten Werkzeugstahl	Anlass-temp. °C
Dunkelbraun	550	Weißgelb	200
Braunrot	630	Strohgelb	220
Dunkelrot	680	Goldgelb	230
Dunkelkirschrot	740	Gelbbraun	240
Kirschrot	780	Braunrot	250
Hellkirschrot	810	Rot	260
Hellrot	850	Purpurrot	270
Gut Hellrot	900	Violet	280
Gelbrot	950	Dunkelblau	290
Hellgelbrot	1000	Kornblumenblau	300
Gelb	1100	Hellblau	320
Hellgelb	1200	Blaugrau	340
Gelbweiß	>1300	Grau	360

Härten von Werkzeugen

Stahl mit einem Kohlenstoffgehalt von 0,2 % bis max. 2 % bezeichnet man als Werkzeugstahl. Stahl über 2 % ist Gusseisen. Der Kohlenstoffgehalt ist ausschlaggebend für die Härtbarkeit.

Der Werkzeugstahl verändert beim Erwärmen bei Härtetemperatur sein atomares Gefüge vom Ferrit ins Austenit-Gefüge. Hier löst sich der Kohlenstoff vom Eisen besser. Um diese Härte beizubehalten, wird er entweder in Wasser, Öl oder Luft abgekühlt. Wasserhärter und Ölhärter sind nach dem Härten spröde. Um Zähigkeit zu bekommen, werden sie angelassen. Wasserhärter sind eher Stähle mit geringerem Kohlenstoffgehalt.

Genaue Härtetemperaturen und ob Öl, Wasser oder Lufthärter sind beim Hersteller zu erfahren. Eine kurze E-Mail genügt. Die Funkenprobe zeigt, ob der Stahl einen niedrigen oder hohen Kohlenstoffgehalt hat. Die meisten Werkzeuge zum Hufeisenschmieden sind mittlerweile Lufthärter und ideal für den Gebrauch im heißen Eisen.

Kohlenfeuer eignet sich besser für das Härten als ein Gasofen. Im Kohlenfeuer das Werkzeug nicht direkt in den Gebläseluftstrom legen und im Gasofen nicht direkt unter die Düse.

Lufthärten eines Vorbeißers

Beim Lufthärten nur soweit erwärmen, wie ich härten will.

LUFTHÄRTER

Das Werkzeug nur so weit in die heiße Kohle legen, wie es auch gehärtet werden soll. Langsam aber gleichmäßig auf ca. 900 Grad erwärmen, aus der Esse nehmen und an der Luft abkühlen lassen.

ÖLHÄRTEN

Am besten ca. 20–40 Grad warmes Härteöl verwenden. Das Werkzeug gleichmäßig und ein wenig länger als die Spitze, die ich härten will, auf 800–900 Grad (Herstellerangabe beachten) erhitzen. Dann aus dem Feuer nehmen und die Spitze langsam und mit kreisender Bewegung in das Öl eintauchen. Die Spitze solange kühlen, bis der hinter der Spitze befindliche Stahl nicht mehr rotwarm ist. Dann aus dem Bad nehmen und mit einer alten feinen Feile kurz die Spitze reinigen. Jetzt „laufen“ durch die Restwärme die Anlassfarben von hinten zur Spitze. Ist violett bei der Spitze oder Schneide angelangt, das Werkzeug zur Gänze im Ölbad abkühlen. Je mehr Restwärme, desto schneller kommen die Anlassfarben. Wird z. B. bereits bei der Anlassfarbe Goldgelb abgekühlt, wird das Material extrem hart und verliert Zähigkeit.

1) Beim Ölhärten wird mehr Länge erwärmt, da man die Resthitze zum Anlassen benötigt. Hier wird das Werkzeug langsam kreisend bis zur gewünschten Härtelänge des Werkzeuges eingetaucht.

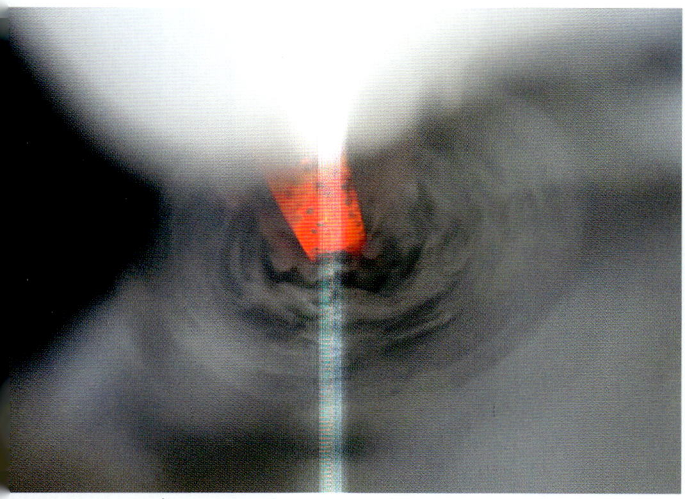

2) Jetzt wird unter weiter kreisenden Bewegungen gewartet, bis das aus dem Öl ragende Werkzeug nicht mehr rotwarm ist.

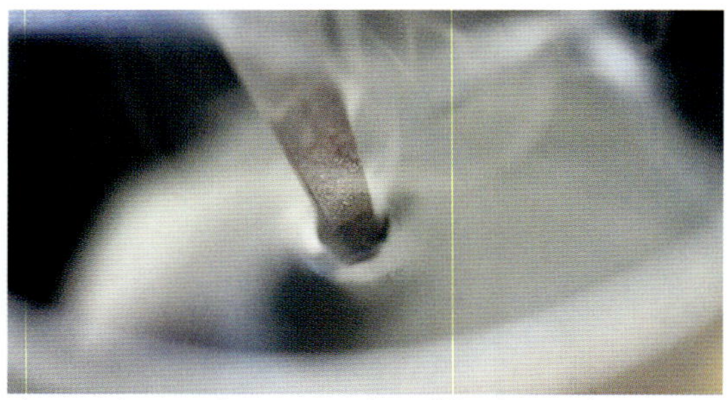

3) Zeit, das Werkzeug aus dem Ölbad zu nehmen und anzulassen.

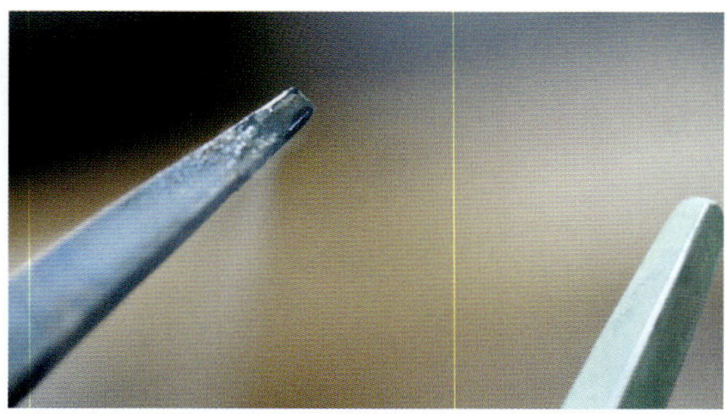

4) Violett ist vorne angelangt, sofort im Öl fertig abkühlen

WASSERHÄRTEN

Es wird ca. 20 Grad warmes „weiches“ Wasser verwendet. Leitungswasser wird weich, wenn des Öfteren heißes Eisen darin abgekühlt wird. Erhitzen wie beim Ölhärten beschrieben auf ca. 800 Grad (kirschrot) und wie im Öl härten. Wieder mit der Feile kurz putzen und mit violett anlassen. Dann sofort im Wasser abkühlen.

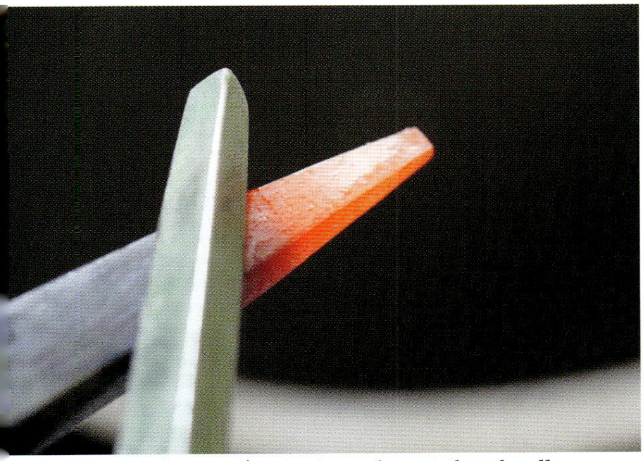

Wasserhärten 1) Mit einer alten Feile schnell putzen (2–3 Sekunden)

2) Wie beim Öl kreisend auf gewünschte Länge eintauchen

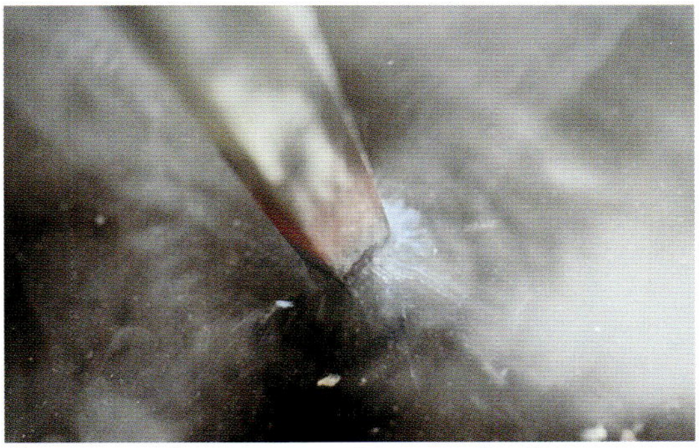

3) Jetzt aus dem Wasser nehmen und anlassen

4) Wenn violett ganz vorne ist, sofort im Wasser fertig abkühlen

5) Abkühlen

Kunststoffe beim Hufbeschlag

Seit über 30 Jahren werden Kunststoffe von Hufschmieden erfolgreich eingesetzt. Beginnend mit Platten, Keilen und Silikonen folgten die ersten Versuche mit Kunststoff-„Eisen". Heute verwenden wir Polster, Pads, Kunsthorn, Klebstoffe, Fohlenschuhe, Hufschuhe, Einlagen und Kunststoffeisen mit und ohne Metallkern.

Die Entwicklung schreitet ständig voran und die Produkte werden immer besser. Die Ansprüche für die Verwendung auf einem Pferdehuf sind jedoch extrem. Nässe, Temperatur, Urin und Schmutz führen immer wieder zu Problemen. Viele Produkte und Erzeuger kommen jedes Jahr auf den Markt und nur die wenigsten können sich etablieren.

MERKE: Jede Art der Dämpfung und Entlastung hat einen Mehraufwand an Kraft und Überlastung einer anderen Struktur zur Folge! Mikroplastik ist nicht umweltfreundlich!

PLATTEN/PADS

Volle Platten: Dämpfungseinlagen als ganze und gelochte Platten. Meist werden diese in Verbindung mit einem Polster verwendet. Verschiedene Härtegrade, je nach Dämpfung, Zweck und Gewicht des Pferdes kommen zur Anwendung. Genauso Pads mit Strahlunterstützung, ausgeschnittenem Strahl, keilförmige Platten u. v. m.

Vorteile: Entlastung und Belastung verschiedener Hufteile. Die Belastung kann gezielt verteilt werden. Während Lederplatten schnell durch den Einfluss von Nässe und Mist an Eigenschaften einbüßen, bleibt Kunststoff weitgehend stabil.

Nachteile: Kunststoff ist kein Naturprodukt und nicht so „hornfreundlich" wie Leder.

Ringeinlagen: Werden als Dämpfung auf hartem Boden verwendet.

Pads aus dem 3D-Drucker

Pölster

Leichte Pölster: Werden im Sport eingesetzt, damit die Bewegung und Fußung nicht zu stark beeinflusst wird.

Schwere Pölster: Können mehr Gewicht aufnehmen und bieten bessere Entlastung und Gewichtsübertragung auf Strahl und Sohle. Daher werden sie im Akutfall einer Erkrankung oder Verletzung eingesetzt. ACHTUNG: schwere Polster verändern das Gangbild!

Weiche Pölster: Massieren Sohle und Strahl und verteilen den Druck.

Harte Pölster: Sie stützen nach oben ab zur Entlastung des Hufgelenkes oder stabilisieren den gesamten Huf, wenn es erforderlich ist.

Nur wenige dieser Kunststoffpolster sind zumindest ein wenig atmungsaktiv. Daher ist sauberes Arbeiten, Reinigen und wenn notwendig Desinfizieren von Strahl und Sohle besonders wichtig.

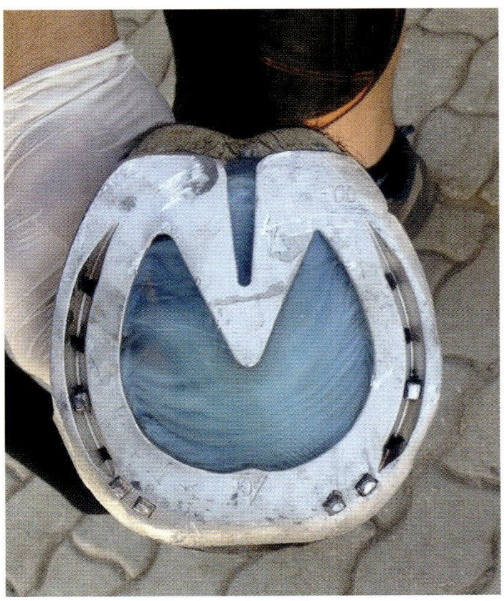

Auf der Sohle haftender schwerer PU-Polster zur Stabilisierung

Über blutende Wunden darf kein Kunststoffpolster angebracht werden!

UMWELT: Silikone bauen sich mit der Zeit ab, Polyurethane (PU) nicht und sie können nur schwer recycelt werden!

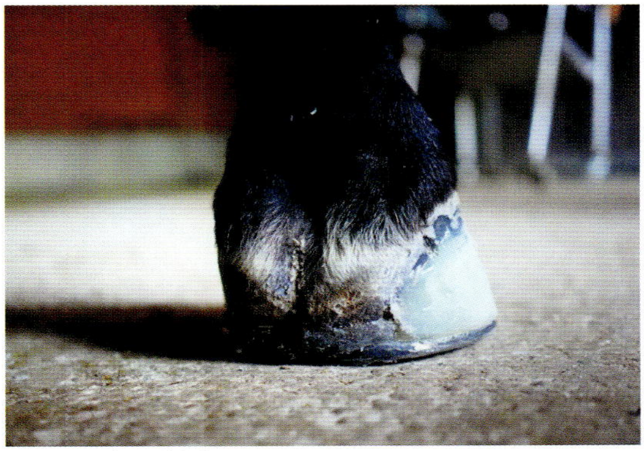

Hornspaltverklebung

Kunsthorn

Wird zum Ergänzen von Horn bei ausgebrochenen Hufen, bei Hornspalten, nach Hornentfernungen und zum Auftragen an den Tragrand verwendet. Weiters können Hufeisen, Aluminiumeisen und Kunststoffprodukte geklebt werden. Bei der Fohlenkorrektur ist Kunsthorn und Kunststoff dem Eisen vorzuziehen.

Trockene Hufe und sauberes Arbeiten sind Voraussetzung für den Erfolg. Bei jedem Produkt sind die Herstellerangaben unbedingt einzuhalten. Kunsthorn im Trachtenbereich soll aufgrund des Hufmechanismus nicht mit dem Hufeisen verbunden werden. Nur unblutige Hornspalten dürfen verklebt werden. Achtung auf die Hitzeentwicklung beim Aushärten.

Es ist eine österreichische Krankheit

Pferde über mehrere Jahre mit einem Spezialbeschlag zu beschlagen, obwohl die Verletzung oder Krankheit längst abgeheilt ist! Immer wenn man eine Struktur entlastet, überlastet man automatisch eine andere. Solche Beschläge sind meist sehr schwer und verändern auch das komplette Gangbild. Dieses Mehrgewicht wird völlig unterschätzt. Weder Besitzer, noch Tierarzt spüren es. Der Hufschmied merkt es, wenn er den alten Beschlag entfernt. Pferde brauchen auch mehr Energie mit Dämpfungseinlagen. Alles was beim Auffußen dämpft, benötigt beim Abfußen Kraft und Energie. Geschlossene Eisen schränken die Hufbewegung ein usw. Deshalb ist nach der Gesundung des Pferdes der Beschlag wieder anzupassen.

Wenn du dir den Arm brichst, entfernst du auch den Gips, obwohl er dich gut gestützt hat. Denke nicht an das Geld, das dir ein Beschlag mit Platte und Polster bringt, denke daran, was dir ein gesundes Pferd bringt!

Klebebeschlag (Die Laschen an der Zehe wurden für eine Messung mit Werkman Black ausgeschnitten.) Komfortabel, haltbar, mit Sekundenkleber einfache Anwendung

Klebebeschläge

Sind seit Jahren bei der Fohlenkorrektur im erfolgreichen Einsatz. In den letzten Jahren hält diese Form des Hufschutzes immer mehr Einzug bei Freizeitpferden und Freizeitsport. Bei Hufrehepferden ist kleben oft sinnvoller als beschlagen. Die ständige Entwicklung hat die Haltbarkeit und Einsetzbarkeit erheblich verbessert. Sekundenkleber haben keine Wärmeentwicklung und kurze Aushärtungszeiten.

Klebebeschläge sind nur dann gut, wenn eine gute, fachmännische Hufkorrektur vorangeht! Keinesfalls darf die Hufwand auf Kosten einer haltbaren Verklebung geschwächt werden! Die Außentemperaturen sollen über 10 Grad Celsius betragen und trockene Hufe sind für fast alle Kleber Voraussetzung. Um haltbare Ergebnisse zu erzielen, sind Workshops vom jeweiligen Hersteller empfehlenswert. ***Vorteile:*** Leicht, dämpfend – für z. B. Arthrose-Patienten, keine Nagelung erforderlich, vertikale natürliche Hufbewegung möglich

Genagelte Kunststoffbeschläge

Ein gutes Preis-/Leistungsverhältnis, verbunden mit einfacher Handhabung und Haltbarkeit werden sie immer öfter eingesetzt. Vorausgesetzt ist eine regelmäßige Hufform, da das Anpassen nur eingeschränkt möglich ist (die Möglichkeit des Aufnagelns in der weißen Linie muss gegeben sein). Die Hornqualität sollte gut sein, da die Nägel nicht so fest im Kunststoff verankert sind wie im Hufeisen. Dadurch kann der Huf leichter Ausbrechen. ***Vorteile:*** Wie bei den geklebten Kunststoffbeschlägen

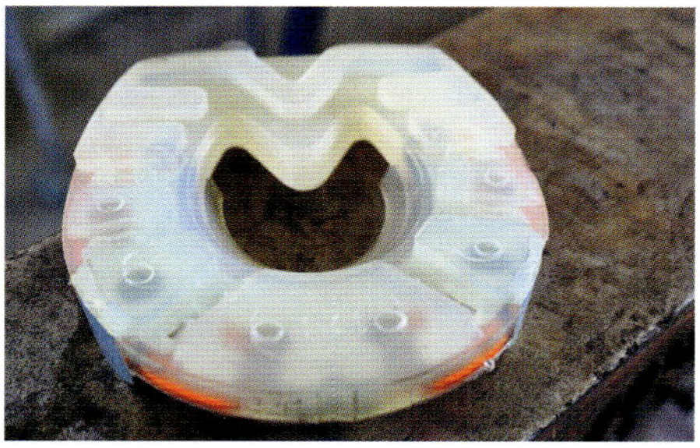

Bewährter Kunststoffbeschlag

Hufschuhe

Sie werden bei akuten Reheproblemen, nach Verletzungen, Hufoperationen und auch bei Reitpferden als Schutz gegen Abrieb und steinigen Boden verwendet. Sie gibt es aus Leder und anderen Materialien schon länger als Hufeisen.

Hufschuhe müssen sorgfältig durch einen Fachmann angepasst werden. Nicht jeder Schuh passt zu jedem Pferdehuf. Dadurch wird die Haltbarkeit gestärkt und ein Aufreiben der empfindlichen Hufteile vermieden. Der beste Hufschuh ist weder der teuerste, noch der hochwertigste, sondern der, der am besten zum jeweiligen Huf passt.

Das Montieren ist zeitaufwendig, da die Hufe gereinigt werden müssen sowie auch die Schuhe nach deren Verwendung. Die Hufe müssen regelmäßig beraspelt und korrigiert werden, da ansonsten der Schuh wachstumsbedingt nicht exakt passt.

Nachteile und Gedanken zu Kunststoffbeschlägen

Kunststoff-Hufeisen lassen keine Kraftübertragung zur Verbesserung der Hufbalance zu, sie werden gleichmäßig eng angepasst. Sie sind dicker als Hufeisen und beeinflussen dadurch das Gangbild – besonders bei Pferden die z. B. nur vorne beschlagen werden und hinten barfuß bleiben.

Da manche Pferdehufe durch Überzüchtungen schwache Hufe haben und die Natur nicht vorgesehen hat, dass ein 80 kg (oder mehr) schwerer Reiter auf dem Rücken sitzt, ist in diesem Fall ein stabiles Hufeisen besser. Der etwas eingeschränkte Hufmechanismus wird zum Vorteil!

Stollen im Kunststoff sind schlecht, da eine Punktbelastung auf den Huf weitergegeben wird. Manche Kunststoffe verlieren Festigkeit, wenn sie in Mist und Urin stehen. Auf weichem Boden werden Strahl und Sohle besser mit Hufeisen belastet.

Die besten Pferde der Welt sind mit normalen Hufeisen beschlagen.

Bodenabdruck nach dem Beschlag.
Vorne mit Hufeisen (rechts) und hinten mit genageltem Kunststoffbeschlag (links).

(Präparat: Vetmeduni Vienna)

Hufkrankheiten und Unregelmäßigkeiten

Bodenweiter/ bodenenger Huf

BESCHREIBUNG

Ist eine durch die Strahlmitte geteilte Hufhälfte größer als die andere, spricht man von einem bodenweiten oder bodenengen Huf. Bei bodenweiten Hufen ist die äußere Hälfte weiter, bei bodenengen die innere. Die Seitenwand der kleineren Hufhälfte ist steiler, die der größeren flacher.

URSACHE

Die Gliedmaßenstellung und die daraus resultierende Belastung. So findet man den bodenweiten Huf bei bodenweiter Gliedmaßenstellung und zehenweiter Zehenstellung. Die mehr belastete Hufhälfte ist die kleinere mit der steileren Hufwand. Bodenenge Hufe findet man bei bodenenger Gliedmaßenstellung und zehenenger Zehenstellung. Auch bei Abweichungen im Vorderfußwurzelgelenk, wie X- oder O-Beinigkeit, sind diese Hufformen häufig. Ursache ist immer die Belastungsverteilung.

PROGNOSE

Es ist ein Selbsthilfemechanismus der Natur, da eine steilere Wand mehr Gewicht tragen kann. Gute Hufkorrektur und Beschlag sind notwendig, um frühzeitige Schäden durch die Fehlstellung zu vermeiden und um das Pferd möglichst lange leistungsfähig zu erhalten, da das zusätzliche Gewicht des Reiters erschwerend einwirkt.

Bodenweiter Huf: Die innere Hälfte (links) ist kleiner mit einer steileren Hufwand, die äußere (rechte) Hufhälfte ist größer mit einer flacheren Hufwand.

KORREKTUR

Die Sohle speziell in der kleineren und mehr belasteten Hufseite schonen. Die Hufwände auf gleiche Länge kürzen. Die Hornwand am Hufbock auf der engen Seite nicht, oder höchstens das Notwenigste beraspeln. Die Wand auf der weiteren Seite bis maximal der halben Wandstärke beraspeln. So bleibt die mehr belastete Wand stark, die weitere wird ein wenig verkleinert und kann mehr Gewicht tragen, da die beiden Hufhälften nicht mehr so verschieden sind. Das Gewicht fällt immer senkrecht.

Bei Barfußpferden wird die Hufkante am Tragrand der steileren Wand nicht gebrochen, nur vorsichtig eine überscharfe Kante wegnehmen. Auf der flacheren Wand wird die Tragrandkante normal gebrochen. Der daraus entstehende breitere Tragrand sinkt auf weichem Boden nicht so stark ein und hilft die Situation nicht zu verschlechtern. Auch die Gelenke werden dadurch gleichmäßiger belastet.

Barhufkorrektur des gezeigten bodenweiten Hufes

Mit einem Hufeisen kann die Korrektur noch weiter optimiert werden.

BESCHLAG

Ziel des Beschlages ist es, den durch die Hufkorrektur entstehenden Effekt weiter zu verbessern. Die Möglichkeiten mit einem Hufeisen sind größer, da bei der Hufkorrektur natürliche Grenzen gesetzt sind.

So wird der Hufeisenschenkel der kleineren Hufseite bodenweit geschliffen und der der größeren Hufseite bodeneng. Es ist ein Schrägschleifen des äußeren Hufeisenrandes, um eine Hufhälfte zu vergrößern und die andere zu verkleinern. Das Eisen wird auf der engeren Hufseite weiter und auf der weiteren Seite eng angerichtet. So entstehen gleich große Hufhälften mit einer optimalen Balance. Die überbelastete steilere Hufwand wird entlastet. Wie bei der Barhufkorrektur verhindert der resultierende breitere Hufeisenschenkel ein Einsinken und ermöglicht eine bessere Lastaufnahme.

Dies ist eine einfache, wirkungsvolle, jedoch viel zu wenig ausgeübte Modifikation und Hilfe für das Pferd. Ich nenne diese Hufeisen MONA-LISA-EISEN, aufgrund seiner spiegelgleichen Schenkel.

Kunststoffhufeisen sind zu weich für diese Gewichtsbalance. Durch die Flexibilität kommt es zu einem Überdruck, wenn sie weit oder zu lang angerichtet werden. Der Druck kann auch nicht effektiv auf die andere Hufseite übertragen und verteilt werden.

Flachhuf

BESCHREIBUNG

Die Wände haben einen flachen Winkel. Die Sohle ist flach und meist sehr dünn. Der Strahl ist groß und massiv ausgeprägt. Oft findet man eingerollte oder unterschobene Trachten (Bild unten), verformte Hufwände, lose Wände und Steingallen in der Sohle.

URSACHEN

Pferderassen, die auf weichen und feuchten Böden gezogen werden (Holland, Irland ...). Weite Hufe mit großer Belastung und unsachgemäßer Pflege. Vererbung.

Mona-Lisa-Eisen ungeschmiedet um die Balance zu verbessern

PROGNOSE

Bei guter Pflege, Korrektur und Beschlag sind die Pferde meist normal einsetzbar.

KORREKTUR

Sohle schonen, Strahl schonen, weiße Linie desinfizieren, eingerollte Trachten vorsichtig entfernen, unterschobene Trachten kürzen, Wände möglichst gerade raspeln, ohne diese zu stark zu schwächen. Die Zehe nicht zu stark kürzen, sonst kollabiert das System. Bei Barfußpferden die Kante am Tragrand gut abrunden und den inneren Tragrand stehen lassen, damit das Pferd nicht auf der Sohle steht. Ebenso den Tragrand nicht übermäßig kürzen, um die flache Sohle vor Steinen zu schützen.

Achtung: Oft ist der Strahl das einzig Starke am Huf. Und weil er so schön zu schneiden geht, wird er auch noch zusammengeschnitten :(

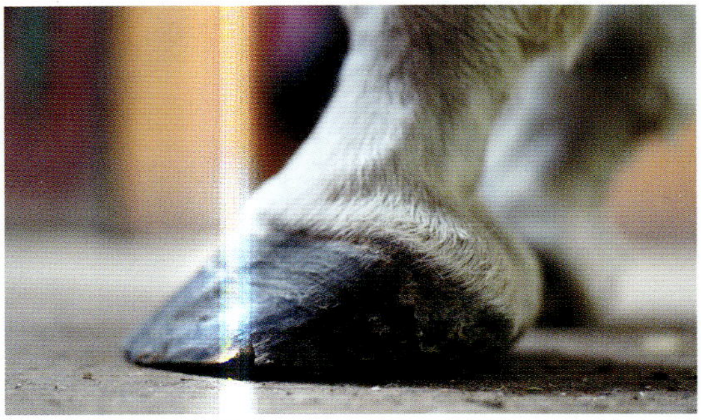

Flachhuf mit wellenartig verformter Hufwand

Bei Pferden mit Flachhufen, die enge Wendungen gehen müssen, empfiehlt es sich, den äußeren Hufeisenrand im Bereich der Seitenwand abzuschrägen, um die Seitenbänder des Hufgelenkes nicht zu überlasten. Die Enden benötigen die volle Breite, um das Einsinken des ohnehin flachen Hufes im Trachtenbereich einzuschränken.

BESCHLAG

Breite Hufeisen mit Sohlenabdachung, wenn notwendig, die Sohle mit einer Einlage schützen. Die Außenkante auf der Bodenseite brechen, um die seitlichen Hebelkräfte in der Wendung zu minimieren. Die Zehe unterstützen und das Hufeisen nicht zu weit nach hinten versetzen. Platte und Polster bringen in schwereren Fällen eine bessere Druckverteilung.

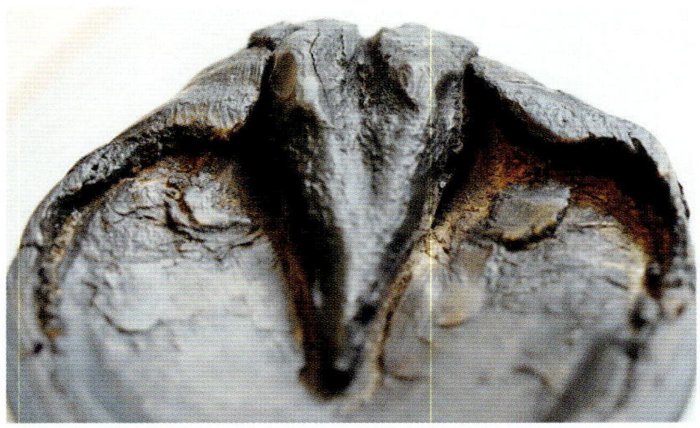

(Präparat: Vetmeduni Vienna)

Flachhuf an der Grenze zum Vollhuf

Vollhuf

BESCHREIBUNG

Ist die verschlechterte Form eines Flachhufes, wobei die Sohle unter das Tragrandniveau gesunken ist. Der Strahl ist ebenfalls meist nach unten gedrückt und die Seitenwände am Übergang zur Trachtenwand wellenartig verbogen. Das Hufbein ist abgesunken. Steingallen, lose Wände, unterschobene und eingerollte Trachten wie beim Flachhuf.

(Präparate: Vetmeduni Vienna)

URSACHEN

Grundsätzlich wie beim Flachhuf. Meist geht ein Flachhuf voraus und wenn das Hufsystem kollabiert, entsteht der Vollhuf. Absenkungen können ebenfalls aufgrund einer Hufrehe entstehen.

PROGNOSE

Pferde sind für große Belastungen und Sport nicht mehr geeignet. Eine Heilung ist nicht möglich.

KORREKTUR

Wie Flachhuf. Pferde benötigen einen Beschlag oder Hufschutz und können barfuß nicht schmerzfrei laufen.

BESCHLAG

Breite und an der Hufseite abgedachte Eisen. Geschlossene Hufeisen mit Platte und Polster zum Abstützen der Sohle. Erhaltung einer guten Hufqualität gemeinsam mit dem Besitzer. Öle, Hufhärter usw. Auch eine Querspange an der weitesten Stelle zum Schutz der Sohle kann helfen. Beim Bearbeiten die betroffenen Beine auf eine weiche Unterlage stellen und evtl. immer nur ein Eisen abnehmen und beschlagen.

Hufknorpel-verknöcherung

BESCHREIBUNG

Das Knorpelgewebe des Hufknorpels wird umgewandelt in eine Knochenstruktur. Beginnend bei den Hufbeinästen setzt sich die Verknöcherung nach oben fort. Sowohl ein als auch beide Knorpel können betroffen sein. Sie ist am Röntgen sehr gut sichtbar und oberhalb der Hornkapsel gut abtastbar.

URSACHE

Hauptsächlich bei älteren Pferden mit viel Bewegung auf hartem Boden, unphysiologischen Hufsituationen und Pferden mit andauernder Überlastung der Knorpel. Selten sind auch jüngere Pferde ohne Auffälligkeiten betroffen.

PROGNOSE

Kleine Verknöcherungen führen oft zu keinerlei Beeinträchtigungen. Stärkere sind oftmals mit einer Lahmheit und Bewegungseinschränkung verbunden. Eine Verknöcherung ist und bleibt nicht mehr reparabel.

KORREKTUR

Physiologische Korrektur mit zeitgerechten Beschlagsintervallen. Weiters kann durch Dünnraspeln des betroffenen Wandteiles eine Einengung am Kronrand zu Entlastung führen. Messler-Rinnen oder eine ähnliche Form von Schnitten in der Hornwand erfüllen den gleichen Zweck und sind bei jüngeren Pferden und stärkerer Beanspruchung meist die bessere Wahl. Natürlich können diese Pferde auch barfuß laufen.

BESCHLAG

Bei Lahmheit kann eine Dämpfung, in welcher Form auch immer, Erleichterung schaffen. Auch Kunststoff ist eine gute Option.

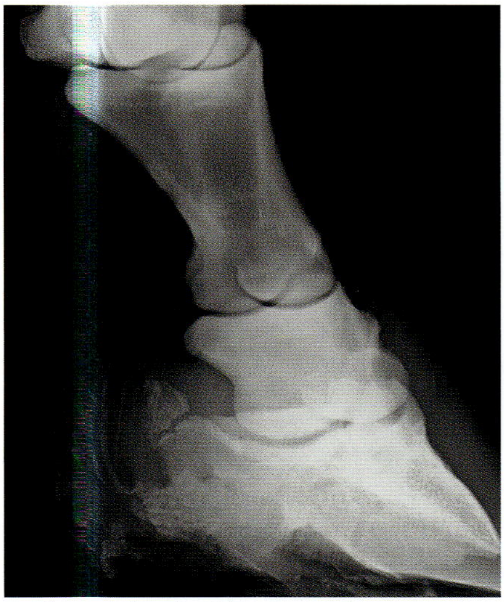

Hufknorpelverknöcherung mit Aufhellungslinie *(Dr. Christine Hinterhofer)*

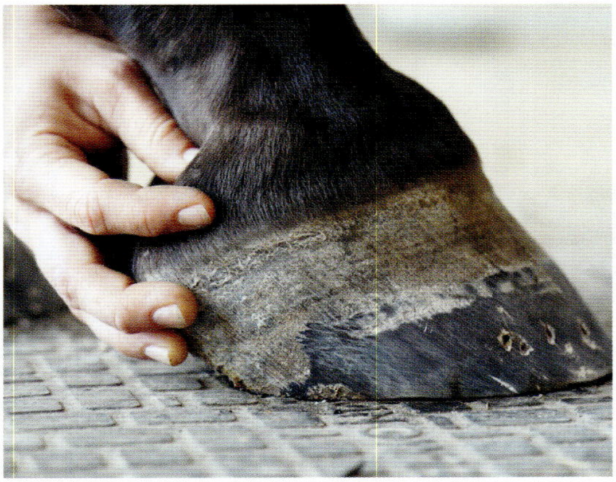

Die Hufknorpel sind gut tastbar.

Messler-Rinnen/-Schnitte in der Hornwand

Durch diese Schnitte kann sich die Hornwand nach außen dehnen und den inneren Strukturen mehr Platz schaffen. Bei fachgerechter Ausführung ist das eine erfolgreiche Methode. Auch bei Zwanghufen werden Schnitte zur unterstützenden Therapie angewendet. Es gibt verschiedene Arten von Rinnen, die jeweils nach dem Erfinder benannt sind. Die Rinne von Messer ist die erfolgversprechendste.

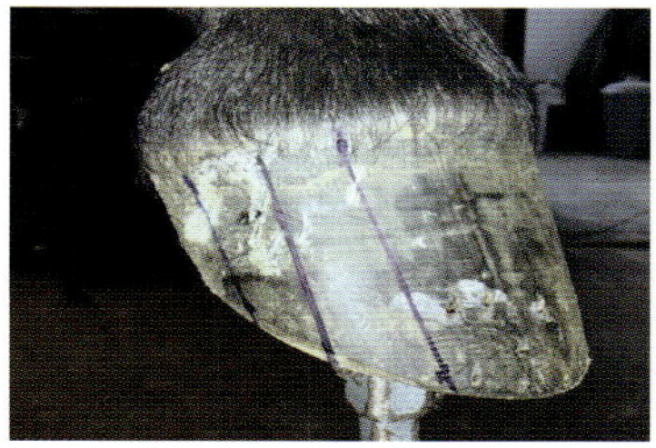

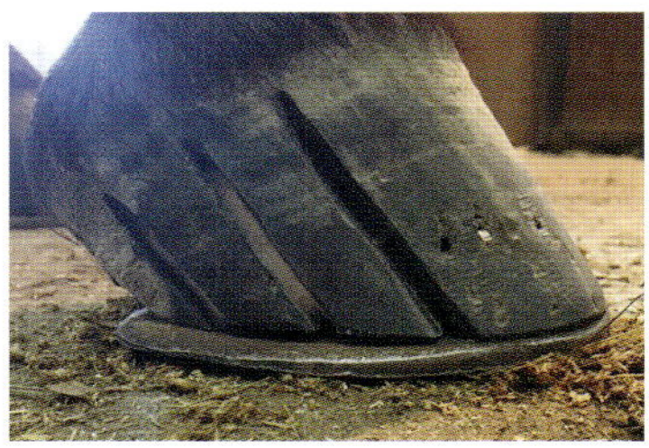

MESSLER

Drei Rinnen vom Kronrand zum Tragrand. Die Erste entlang der indifferenten Linie vom weitesten Punkt am Kronrand zum weitesten Punkt am Tragrand. Die zweite ca. 2 cm vom hinteren Ende der Eckstrebenwand, parallel zu dieser. Die Dritte in der Mitte zwischen den beiden Rillen – den Abstand am Kronrand teilen, am Tragrand teilen und die Punkte verbinden. Die Rillen beginnen bei mittlerer Hufgröße ca. 15 mm vom Kronrand, da hier die volle Wandstärke beginnt. Sie durchdringen die Wand ca. zu 2/3.

Ausführung: Mit einem Stift die Punkte an der Wand markieren und verbinden. Die Rillen mit einem engen Hufmesser, Loop Knife vom Kronrand zum Tragrand schneiden. Aus einem alten Messer kann ebenso eine Rinne angebogen und mit dem Kunststoffhammer mit vorsichtigen Schlägen die Rillen gezogen werden. Erst durchdringt man die pigmentierte Hornschicht, dann vorsichtig noch einen Teil der unpigmentierten. Am Tragrand werden die Rinnen leicht außen hohl gelegt, damit durch den Druck des Hufeisens die Wand nicht weggehebelt wird.

Bei Bedarf können die Rinnen bei den nächsten Beschlägen an der Krone nachgezogen werden.

Bei Barfußpferden die Tragrandkanten im Bereich der Rinnen stärker berunden und alle zwei bis vier Wochen kontrollieren und Nachraspeln. Zwischen erster und dritter Rille darf nur wenig Druck auf die Hornwand kommen.

Zwanghuf/Trachtenzwang

BESCHREIBUNG

Beim Zwanghuf ist ein Teil des Hufes so verformt, dass er einen Druck auf die inneren Strukturen und auch einen anderen Hufteil ausübt. Der Trachtenzwang ist die häufigste Art des Zwanghufes. Er kann sowohl einseitig als auch beidseitig auftreten. Die Trachtenwand ist steil und eingezogen in Richtung Strahl. Dieser ist mit dem Ballen zusammengequetscht und schwach ausgebildet. Die seitlichen Strahlfurchen sind eng und der Strahl oft von Strahlfäule befallen. Durch den Druck entstehen auch Steingallen im Eckstrebenbereich.

URSACHEN

Vererbung, vernachlässigte Pflege, lange und nicht behandelte Strahlfäule, dauerhafte Bewegung auf hartem Boden, Einschränkungen durch Gips und Castverbände. Enge Hufe sind eher gefährdet – speziell bei fehlerhaftem Hufbeschlag und Stellungsfehlern, wo die Belastung auf eine Hufhälfte kommt. Das Zusammenziehen der Trachte (Bild unten) ist auch ein Schutzmechanismus der Natur bei chronischer Strahlfäule.

PROGNOSE

Bei stärkeren Fällen kann er zu Lahmheit führen. Durch gute Therapie können diese Pferde jedoch lahmfrei werden. Den Zwanghuf ganz wegzubekommen, ist selten möglich.

THERAPIE

Gute Hufpflege und Hufkorrektur. Lehmboxen oder lehmiger Koppelboden massieren den Huf, versorgen den Huf mit Feuchtigkeit und sind die beste Therapie. Empfehlenswert Barhuf! Die Durchblutung wird verbessert, die Hornkapsel verstärkt sich und der Huf wird weiter.

KORREKTUR

Strahl, Sohle und Eckstreben schonen. Hufbalance herstellen und kurze Bearbeitungsintervalle. Messler Rinnen an der betroffenen Wand schneiden.

BESCHLAG

Die Hufbalance mit dem Eisen zusätzlich verbessern. Das Hufeisen an der betroffenen Seite mit einem breiteren und weiteren Schenkel versehen. Die Schenkel können leicht nach außen abfallend gerichtet werden, um das Erweitern zu erleichtern. Wenn kein Lehmboden zur Verfügung steht, ist ein weicher Polster eine gute Option.

Einseitiger Trachtenzwang mit Einrollen der Trachtenwand zum Strahl *(Präparat: Vetmeduni Vienna)*

Beidseitiger Trachtenzwang und Zusammenziehen der Trachtenwände um den defekten Strahl *(Präparat: Vetmeduni Vienna)*

Einseitiger Trachtenzwang mit Einrollen der Trachtenwand zum Strahl *(Präparat: Vetmeduni Vienna)*

Einseitiger Kronenzwang

KRONENZWANGHUF

Der Huf knickt im Bereich der Trachtenwände horizontal nach innen – sanduhrförmig. Die Trachtenwände kollabieren meist durch eine Umstellung von Huf oder Belastungssituationen. Die Prognose ist meistens gut, wenn die Ursache beseitigt wird. Die Korrektur wie oben und die Trachtenwände möglichst aus der Belastung nehmen.

Beim Beschlag kann mittels Platte und Polster mehr Druck von Sohle und Strahl aufgenommen werden. Auch ein Sternbar-Eisen oder ein ähnliches Hufeisen hilft, die Belastung von den Trachtenwänden zu nehmen. Bei Pferden mit wenig Beanspruchung empfiehlt sich ein Pilzeisen.

TRAGRANDZWANGHUF

Der Umfang des Tragrandes ist kleiner als der Umfang des Kronrandes. Ähnlich wie ein Fohlenhuf. Entsteht durch Veranlagung, enge Hufe auf hartem Boden mit wenig Bewegung und Vernachlässigung. Je nach Grad ist die Prognose von gut bis chronisch lahm. Korrektur wie oben und das regelmäßig. Ursachen abstellen und Bewegung auf weichem oder lehmigem Boden. Wenn möglich kein Beschlag, sondern barfuß lassen.

Enger Huf und beginnender Tragrandzwanghuf

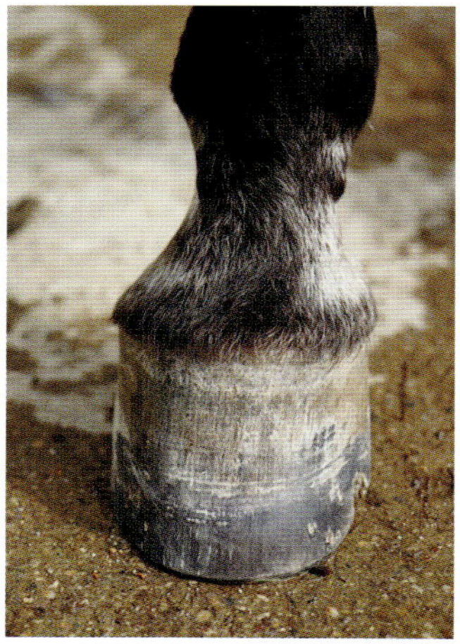

SOHLENZWANGHUF

Der Huf wirkt krallenartig verbogen und die Sohle wird dabei nach oben gewölbt und gedrückt. Er ist ähnlich dem Huf der bärenfüßigen Stellung. Auch ist hier der Tragrandumfang sehr klein.

Es ist dies oft eine krankhafte Verformung aufgrund von Belastungsverhältnissen nach Verletzungen im Zusammenhang mit fehlender Pflege. Nach dem Beseitigen der Ursachen ist die Korrektur wie oben. Den Druck eher auf Trachte und Zehe bringen Beschlag je nach Situation, um den Huf gleichmäßig zu unterstützen.

Arthrosen

BESCHREIBUNG

Arthrose ist ein Knorpelschaden in einem Gelenk in dessen Folge Knochenzubildungen entstehen. Der Prozess ist schleichend und schränkt die Bewegung des Gelenkes ein. Die Natur ersetzt den beleidigten Knorpel mit Knochenmaterial. Im Spätstadium kann das Gelenk steif werden. Arthrosen sind degenerierend und werden röntgenologisch festgestellt.

URSACHE

Gelenksentzündungen, Gelenksverletzungen, Fehlstellungen, Überbeanspruchung, schlechte Fütterung.

PROGNOSE

Ist ein bleibender Schaden. Gute tierärztliche Behandlung, Futterzusätze, gute Hufkorrektur und Beschlag können eine Linderung bewirken. Die Pferde gehen nach einer Einlaufzeit meistens besser.

KORREKTUR

Kurze Korrekturintervalle, leichtes Abrollen in jede Richtung und eine exakte Balance sind notwendig. Bei weichem Boden ist barfuß gehen eine gute Möglichkeit.

BESCHLAG

Roller-Eisen, vorzugsweise aus Aluminium, erleichtern dem Pferd die Bewegung. Dämpfende Einlagen und Polster, wenn notwendig. Speziell auf hartem Boden leisten Kunststoffhufeisen wertvolle Hilfe für das Pferd.

Die Verbindung zwischen Knochen und Hornwand löst sich bei der Hufrehe. Am gesunden Huf verlaufen Zehenwand und Hufbein parallel.

Die akute Hufrehe

EINE AKUTE HUFREHE IST EIN NOTFALL FÜR DAS PFERD!

BESCHREIBUNG

Die akute Hufrehe ist eine Entzündung der Huflederhaut im Zehenbereich des Hufes, bei der es zu einer Loslösung des Hufbeines von der Hornkapsel kommt und infolge fast immer zu einer Rotation und/oder Absenkung des Hufbeines.

Im Zehenwandbereich kommt es zu einer Durchblutungsstörung, bei der Flüssigkeit austritt. Es bildet sich ein Ödem (Schwellung mit Gewebsflüssigkeit). Da diese Schwellung zwischen Knochen und Wand keinen Platz zur Ausdehnung hat, verursacht sie extreme Schmerzen. Sie zerreißt die reißverschlussartige Verbindung der Hornzöttchen von Hornwand und Hufbein (Hufbeinträger). Das Hufbein sinkt oder rotiert an seiner Spitze in Richtung Sohle. Der Zug der tiefen Beugesehne, die im hinteren Hufbeinbeinbereich ansetzt, verschlechtert die Situation zusätzlich. Die Ringarterie am unteren Hufbeinrand wird gequetscht und das System kollabiert.

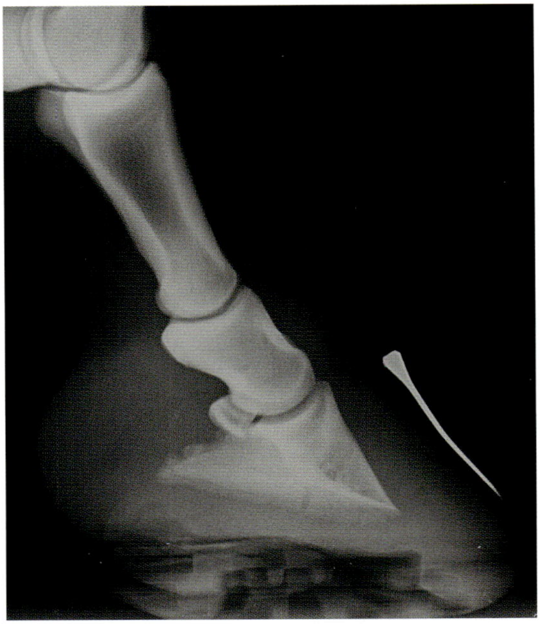

Das Röntgen zeigt eine Rotation des Hufbeines bei einer akuten Hufrehe. Der Knochen ist nicht mehr parallel zur Zehenwand. *(Bild: Dora Visnjevski)*

ERKENNEN

Entzündungsanzeichen wie Schmerz/Wärme/Pulsation im Hufbereich. Schmerzreaktion im Bereich der Hufbeinspitze beim Abtasten mit der Untersuchungszange. Entlasten der schmerzenden Zehe durch Gewichtsverlagerung nach hinten. Dabei wird die Vorderhand nach vor und die Hinterhand unter den Körper gestellt. Unterschiedlich starke Lahmheit und Wendeschmerz. Meist sind die Vorderbeine betroffen, seltener ein Bein oder die Hinterbeine. Der Prozess kann auch schleichend mit geringer Lahmheit vorkommen.

URSACHEN

Eine Hufrehe kann verschiedene Ursachen haben, jede führt zu einer Durchblutungsstörung in der Zehe.

Futterrehe: Überfütterung, zu kohlehydratreiche Ernährung, ein zu hoher Fruktangehalt sind Hauptauslöser für Hufrehe. Der Fruktangehalt in Gräsern ist in kalten/frostigen Nächten mit anschließenden Sonnenscheintagen am größten und somit auch die Rehegefahr. Der Verdauungsapparat der Pferde ist überfordert und schädliche Stoffe gelangen in Folge in die Blutbahn, kleine Blutgefäße verstopfen, Gewebe schwillt und löst Rehe aus.

Belastungsrehe: Ein Pferdebein wird aufgrund einer Krankheit oder Verletzung des anderen Beines ständig belastet. Durch Belastung und andauerndes Stehen wird die Durchblutung verschlechtert. Gefäßschäden können auftreten und Hufrehe auslösen.

Überlastungsrehe: Hier wird die Rehe durch eine körperliche Überbelastung ausgelöst.

EMS: Stoffwechselerkrankung fetter Pferde/ECS: Cushing Pferde, leiden an einer Hormonstörung der Gehirnanhangsdrüse. Beiden Krankheiten liegt eine Insulinresistenz zugrunde und beide führen häufig zu Hufrehe.

Geburtenrehe: Kleine Teilchen der Nachgeburt in der Gebärmutter lösen Rehe aus. Giftstoffe (Endotoxine) gelangen in die Blutbahn.

Medikamenten- und Vergiftungsrehe: Sowohl Giftstoffe, wie Medikamente (z. B. Kortison) können Hufrehe auslösen.

Traumatische Rehe: Hier wird mit Gewalt (z. B. Unfall) eine Hufrehe ausgelöst.

Beschlagsrehe: Extreme Beschlagsfehler, wie viel zu starkes Kürzen oder Brennen können Hufrehe ebenso auslösen.

SOFORTMASSNAHMEN

Tierarzt anrufen, Hufe kühlen und evtl. Steiler-Stellen der Hufe.

Kühlen, kühlen und nochmals kühlen, am besten mit Eiswasser oder Würfel. Das ist das absolut notwendigste und auch wirkungsvollste während der Akutphase. Mit Keilen im Trachtenbereich versucht man, den Zug der tiefen Beugesehne zu mindern. Diese können aus Styrodur, Holz, Kunststoff sein und werden schnell und einfach mit einem Tape befestigt. Tiefe Einstreu hilft dem Pferd, sich schmerzfreier hinzustellen.

PROGNOSE

Schäden wie Rotation oder Absenkung sind irreparabel. Die Prognose reicht von leichten Schäden bis zum Tod des Pferdes. Je nach Grad der Rotation/Absenkung kann ein Pferd einsatzfähig bleiben. Bis zu 5 Grad sind die Chancen gut, von 5–10 Grad viel schwieriger, über 10 Grad unwahrscheinlich. Hat ein Pferd einmal Hufrehe gehabt, ist die Gefahr, von weiteren Reheschüben groß. Jeder weitere Schub verschlechtert die Situation.

KORREKTUR

Um den Zug der tiefen Beugesehne zu minimieren, die Zehe kürzen und evtl. Keile anbringen, wenn dies einer Entlastung dient. Den Sohlenbereich speziell von Strahlspitze bis Hufbeinspitze schonen! Wenn ein Röntgenbild vorhanden ist, die Zehenwand nach Möglichkeit parallel zum Hufbein bringen und durch Hohllegen entlasten.

BESCHLAG

Solange sich das Pferd in der akuten Entzündungsphase befindet, sollte es nicht beschlagen werden. Anstatt eines Beschlages bietet sich ein Kunststoff-Klebebeschlag an oder spezielle Hufschuhe für Hufrehe.

Schmerz- und Entzündungstherapie durch den Tierarzt ist im Moment neben der Korrektur das Wichtigste. Da jede Hufrehe einen unterschiedlichen Verlauf hat, ist Individualität und Zusammenarbeit mit dem Tierarzt gefragt. Der empfindliche Sohlenbereich muss geschützt werden und darf keinem Bodendruck ausgesetzt werden.

Muss trotzdem ein Beschlag angebracht werden, müssen folgende Faktoren eingehalten werden: Hohllegen und Entlasten der Zehe, keine Nägel, Kappen und kein harter Polster im Zehenbereich, geschlossene Eisen, wenn es der Stabilisation dient, Platte/Pad bei schwereren Fällen, breitere Eisen oder breiter Zehenteil für mehr Schutz, evtl. Herzeisen, um Belastung auf den Strahl zu bringen. Roller-Hufeisen erleichtern oft schmerzfreies Gehen. Zehenoffene Eisen nicht bei schweren Fällen – ansonsten wird die Rotation nicht gestoppt. Der notwendige Beschlag wird auf die Hufsituation abgestimmt. Der hintere Hufbereich muss viel Gewicht aufnehmen und die empfindliche Zehe entlastet werden.

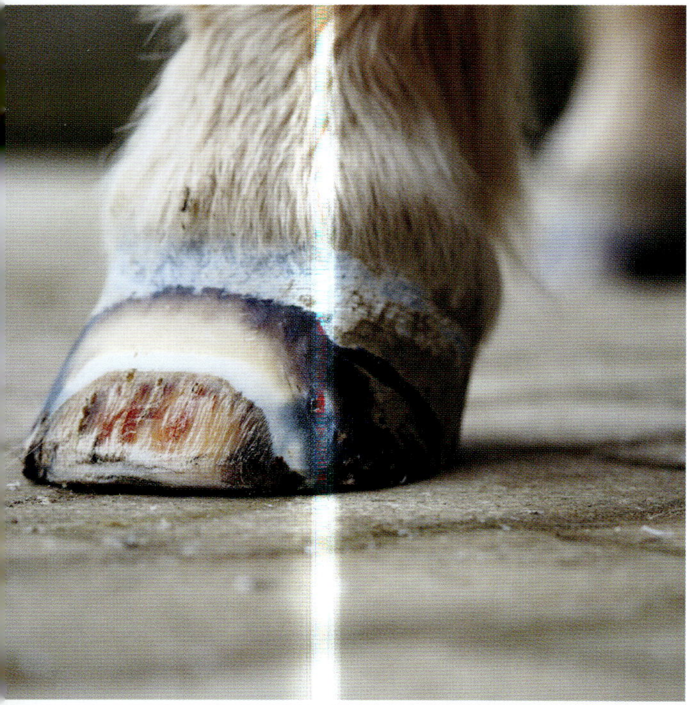

Chronischer Rehehuf nach der Korrektur. Durch einen neuerlichen Schub kam es zu Einblutungen in das Narbenhorn.

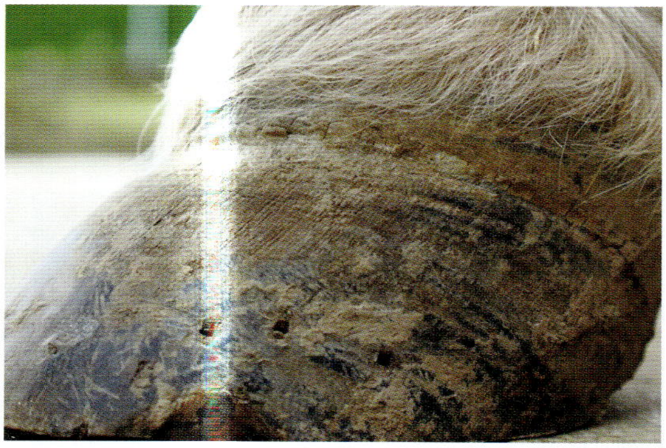

Beginn der Knollenbildung an der Zehe

Die chronische Hufrehe

BESCHREIBUNG

Ist die akute Entzündungsphase abgeklungen und eine Rotation oder Absenkung des Hufbeines vorhanden, spricht man von einer chronischen Hufrehe.

Durch die Rotation entsteht eine gezerrte weiße Linie, die oft Einblutungen aufweist. Diese verbreiterte weiße Linie besteht aus Narbenhorn. Die Selbstheilungskraft der Natur füllt den durch die Zerreißung entstehenden Raum damit aus. An der Zehenwand entstehen durch Stauchung die Reheringe. Die Trachte wächst vermehrt an. Bei einer Absenkung spürt man eine Hohlkehle oberhalb des Kronsaumes. Die Pferde haben eine rehetypische Trachtenfußung. In schweren Fällen wölbt sich die Sohle im Hufbeinspitzenbereich nach unten.

URSACHE

Die vorangegangene akute Rehe zusammen mit der Veränderung der Position des Hufbeines und der damit verbundenen Veränderung der Belastung des Hufes.

PROGNOSE

Wie bei der akuten Rehe hängt die Prognose von der Schwere des Falles ab und jedes Pferd verkraftet eine Hufrehe anders. Bei leichten Fällen mit gutem Verlauf kann die Einsatzfähigkeit erhalten bleiben. Absenkungen und Rotationen bilden sich nicht mehr zurück und beeinflussen das weitere Pferdeleben mehr oder weniger. Wichtig ist es, einen möglichen neuerlichen Schub zu verhindern und die Fütterung der Pferde anzupassen. Übergewichtige Pferde müssen abnehmen, um die Gefahr eines neuerlichen Schubes zu minimieren. Schwere Fälle können zum Hufbeindurchbruch an der Sohle, zum Knochenabbau und Verformung des Hufbeines und schließlich bis zum Tod des Tieres führen.

Verfärbungen der Sohle im Zehenbereich durch Quetschungen beim Rotieren/ Absenken.

KORREKTUR

Die Korrektur ist das Wichtigste, um dem Pferd das Leben leichter zu machen! Bei einer Rehekorrektur sind Zeit, Vorsicht und Gefühl notwendig!

Die Zehenwand wird parallel zum Hufbein geraspelt. Man orientiert sich nach den ersten 2 cm des Wandhorns vom Kronrand abwärts und am Röntgenbild. Die Zehe wird unabhängig von Einblutungen und Narbenhorn entfernt, bis die Wand eine Gerade der ersten 2 cm ergibt. Das Röntgenbild gibt uns genauen Aufschluss, wieviel Horn entfernt werden kann und soll. Der Tragrand ist bei den meisten Rehepferden hauptsächlich im Trachtenbereich zu kürzen. Der Bereich der Zehe ist zu schonen.

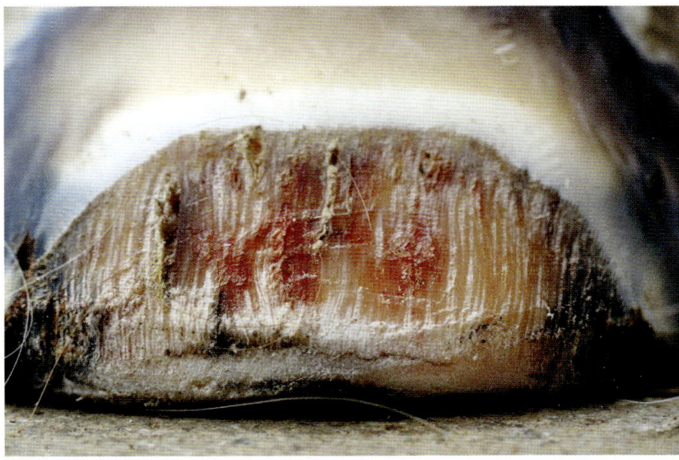

Narbenhorn

Der Strahl soll möglichst stark belassen werden, damit er viel Belastung aufnehmen kann und zur Stabilisation dienen. Wird er zu stark beschnitten, schwächt man den ohnehin instabilen Huf noch mehr. Die Sohle wird hauptsächlich im Trachtenbereich nachgeschnitten, im betroffenen Zehenbereich ist äußerste Vorsicht notwendig. Die Dicke und Festigkeit wird mit Daumen, Hufuntersuchungszange oder anhand eines Röntgenbildes geprüft. Genügend Sohlendicke ist ein absolutes Muss.

Anderseits muss sie im kranken Bereich gesäubert und kontrolliert werden.

TIPP: Mache Fotos und dokumentiere deine Arbeit. Veränderungen sind viel leichter festzustellen und deine Arbeit ist „abgesichert". Plane schon im Vorhinein mehr Zeit ein, und informiere den Besitzer über die Mehrkosten!

BESCHLAG

Der Beschlag ist von der Schwere der Krankheit abhängig, von den Hufen und ihrer Qualität, von den Boden- und Stallverhältnissen und auch dem Verwendungszweck der Pferde. Viele Dinge sind jedoch in jedem Fall zu berücksichtigen. Eher breitere Hufeisen, keine Zehenkappe, keine Nägel im Zehenbereich, die Zehe entlasten und leicht hohl legen, die Eisen an den Trachten abrunden oder eine Trachtenrichtung anbringen.

Situationsbedingt: geschlossene Hufeisen, zehenoffene Hufeisen, Herzeisen, Platte und Polster – wobei im betroffenen Bereich weiche, nicht aushärtende und womöglich desinfizierende Polster verwendet werden sollen, Aluminium-Hufeisen sparen Gewicht und können angenehmer für das Pferd sein.

Kunststoffbeschläge genagelt und geklebt sind eine gute Alternative und für manche Pferde angenehmer. Bei großer Schmerzempfindlichkeit ist ein Klebeprodukt sicher die beste Wahl. Kunststoff-Klebehufeisen können auch mit angeschraubten Rock'n-Roller-Eisen und zur ständigen Behandlung sehr gut verwendet werden. Speziell in ganz schweren Fällen sehr erfolgreich. Bei Kunststoff sind die gleichen Punkte wichtig wie bei Hufeisen. Hufschuhe sind eine weitere Möglichkeit für Rehepatienten, die nicht ständig einen Schutz benötigen.

BARFUSS

Viele Rehepferde können barfuß bleiben oder später auf Barhuf umgestellt werden, wenn es die Umstände erlauben. Für den leichten Freizeiteinsatz sicherlich die beste Möglichkeit. Bei Ponys ist nur in den wenigsten Fällen ein Beschlag notwendig.

Leichte Verbreiterung der weißen Linie als Indikator einer vorangegangenen Hufrehe.

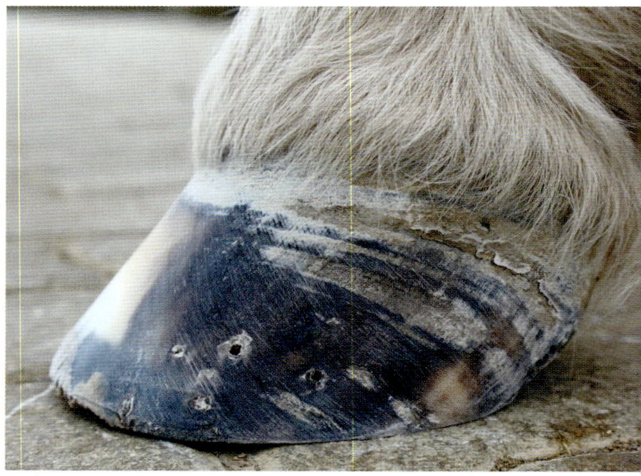

Reheringe sind an der Zehe eng und werden zu den Trachten hin weiter.

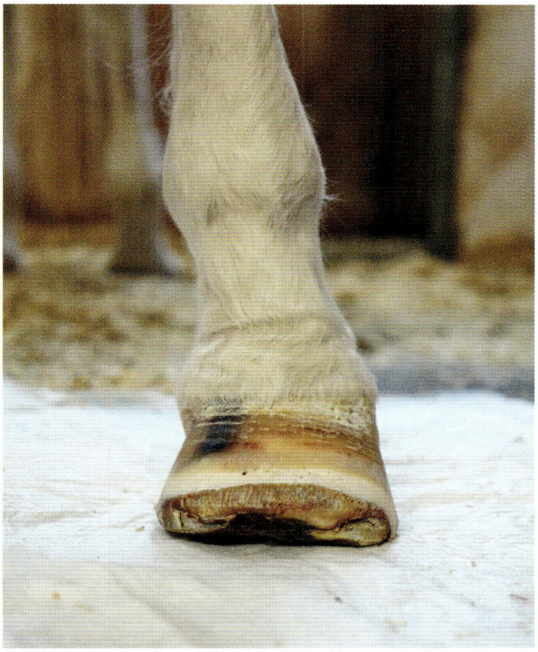

Einseitiges Absinken

Vernachlässigter Rehehuf mit zehenoffenem Beschlag

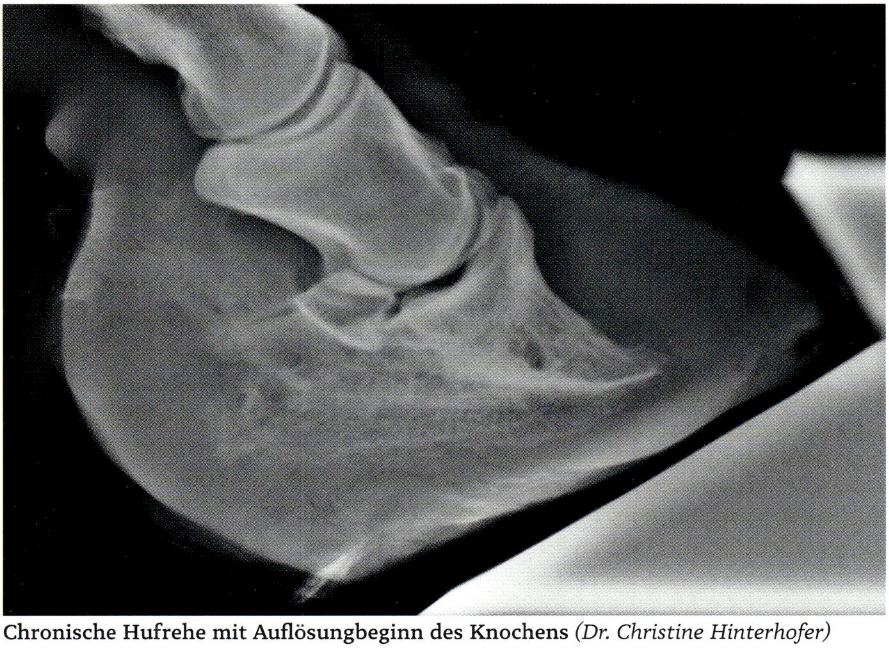

Chronische Hufrehe mit Auflösungbeginn des Knochens *(Dr. Christine Hinterhofer)*

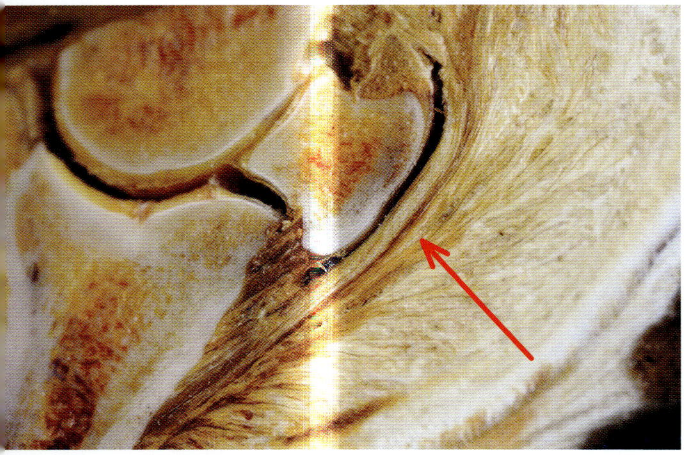

Hufrolle *(Präparat: Vetmeduni Vienna)*

Hufrollenerkrankung (Syndrom)

BESCHREIBUNG

Die Hufrolle umfasst den Bereich um das Strahlbein. Dazu gehört neben dem Strahlbein der untere Teil der tiefen Beugesehne, der Hufrollenschleimbeutel zwischen Strahlbein und der TBS, die Strahlbeinbänder und ein Teil des Hufgelenkes. Beim Hufrollensyndrom ist mindestens ein Teil davon betroffen.

Die Hufrolle funktioniert wie eine Umlenkrolle der tiefen Beugesehne um das Strahlbein zum Ansatz am Hufbein. Der zwischenliegende Schleimbeutel dient als Gleitlager. Meist ist eine Veränderung am Strahlbein oder an der Sehne die Ursache dieser Erkrankung. Das Strahlbein kann Veränderungen an seiner Gleitfläche aufweisen z. B. kleine Zacken oder Zubildungen oder sogenannte Lollipops. Diese sind pilzförmig veränderte Gefäßlöcher an der Gleitfläche. Genauso können Entzündungen der tiefen Beugesehne, des Schleimbeutels oder des Hufgelenks und Verletzungen der Strahlbeinbänder die Funktion der Hufrolle negativ beeinflussen. Daher ist eine genaue Diagnose durch den Tierarzt wichtig, um eine zielführende Maßnahme zur Erleichterung und Behandlung zu ermöglichen!

Pferde sind fast ausschließlich an der Vorderhand betroffen. Wendeschmerz, klammer Gang und leichte, wechselnde Lahmheit sind typische Anzeichen. Diagnostiziert wird mit Hilfe eines Röntgenbildes (Oxpring-Aufnahme) und mittels Leitungsanästhesie.

URSACHE

Oft Überlastung oder Fehlstellungen, bei denen die Hufrolle sehr beansprucht wird. Allerdings kann diese Erkrankung auch bei jungen Pferden eintreten. Hier spielen Veranlagung und Vererbung eine Rolle.

PROGNOSE

Entzündungen und Verletzungen können behandelt werden. Veränderungen am Strahlbein sind nicht heilbar. Unsere Aufgabe ist es, den Pferden das Laufen zu erleichtern und weitere negative Veränderungen möglichst einzudämmen oder zu verlangsamen. Je nach Grad des Hufrollensyndroms ist mit einer guten Behandlung von lahmfreien Pferden bis zu dauerhafter Lahmheit alles möglich. Zusammenarbeit mit dem Tierarzt und seiner Therapie ist Voraussetzung für eine erfolgreiche Behandlung.

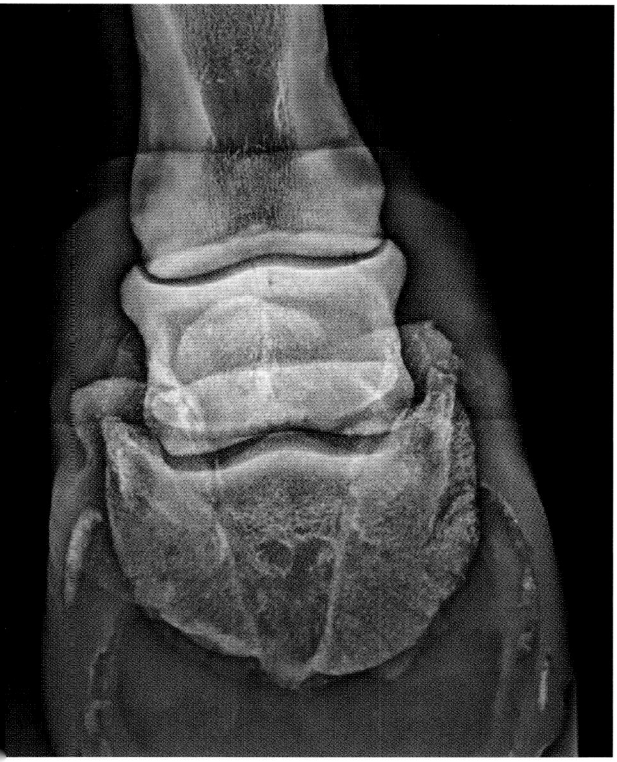

Hufrollenerkrankung am Röntgenbild. Hier ist die Rauigkeit der Gleitfläche des Strahlbeines zu sehen. *(Tierärztin Alexandra Kammerhuber)*

KORREKTUR

Ziel ist es, die Bewegung der Hufrolle zu minimieren, um die Beanspruchung möglichst gering zu halten und betroffene Teile zu entlasten und den Druck der tiefen Beugesehne auf das Strahlbein zu verringern.

Kurze Korrekturintervalle mit möglichst geraden seitlichen Zehenachsen. Gute Zehenrichtung und früher Abrollpunkt helfen die Bewegung zu minimieren. Schonung und Aufbau starker, stabiler Trachten. Gute Hufpflege und ein gesunder und mittragender Strahl helfen dabei. Bei Barfußpferden ist die Brechung der Tragrandkante zusätzlich wichtig, um ein gutes Rollen zu erleichtern. Ein Nachraspeln der Kante zwischendurch bringt zusätzliche Erleichterung.

BESCHLAG

Mit dem Beschlag werden die Aspekte der Korrektur fortgesetzt. Je nach Huf, Grad der Erkrankung und je nach betroffenem Teil fallen die Beschläge oft unterschiedlich aus und sollen mit dem Tierarzt abgesprochen werden. Ein weiterer wichtiger Punkt ist der Boden, auf dem das Pferd hauptsächlich bewegt wird.

Allen gemeinsam ist die Zehenrichtung bzw. ein früher Abrollpunkt kombiniert mit kurzen Beschlagsintervallen. Mit welchen Hufeisen oder Beschlag dies erreicht wird, ist weniger wichtig als die Ausführung. Manchmal ist es nötig, verschiedene Möglichkeiten zu versuchen, um die für dieses Pferd optimale zu finden.

Bei tiefen Böden können Ei-Eisen oder längere Schenkel zu einer Erleichterung führen, da der hintere Hufbereich nicht so stark einsinkt und die Bewegung der Hufrolle ebenfalls minimiert wird. Ist das Hufgelenk mit betroffen, kann es mit Platte und Polster von der Sohle gestützt werden.

Kunststoff oder Klebebeschläge nach gleichen Gesichtspunkten sind ebenfalls möglich. Da sie meist dicker als Hufeisen sind, ist es leicht, eine gute Zehenrichtung und einen frühen Abrollpunkt anzubringen.

Der Bockhuf

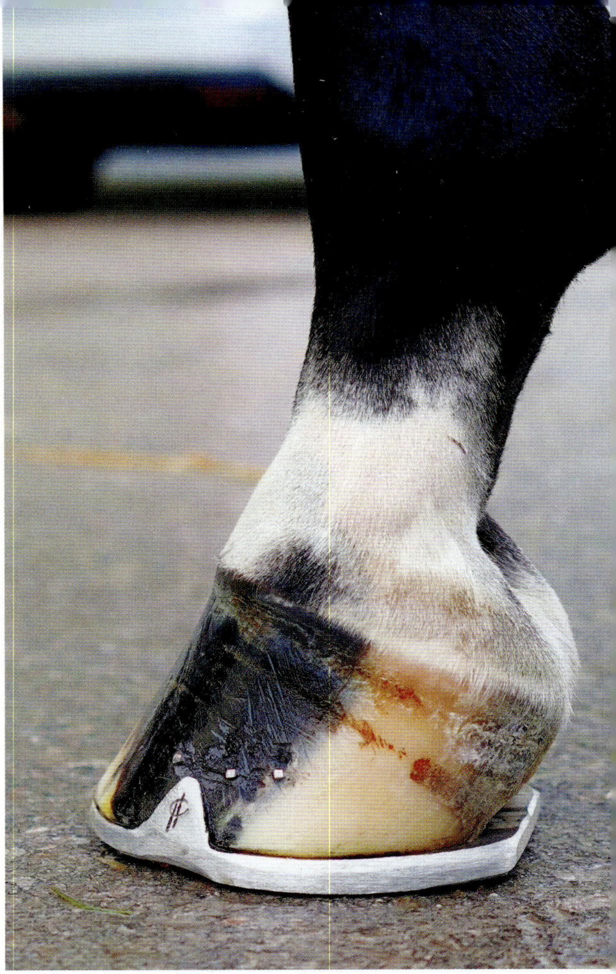

Bockhuf mit geschlossenen Aluminium-Eisen beschlagen, leichte Trachtenrichtung und Zehenrichtung. Die leicht konkave Zehenwand ist von der weißen Linie aus zur Zehenspitze keilförmig hohl gelegt, um die überstrapazierte Zehenwand zu entlasten.

BESCHREIBUNG

Ein Bockhuf ist ein sehr steiler Huf mit einem Zehenwandwinkel über 60 Grad und in hochgradiger Form bis zu 90 Grad. Die Trachten sind hoch und der Strahl verkümmert. Bei erworbenen Bockhufen treten Stauchungsringe an der Zehenwand auf. Diese kann sich auch konkav verformen. Die Zehenachse ist fast immer nach vorne gebrochen.

URSACHE

Bei Fohlen tritt der Bockhuf als sogenannter Grashuf auf. Da die Beine schneller wachsen als der Hals, spreizt es sie oder stellt ein Bein nach vor und das andere zurück. Das nach hinten gestellte Bein kann sich durch den Zug der tiefen Beugesehne und den Druck auf die Zehe zu einem Bockhuf entwickeln. Vererbung ist ebenfalls eine Ursache, wobei das Fohlen mit 4 gesunden Hufen zur Welt kommt und der Bockhuf sich erst dann entwickelt. Beim erwachsenen Pferd tritt der Bockhuf nach einer Verletzung der Beugesehnen auf und kann sich auch nach allen Erkrankungen entwickeln, wo ein Durchtreten der Fessel nicht möglich ist.

PROGNOSE

Im Fohlenalter ist ein Bockhuf korrigierbar, wenn gemeinsam mit dem Tierarzt früh genug damit begonnen wird. Beim erwachsenen Pferd wo ein Bockhuf erst nach einer Erkrankung auftritt, wird vorsichtig versucht, nach Abheilung, den Bockhuf zu korrigieren. Bei länger vorhandenem Bockhuf ist eine Korrektur meist nicht erfolgreich und sinnvoll, da alle Strukturen des Beines auf den Bockhuf eingestellt sind. Hier ist der Bockhuf ein notwendiger Ausgleichsfaktor für das Pferd und etwaige Verkürzungen der Sehnen.

KORREKTUR

Fohlen: Korrektur der Trachte, bis diese bei abgestelltem Bein leicht schwebt. Alle 2 bis max. 3 Wochen nachkorrigieren. Besser weniger und öfter korrigieren.

Erwachsenes Pferd: Ist der Bockhuf aufgrund einer Erkrankung entstanden, wird die Trachte ebenfalls soweit korrigiert, bis sie am abgestellten Bein leicht schwebt. Sowohl beim Barhufpferd als auch beim beschlagenen Pferd, soll bei Bedarf zwischen der Periode nachkorrigiert werden.

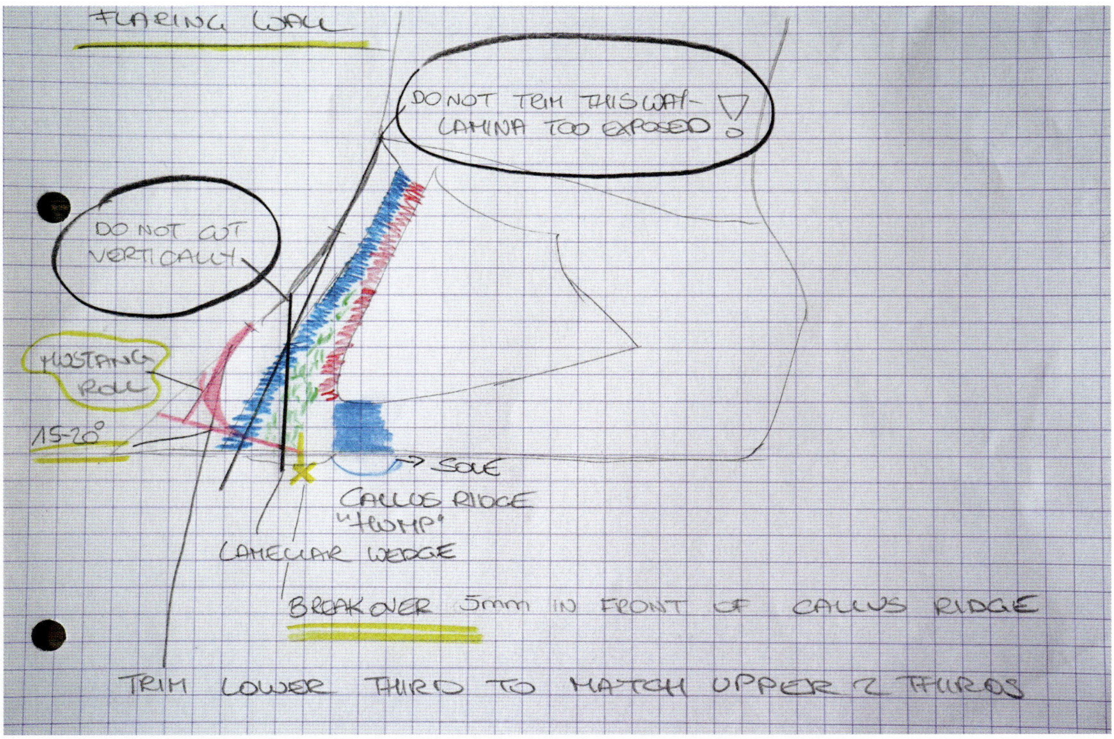

Hier sieht man die durch die konkave Zehenwand nach außen gezerrte weiße Linie und auch die mitgezerrte Huflederhaut. Wird diese Zehenwand ohne Rücksicht auf die Hornwand begradigt, ist diese zu dünn! Vorsicht! Auf keinen Fall darf sie senkrecht begradigt werden! Ein früher Abrollpunkt und die Zehe aus der Belastung nehmen oder hohl legen, hilft. *(Zeichnung Alexandra Kammerhuber, Tierärztin)*

Ist der Bockhuf schon längere Zeit vorhanden, muss zuerst der Gang des Pferdes, die Zehenachsen und die Belastung des Hufes beurteilt werden. Ist sowohl der Gang und die Belastung gleichmäßig und die Zehenachse nicht stark gebrochen, wird der Bockhuf NICHT flacher korrigiert. Bei einer konkaven und gestauchten Zehenwand ist diese überbelastet. Der Huf wird ebenfalls steil belassen und die Zehenwand entlastet z. B. hohl gelegt.

Überkorrigierte Bockhufe mit konkaver und gestauchter Zehenwand üben einen extremen Zug auf die tiefe Beugesehne aus und Druck in der Zehenwandmitte. Übertriebene Korrektur kann im Extremfall eine mechanische Rehe auslösen!

Bei zu stark korrigierten Barfußpferden mit konkaver Zehenwand darf diese nur vorsichtig begradigt werden, da ansonsten die ohnehin überlastete Zehe zu stark geschwächt wird und noch weniger Belastung aufnehmen kann. Den Huf steiler lassen und die Zehe entlasten, dann wird der Huf gleichmäßig belastet und wächst wieder gleichmäßig. Auch soll die Tragrandkante nicht zu stark bekundet werden, damit die Zehenwand die Belastung besser aufnehmen kann Der Abrollpunkt kann trotzdem nach hinten versetzt werden (siehe Zeichnung).

Kurze Intervalle der Hufkorrektur sind Voraussetzung zur Gesunderhaltung von Pferden mit Bockhufen.

BESCHLAG

Fohlen: In höhergradigen Fällen hilft ein Klebeschuh mit Zehenverlängerung. Auch hier alle 2–3 Wochen abnehmen und nachkorrigieren. Gute Erfolge werden auch mit Kunsthornapplikationen an der Zehe erzielt. Diese haben den Vorteil, dass sie problemlos jederzeit nachkorrigiert werden können. Hufeisen mit Zehenverlängerungen oder Halbmondeisen helfen ebenfalls, wobei das Nageln oft schwierig und für die Tiere nicht angenehm ist. Sedierung!

Erwachsenes Pferd: Soll der Bockhuf korrigiert werden, hilft neben der Korrektur ein Hufeisen mit keilförmig verdünnten Schenkeln. Aluminium-Hufeisen eignen sich auch dafür, da sie leicht keilförmig bearbeitbar sind. Bei nicht zu großer Beanspruchung auch Halbmondeisen.

Für alle Bockhufe gilt: Grundsätzlich ist es vorteilhaft, Hufeisen mit einem breiten Zehenteil/Schuss zu verwenden. Das Hufeisen schließt vorne an der Zehe ab und soll nicht zurückgesetzt werden. Eine Zehenkappe kann die Wand zusätzlich stützen. Fußt das Pferd mit der Trachte zuerst, werden die Schenkelenden abgerundet oder falls notwendig, leicht abgebogen. Die Hufeisenlänge wird eher kurz gehalten.

Kunststoff oder Klebehufschutz kann in leichteren Fällen auch verwendet werden, sofern sie sich an obige Grundsätze anpassen lassen. Wichtig ist vor allem ein stabiler Zehenteil!

Stelzhuf/Stelzfuss

BESCHREIBUNG

Der Stelzhuf ist eine extreme Form des Bockhufes mit einem Winkel der Zehenwand von 90 Grad oder mehr. Beim Stelzfuß weist das Fesselbein einen Winkel von 90 Grad oder mehr auf, wobei der Huf normalgewinkelt, bockhufig oder zusammen mit einem Stelzhuf vorkommen kann. Beide treten sowohl bei Fohlen als auch beim erwachsenen Pferd auf. Der Stelzhuf ist erworben und der Stelzfuß kann angeboren und erworben sein.

(Präparat: Vetmeduni Vienna)

URSACHE

Die Ursachen sind jenen des Bockhufs ähnlich. Bei Fohlen sind oft zu kurze Beugesehnen die Ursache, so dass das Vorderfußwurzelgelenk nicht durchgestreckt werden kann. Infektiöse und genetische Ursachen können ebenfalls dazu führen. Beim Großpferd sind die Hauptursachen Sehnen, Gelenks- und Muskelerkrankungen, die ein Durchtreten verhindern.

PROGNOSE

Bei Fohlen ist die Prognose günstig, falls er frühzeitig behandelt wird, sie hängt jedoch auch von Grad und Ausmaß ab. Beim erwachsenen Pferd sind die Heilungschancen gering und stark ursachenabhängig.

(Präparat: Vetmeduni Vienna)

KORREKTUR

In Zusammenarbeit mit dem Tierarzt muss die Korrektur nach Stadium, Ursache und der Behandlung angepasst werden. Meist ist eine mechanische Stabilisierung in der Anfangsphase sinnvoll.

BESCHLAG

Geklebte Fohlenschuhe, Zehenverlängerungen mit Kunsthorn und Bügeleisen werden verwendet, um das Bein zu stützen und das Pferd/Fohlen vor dem Überköten zu schützen.

Stelzfuß aufgrund einer Erkrankung

Stellung des Hufbeins in der Hornkapsel eines Stelzhufes *(Präparat: Vetmeduni Vienna)*

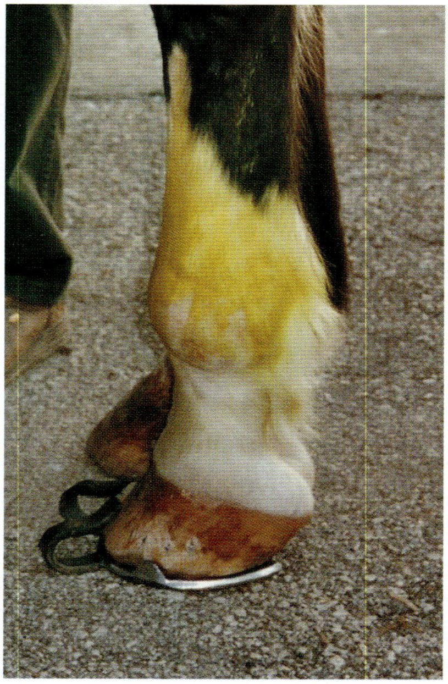

Stelzfuß mit modifizierten Bügeleisen beschlagen

Entlasten der Beugesehnen und des Fesselträgers

TIEFE BEUGESEHNE

Den größten Zug bekommt sie am Ende der Stützbeinphase im Moment kurz vor dem Abfußen. Daher muss der Abrollpunkt zurückgesetzt und durch eine Zehenrichtung der gesamte Abrollvorgang erleichtert werden. Eine Erhöhung der Trachten bzw. steiler Stellen vermindert die Spannung der Sehne. Kurze Korrekturperioden sind absolut notwendig für die Wirkungsweise der Entlastung. Ein Beschlag mit Ei-Eisen verhindert das Einsinken auf weichem Boden. Das Unterstützungsband der TBS setzt am Karpalgelenk an, verbindet sich auf halber Höhe mit der TBS und unterstützt diese.

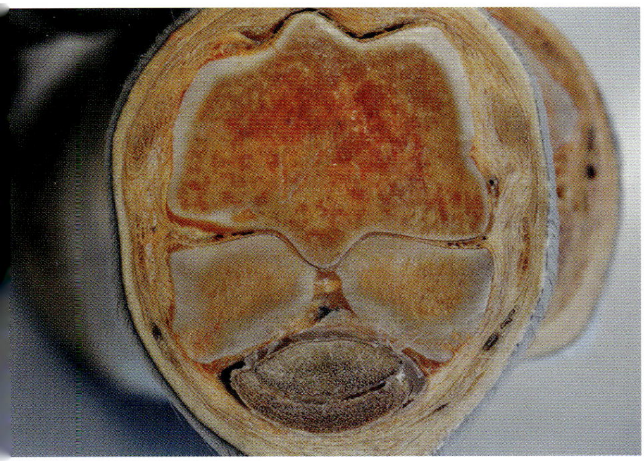

Schnitt beim Fesselgelenk durch die Gleichbeine. Außen die breitere und schmale OBS, innen die ovale TBS. Das Gelenk wird vom Fesselringband gestützt. *(Präparat: Vetmeduni Vienna)*

OBERFLÄCHLICHE BEUGESEHNE

Diese hat die größte Belastung zu Beginn der Standphase. Die OBS ist elastischer als die TBS und hilft beim Entspannen indirekt der TBS. Sie wird durch einen flacheren Hufwinkel entlastet. Dabei soll die Zehe nicht zu lang belassen und ein gutes Abrollen ermöglicht werden, da die tiefe Beugesehne einem erhöhten Zug ausgesetzt wird.

FESSELTRÄGER

Der Fesselträger trägt die Fessel und wird daher beim größten Durchtreten der Fessel am stärksten beansprucht. Vermindert wird der Zug durch Flacher-Stellen des Hufes an der Vorderhand, kurze Korrekturabstände, leichtes Abrollen/ Zehenrichtung. Fesselträgereisen mit breitem Schuss und schmalen Schenkel ermöglichen auf weichem Boden ein Einsinken der Trachte und helfen bei der Entlastung. Aus Aluminium gefertigte Fesselträgereisen sparen Gewicht und tragen zu einer schnelleren Heilung bei.

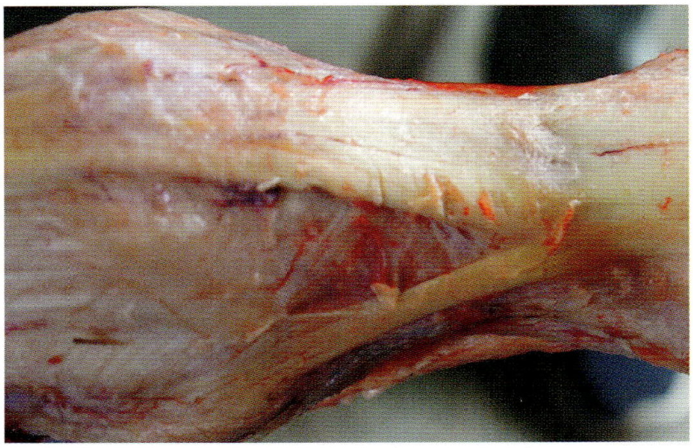

Links das Fesselgelenk, oben der untere breite Teil der Strecksehne und von unten links der Fesselträgerschenkel, der nach vorne zieht und mit der Strecksehne verwächst.

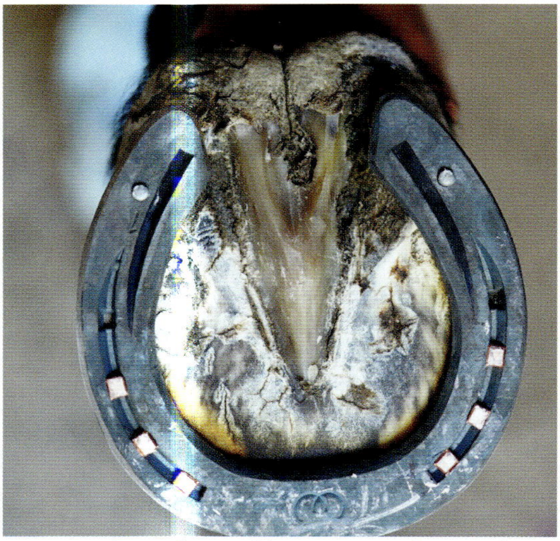

Der Bereich um die Strahlspitze ist noch gesund. An der Mittelfurche und der inneren Strahlfurche ist das Horn bereits zersetzt.

Starke akute Strahlfäule. Nur mehr ein Bruchteil gesundes Strahlhorn ist vorhanden.

Strahlfäule

BESCHREIBUNG

Fäulnisbakterien zersetzen das Strahlhorn. Der so notwendige Strahl wird geschwächt, mit Furchen und Ritzen voll schwarzer und schmieriger Masse. Das Strahlhorn ist übelriechend von Fäulnis und in schweren Fällen völlig abgebaut und zerstört. Er kann seine Aufgabe nur mehr teilweise erfüllen. Das führt zu unnatürlich starkem Hufmechanismus, Verengung der Hufe, fehlender Stabilität, schlechterer Durchblutung und schlechter Druckverteilung am gesamten Huf. Bei starker und andauernder Strahlfäule können durch die Reizung der Lederhaut Strahlfäuleringe an der Hornwand entstehen. Diese verlaufen von der Trachtenwand entlang der Seitenwand in Richtung Kronrand.

URSACHE

In den meisten Fällen Haltungsbedingungen und mangelnde Hufpflege! Pferde in freier Natur würden sich nicht in den eigenen Dreck stellen! Es gibt allerdings auch seltene Fälle bei absolut sauberer Haltung. Eine Vermutung ist ein Auslöser durch Stress, was allerdings nicht belegbar ist. Enge Hufe sind anfälliger als weite. Nicht selbstreinigende, geschnittene Strahlfurchen und zu lange Korrekturintervalle führen ebenfalls zu Strahlfäule.

PROGNOSE

Außer in schweren Fällen ist das Pferd meistens lahmfrei und die Strahlfäule gut heilbar. Voraussetzung sind saubere Haltungsbedingungen, tägliche Hufpflege und Behandlung mit antibakteriellen Strahlfäulemitteln oder ätherischen Hufölen. Ausschlaggebend ist weniger das angewandte Mittel, sondern viel mehr die Konsequenz der Behandlung und Pflege! Ohne Beseitigung der Ursachen ist eine Heilung nicht möglich!

KORREKTUR

Alle losen und faulen Teile und Taschen werden weggeschnitten. Jeder Spalt wird mit dem Hufmesser kontrolliert und vorsichtig entfernt, ohne den Strahl blutig zu schneiden. Ein scharfes Messer und ein wenig Geduld sind Voraussetzung. Abschließend wird ein Strahlfäulemittel aufgebracht. Ist die Strahlmittelfurche betroffen, können kleine mit Desinfektionsmittel getränkte Pads vorsichtig in diese gesteckt werden. Diese sollen vom Besitzer ständig gewechselt werden.

BESCHLAG

Da der Beschlag den geschwächten Strahl ein wenig vom Boden abhebt, kann das für den Heilungsprozess in einigen Fällen von Vorteil sein. Umgekehrt hilft beim Barfußpferd die Durchblutung bei der Bodenberührung den Hornnachwuchs zu fördern. Silikoneinlagen über dem Strahl verschlimmern die Lage, da sich die Bakterien darunter munter weiter vermehren. Unter Luftabschluss finden sie den perfekten Nährboden. Entweder den Strahl zur Behandlung freilassen oder zumindest eine Schicht Kupfersulfat auf den Strahl, wenn eine Einlage aus anderen Gründen erforderlich ist. Sobald diese nicht mehr unbedingt notwendig ist, den Strahl behandeln!

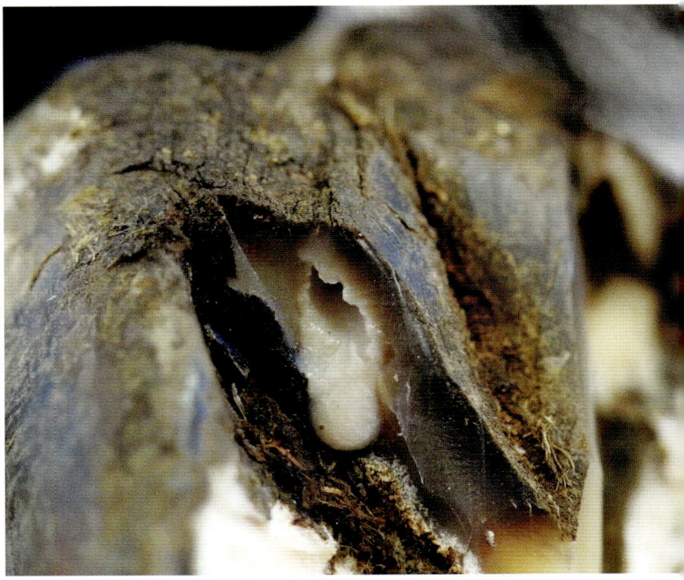

Solche Taschen mit weißer Strahlflüssigkeit kommen selten vor und es handelt sich nicht um Strahlfäule. Die Taschen werden geöffnet und gereinigt. Über die Ursachen gibt es verschiedene, nicht bestätigte Theorien. Die Schädigung des Strahls ist gering.

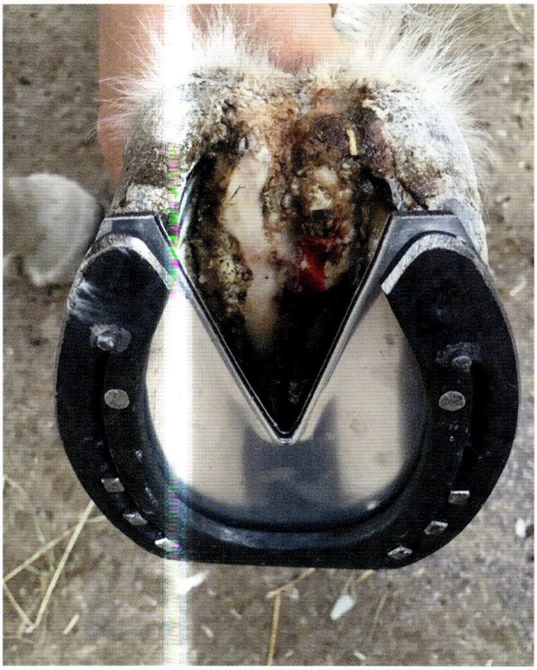

Strahlkrebs mit Wucherungen in den Seitenfurchen. Deckeleisen-System, wobei der Strahl durch den abnehmbaren Deckel behandelt werden kann.

Nach jahrelanger Strahlfäule Übergang zu Strahlkrebs

Hufkrebs

BESCHREIBUNG

Hufkrebs ist eine Entzündung der Strahllederhaut bei der blumenkohlartiges, stinkendes Horn zugebildet wird – im Gegensatz zur Strahlfäule, bei der Horn abgebaut wird. Aufgrund des tumorähnlichen Aussehens wird sie als Huf- oder Strahlkrebs bezeichnet. Diese Wucherungen sind stark durchblutet und können sich beim Fortschritt der Krankheit auf Eckstreben, Sohle und Hornwand ausbreiten. Die Zöttchen der Lederhaut wachsen übergroß an, und produzieren eine schmierige, weiße, käseartige Masse, die bei geringster Bearbeitung blutet. Auch stengelartige Gewächse wuchern aus der Lederhaut. Wer den Geruch eines Hufkrebses einmal gerochen hat, vergisst ihn nicht wieder.

URSACHE

Diese sind noch nicht gänzlich erforscht. Hufkrebs kann sich aus starker, nicht behandelter Strahlfäule entwickeln, tritt jedoch auch bei gesundem Strahl auf und eine Vererbbarkeit wird nicht ausgeschlossen. Unhygienische, nasse Haltungsbedingungen sind häufig anzutreffen. Bei manchen Rassen, wie z. B. Kaltblütern, treten vermehrt Fälle auf.

PROGNOSE

In leichten Fällen und im Anfangsstadium ist keine Lahmheit sichtbar und eine Heilung möglich. Ist die Krankheit bereits fortgeschritten, sind die Heilungschancen deutlich geringer. Die Behandlung ist zeit- und kostenintensiv und der Krebs kann kurze Zeit später auf einer anderen Stelle im Huf oder einem anderen Bein wieder ausbrechen.

KORREKTUR UND BEHANDLUNG

Die Behandlung erfolgt durch den Tierarzt oder eine Klinik. Die Korrektur wird gemeinsam mit dem Tierarzt durchgeführt. In jedem Fall muss das betroffene Gewebe entfernt, der Huf behandelt und hygienisch sauber eingepackt werden. Ständige Kontrolle, Nachschneiden, Wundversorgung sind unumgänglich. Vorsicht ist geboten, da die Pferde unter Schmerzen leiden.

Das krebsartige Gewebe kann operativ entfernt oder alternativ nach Behandlung mit Novoderma-Salbe abgeschabt werden. Hier wird am Vortag die Salbe unter einem Verband aufgetragen. Am nächsten Tag lässt sich das Gewebe unblutig entfernen. Die Stellen werden mit Hufkrebspulver behandelt und wundversorgt. Darüber wird ein Druckverband angelegt.

Bei Barfußpferden wird ein Hufverband angebracht.

Nach der Abheilung im Strahlbereich ist der Hufkrebs in der Eckstrebe erneut ausgebrochen.

BESCHLAG

Zur ständigen Behandlung und Kontrolle wird ein Deckeleisen verwendet. Dieser Deckel wird mit Schrauben oder kleinen Stollen befestigt. Es erleichtert die Behandlung erheblich.

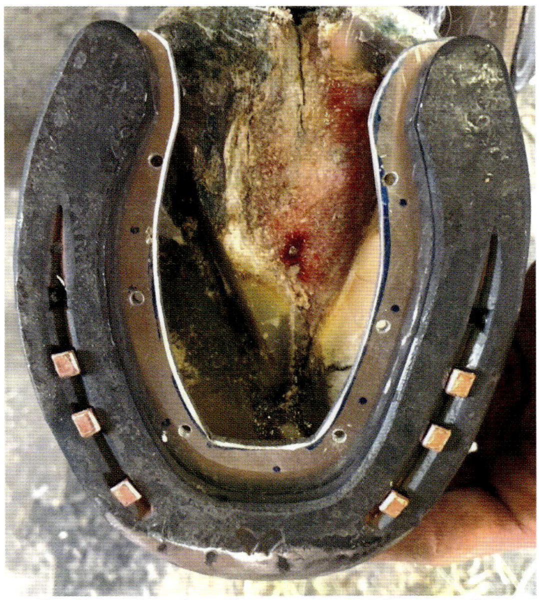

Hufkrebs nach Behandlung mit Novoderma-Salbe mit handgefertigtem und abschraubbarem Deckel
(Foto und Beschlag: Tobias Kahl)

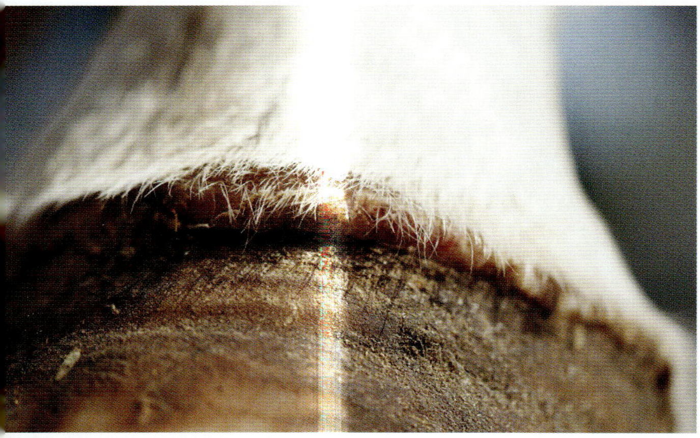

Akute Saumbandentzündung

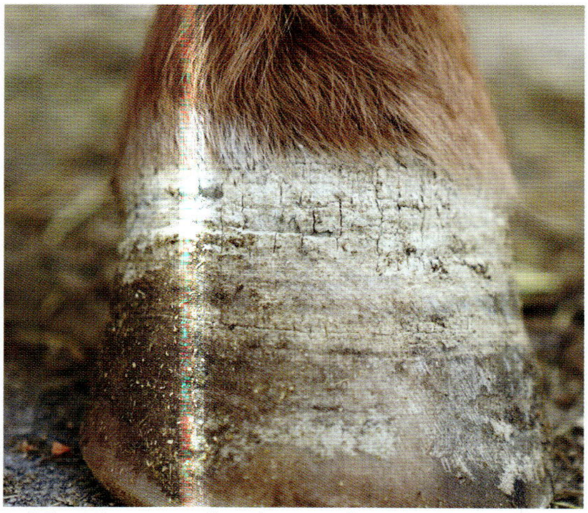

Infolge einer Saumbandentzündung immer noch geschädigtes borkiges Horn. Auch das Saumband ist so verhornt. Dadurch wirkt der Huf auch länger.

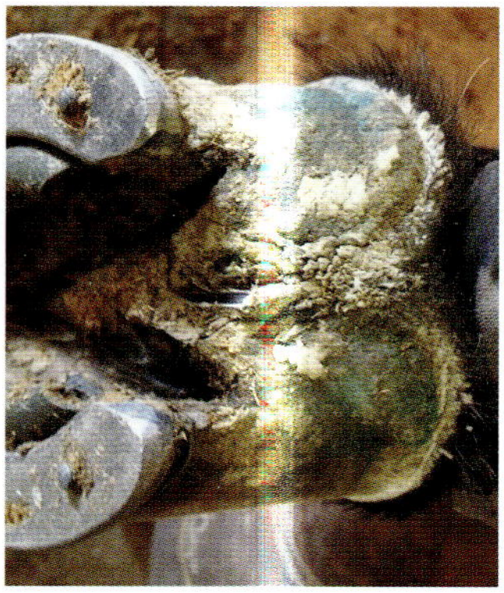

Die waagrecht abstehenden Härchen sind Anzeichen einer Entzündung am Saumband.

Saumbandentzündung

BESCHREIBUNG

Man erkennt diese Entzündung am Saumband und der Saumlederhaut an den waagrecht abstehenden Haaren über dem Kronrand und in Folge entsteht borkig aussehendes Horn unterhalb des Kronrandes. Das Horn ist von schlechter Qualität und durchlässig für Bakterien und Pilze. Bei einer chronischen Saumbandentzündung sieht man oft Kronrandspalten. Der gesamte Huf wird instabil.

URSACHE

Kronrandverletzungen, schlechtes Immunsystem, mangelnde Pflege und das Eindringen von Keimen. Oft ist sie verbunden mit starker Strahlfäule oder Hufkrebs.

PROGNOSE

Die Pferde sind selten lahm und daher wird diese Krankheit oft unterschätzt. Sie muss unbedingt durch den Tierarzt behandelt werden.

KORREKTUR

Gemeinsam mit der Behandlung durch den Tierarzt wird das rindenartige Horn mit der Raspel geglättet und behandelt. Treten bereits Hornspalten oder Ballenverschiebungen auf, gehört der Huf stabilisiert. Saubere Haltung, sorgfältige Hufpflege und Stärkung des Immunsystems sind Voraussetzung für die erfolgreiche Behandlung.

Steingallen

BESCHREIBUNG

Steingallen sind Quetschungen im Huf, hervorgerufen durch Prellungen entweder von außen oder dem Hufbein von innen. Sie treten an der Wand, Sohle, weißen Linie, Eckstreben oder am Strahl auf und sind vor allem an unpigmentiertem und hellem Horn sichtbar. Man unterscheidet zwischen trockenen, eitrigen und chronischen Steingallen. Es kommt zu einer Einblutung von der stark durchbluteten Huflederhaut ins Horn. Diese wird später bei der Hufbearbeitung sichtbar.

URSACHE

Steiniger Boden, Anschlagen und mechanische Ursachen sind Einwirkungen von außen. Prellungen des Hufbeins gegen die Hornwand, Sohle oder die Hufbeinäste gegen die Eckstreben führen ebenfalls zu Steingallen. Zu harte Hufe, zu dünne Hornkapsel, zu flache und genauso zu hohe Trachten und einengender Beschlag begünstigen die Entstehung. Dringen Bakterien ein, entstehen eitrige Steingallen. Bei dauerhafter Quetschung z. B. bei Zwanghufen können chronische Steingallen entstehen. Eine Sonderform sind durch Hufrehe hervorgerufene Einblutungen im Bereich der Hufbeinspitze.

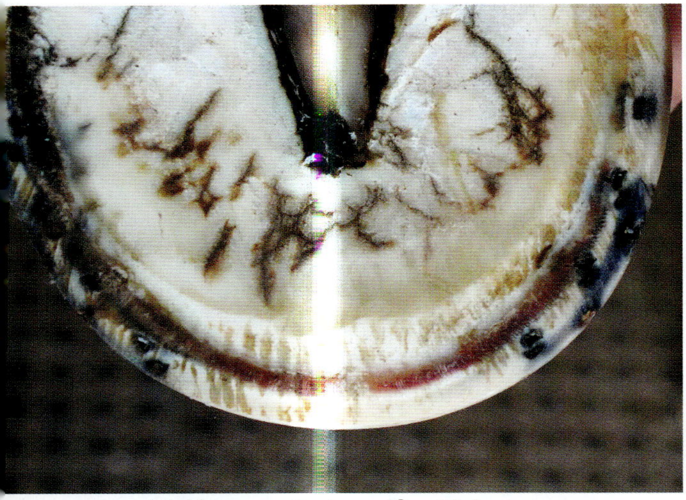

Einblutungen in der weißen Linie stammen ebenfalls von Prellungen. Entweder von außen, z. B. durch Schläge gegen die Box oder mit dem Hufbein von innen.

PROGNOSE

Trockene Steingallen sind in vielen Fällen harmlos und führen zu keiner Lahmheit. Sie sollten beobachtet werden, ob sie zufällig entstanden sind oder einen Grund im Huf oder Beschlag haben, der abgeändert werden kann. Eitrige, schmerzende Steingallen werden vom Tierarzt geöffnet und versorgt. Chronische führen zu Dauerschmerz und die Ursache muss beseitigt werden.

KORREKTUR

Bei trockenen Steingallen vorsichtig mit dem Hufmesser drüber schneiden und kontrollieren, wie tief und ausgeprägt sie sind. Bei Auftreten im Eckstrebenwinkel das Horn innerhalb dieses Winkels nachschneiden, damit es elastischer wird und dem Druck der Hufbeinäste nachgibt. Ist diese Stelle z. B. bei einem Flachhuf zu dünn, muss das Horn in diesem Bereich gestärkt oder unterstützt werden. An der Hornwand werden trockene Steingallen meist beim Beraspeln sichtbar und so belassen. Bei nassen, eitrigen Steingallen gemeinsam mit dem Tierarzt eine Hornlücke schneiden, reinigen, desinfizieren und einen Hufverband anlegen. Bei Druckstellen von Rehepferden bedarf die Sohle größter Schonung und darf nicht oder nur mit äußerster Vorsicht beschnitten werden. Bei chronischen Quetschungen muss die Ursache gefunden und beseitigt werden.

BESCHLAG

Nach eitrigen Steingallen wird der Bereich durch Desinfektions- und Verbandsmaterial abgedeckt und durch eine Leder- oder Kunststoffplatte geschützt. Bei trockenen, wiederholt auftretenden Steingallen soll entweder die Ursache abgestellt oder der Huf geschützt werden.

Vernagelung

NAGELSTICH

Der eingeschlagene Hufnagel dringt in durchblutetes Gewebe der Huflederhaut ein und wird sofort wieder entfernt. Das Nagelloch wird frei gelassen, desinfiziert und der Besitzer informiert. Im Normalfall ist das Pferd nicht lahm, meist sind auch keine Komplikationen zu befürchten.

Das kann passieren, wenn der Nagel verkehrt angesetzt wurde, bei stark ausgebrochenen Hufen, bei unwilligen Pferden oder einer kleinen Unaufmerksamkeit des Hufschmiedes. Der Nagel verletzt die Huflederhaut ca. 1 cm nach dem Eindringen in das Horn bei mittelgroßen Hufen. Der Nagel geht plötzlich weich, anstatt in das härtere Wandhorn. Das Pferd spürt den Schmerz und zuckt weg.

(Foto: Kathrin Werth)

INDIREKTE VERNAGELUNG ODER NAGELDRUCK

Der Hufnagel geht sehr nah „am Leben" vorbei und übt durch die Verdrängung des Horns durch den eingeschlagenen Nagel Druck auf die Lederhaut aus. Der Schmerz kann erst später auftreten. Zum Beispiel bei Belastung oder auf hartem Boden.

Das Pferd beginnt nach kurzer Zeit zu lahmen und erste Anzeichen einer Entzündung entstehen. Nach eingehender Lahmheitsuntersuchung wird entweder der betroffene Nagel entfernt oder das ganze Eisen abgenommen. Tierarzt und Besitzer informieren, desinfizieren und einen Hufverband anlegen. Wenn das Pferd wieder lahmfrei ist, kann das Hufeisen wieder aufgenagelt werden. Das betroffene Nagelloch wird frei gelassen.

Das vom zu knapp gesetzten Nagel verdrängte Horn drückt gegen die Huflederhaut.

Nagelstich: Die Spitze des Hufnagels ist blutig.

Viel zu tief angesetzte Nägel im Sohlenbereich *(Foto: Philipp Petric)*

VORSICHT vor versuchtem Versicherungsbetrug! Mit der Versicherung und dem Tierarzt Kontakt halten!

Des Öfteren kommt noch eine zusätzliche Möglichkeit der Ursache hinzu, bei der der Hufschmied ziemlich schuldlos ist. Ist das Pferd knapp genagelt und tritt kurz nach dem Beschlagen z. B. gegen eine Boxenwand oder ähnliches, kann der knapp sitzende Nagel ebenfalls zu schmerzen beginnen. Eine indirekte Vernagelung kann bis zu 8 oder maximal 10 Tagen nach dem Beschlag auftreten.

Oft wird ein Zeitraum von 14 oder sogar noch mehr Tagen angegeben. Meiner Meinung nach ist das irrelevant, da in diesem Zeitraum der Hornschuh bereits nachgewachsen ist. Wenn man von einem durchschnittlichen Wachstum von 1 mm/Woche ausgeht, ist der Tragrand samt Hufeisen und Nägel bereits 2 mm angewachsen. Das ist für mich kein Nageldruck mehr, der auf Kosten des Schmiedes geht.

DIREKTE VERNAGELUNG

Der Hufnagel verletzt die Matrix/Huflederhaut und wird nicht entfernt. Nicht jedes Pferd reagiert sofort auf einen schlecht gesetzten Nagel. Das passiert auch bei unruhigen Pferden. Das Pferd lahmt und eine Huflederhautentzündung entsteht.

Nach der Lahmheitsuntersuchung wird das Eisen abgenommen, das oder die Nagellöcher desinfiziert, ein Hufverband angelegt, Besitzer und Tierarzt werden informiert. Das Hufeisen darf erst nach Abheilen der Entzündung wieder aufgenagelt werden. Je nach Fall ist eine mit nicht ausgehärtetem Desinfektionsmaterial gefüllte Platte zu empfehlen.

Eine Vernagelung kann jedem Hufschmied passieren, jedoch haben wir die Konsequenzen zu tragen. Die Haftpflichtversicherung übernimmt die entstehenden Kosten für den Besitzer.

Hornsäule

BESCHREIBUNG

Eine Hornsäule ist eine Hornzubildung an der Innenseite der Hornwand. Sie ist meist säulenförmig, kegelförmig oder kugelförmig und drückt gegen die Lederhaut bzw. das Hufbein. Am Tragrand wird sie dann meist gelblich, halbmondförmig nach innen sichtbar. Sie kann auch zu Abszessen führen und ist am Röntgenbild sichtbar.

URSACHE

Aufgrund einer Verletzung oder Entzündung im Kronrandbereich wird das Hornwachstum gestört und an dieser Stelle zusätzliches Horn produziert. Dieses wächst vom Kronrand zum Tragrand.

PROGNOSE

Liegt keine Lahmheit zugrunde, belässt man die Hornsäule. Bei lahmen Pferden wird die Hornsäule operativ entfernt. Zur völligen Genesung dauert es ein knappes Jahr bis die Wand wieder ganz nachgewachsen ist.

OPERATIVE BEHANDLUNG

Die Wand wird links und rechts der Säule eingeschnitten und mit einer Zange wird die Hornsäule samt Hornwand nach oben weggeklappt. Beim Kronrand wird sie vorsichtig mit einem Skalpell abgetrennt. Ein stabilisierender Beschlag und eine Verschraubung der geteilten Wand mittels Spangen oder einer kleinen Metallplatte schützen den Huf. Die entstehende Rinne bis zur Lederhaut muss tierärztlich versorgt werden.

BESCHLAG (Hornsäule nicht entfernt)

Hohllegen der Hornsäule und keine Kappe direkt über diese.

Hornsäulenartige Veränderung innerhalb der Hornkapsel *(Präparat: Vetmeduni Vienna)*

(Präparat: Vetmeduni Vienna)

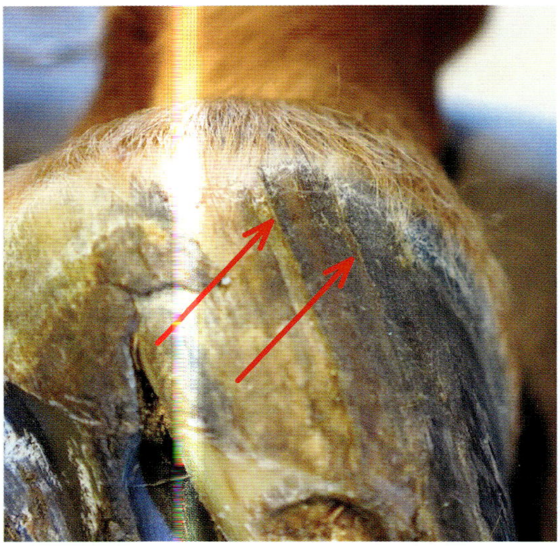

2 kleine Hornleisten in der Trachtenwand beeinträchtigen das Pferd nicht.

Hornleiste

BESCHREIBUNG

Eine Hornleiste ist eine Hornzubildung außen an der Hornwand. Sie wächst vom Kronrand zum Tragrand.

URSACHE

Durch eine Kronrandverletzung, eine Entzündung oder durch einen chronischen Reiz im Kronrandbereich kann es zu einer Hornleiste kommen.

PROGNOSE

Harmlos und keine Lahmheitsursache. Man sieht sie auch manchmal beim Menschen nach einer Nagelbettverletzung, wo der Nagel mit einer kleinen Leiste nachwächst. Die Hornleiste bleibt ein Leben lang und stört das Pferd nicht.

KORREKTUR

Sie wird kosmetisch beraspelt und dadurch fast unsichtbar, wächst jedoch ständig nach. Falls die Oberflächenstruktur sehr rauh ist, soll sie mit Hufpflegemittel gut behandelt werden.

Große/Extreme wuchernde Hornleiste *(Präparat: Vetmeduni Vienna).* **Die meisten sind klein mit einer Größe von wenigen Millimetern.**

Hufgelenksentzündung

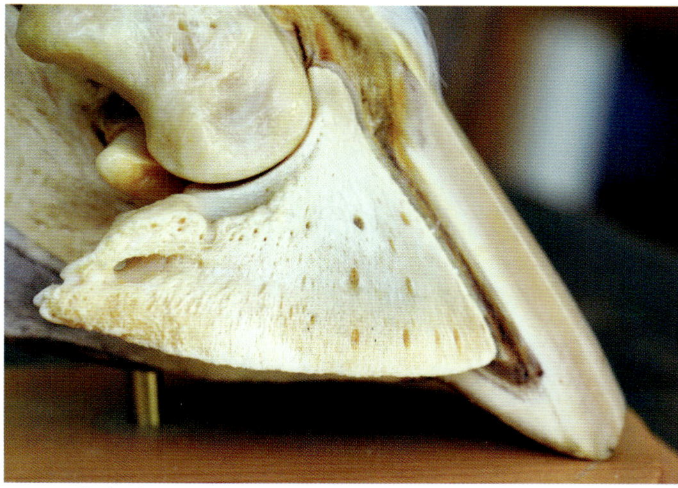

Das Hufgelenk

BESCHREIBUNG

Eine Entzündung des Hufgelenks, die nicht infektiös, infektiös oder chronisch sein kann. Der Huf hat Entzündungsanzeichen und zeigt meist wenig Reaktion auf die Hufuntersuchungszange.

URSACHE

Einwirkung von außen, wie Stöße, Prellungen, Verstauchungen, schlechter und harter Reitboden, Überbelastung und auch Stellungsfehler sind häufige Ursachen. Schlechte Hufkorrektur und Beschlag beeinflussen zusätzlich negativ. Bei infektiösen Entzündungen dringen Keime von außen in das Gelenk, z. B. bei einem Kronentritt.

PROGNOSE

Nicht infektiös, die häufigste Art: Leichte bis mittlere Lahmheit, auch wechselnd und manchmal nur Unwohlsein sind Symptome. Je früher sie diagnostiziert wird, desto schneller und leichter ist ein Heilungserfolg.

Infektiös, sehr selten: Mittlere bis schwere Lahmheit und ein geröteter, geschwollener Bereich oberhalb der Hornkapsel. Die Prognose ist schlecht und das Pferd muss chirurgisch behandelt werden.

Chronische: Ist oft eine Folge der infektiösen Hufgelenksentzündung. Arthrosen treten auf und beeinträchtigen das Pferd solange es lebt.

KORREKTUR

Kurze Zehe, gutes Abrollen und korrekte Zehenachsen. Bei Barhufpferden auch das Abrollen zur Seite möglichst erleichtern und die Sohle schonen. Hat das Pferd eine Trachtenfußung, auch die Trachte abrunden.

BESCHLAG

Zehenrichtung und früher Abrollpunkt. Auch das Auffußen harmonisieren. Seitliches Abrollen erleichtern. In leichten Fällen ist ein passendes Aluminium-Hufeisen von Vorteil, da sich das geringe Gewicht positiv auf eine schnellere Heilung auswirkt. Ein Sternbar-Hufeisen, vorzugsweise aus Aluminium, verbunden mit einem Sohlenpolster stützt das Hufgelenk von unten und fängt Stöße ab. Alternativ ist ein geschlossenes Hufeisen/Herzeisen mit Platte und Polster hilfreich. Keilplatten und zehenoffene Hufeisen entlasten ebenfalls das Hufgelenk. Kunststoff und Klebebeschläge danach modifiziert sind eine gute Alternative in leichteren Fällen.

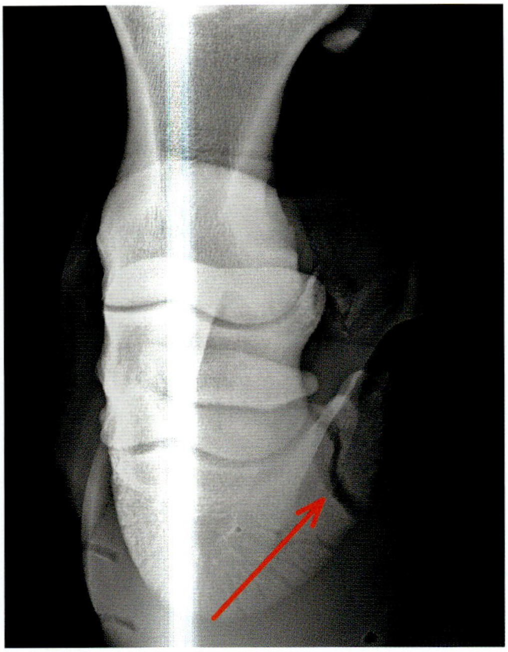

Hufbeinfraktur *(Dr. Christine Hinterhofer)*

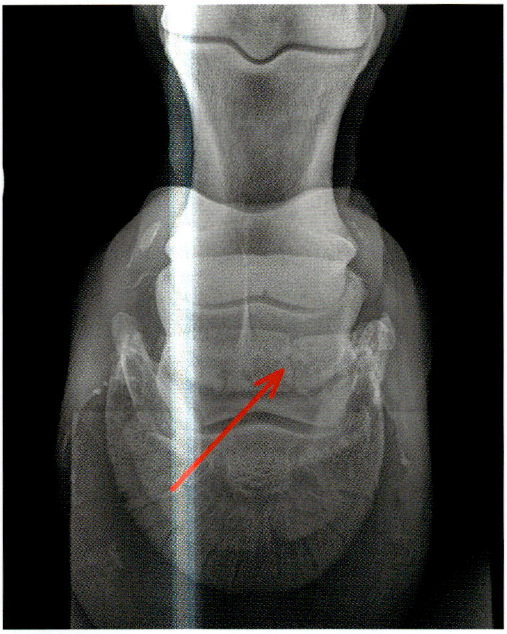

Strahlbeinfraktur: Auch hier wird der Huf möglichst ruhig gestellt. *(Tierärztin Alexandra Kammerhuber)*

Hufbeinfraktur

BESCHREIBUNG

Ein Knochenbruch des Hufbeines kann sowohl die Hufbeinäste betreffen als auch den vorderen Bereich mit und ohne Gelenksbeteiligung. Eine Fissur ist ein Haarriss. Das Pferd ist mittelgradig bis schwer lahm. Die Fraktur wird mittels Röntgen diagnostiziert.

URSACHE

Ein Schlag gegen den Huf, etwa von einem Hindernis oder gegen eine harte Wand, bei Unfällen, durch extremes Drehmoment im Sport und wenn ein Pferd erschrickt.

PROGNOSE

Je nach Art und Lage der Fraktur ist die Prognose unterschiedlich. In vielen Fällen ist jedoch eine Heilung möglich. Diese dauert mindestens 3–4 Monate und kann bis 1 Jahr dauern. An der Hinterhand ist die Prognose günstiger als an der Vorderhand. Ist das Hufgelenk beteiligt, ist die Prognose ungünstig. Wird der Knochenbruch zu spät erkannt, kann es sein, dass er nicht mehr gut heilt. Fissuren haben eine gute Prognose. Das Pferd hat während dieser Zeit Boxenruhe.

BESCHLAG

Meist wird in der Anfangsphase (ca. 6 Wochen) der Huf mit Gips oder Cast (Kunststoffgips) ruhig gestellt. In Folge wird der Huf mit einem Beschlag stabilisiert und der Hufmechanismus bestmöglich ausgeschaltet. Ein Beschlag mit einem geschlossenen Hufeisen, einem härteren Sohlenpolster sowie zusätzliche Kappen vor und nach dem Spalt und auf der Gegenseite helfen. Bei den Kappen ist nicht die Höhe, sondern die Stärke ausschlaggebend.

Spat

BESCHREIBUNG

Ist eine Arthroseform in den Sprunggelenken mit entzündlichen Schüben und chronischen Beschwerden. Durch die chronischen Entzündungen werden die stoßdämpfenden Knorpel zerstört, die Knochen verwachsen sich und das Gelenk wird steif. Das Sprunggelenk setzt sich aus mehreren kleinen Knochen zusammen. Betroffen sind vor allem die kleinen, innen gelegenen Knöchelchen. Die Pferde gehen steif, mit kurzen Schritten aus der Box, fußen mit der Zehe und treten nicht durch. Die Trachten berühren oft den Boden nicht. Nach etlichen Schritten verbessert sich das Gangbild.

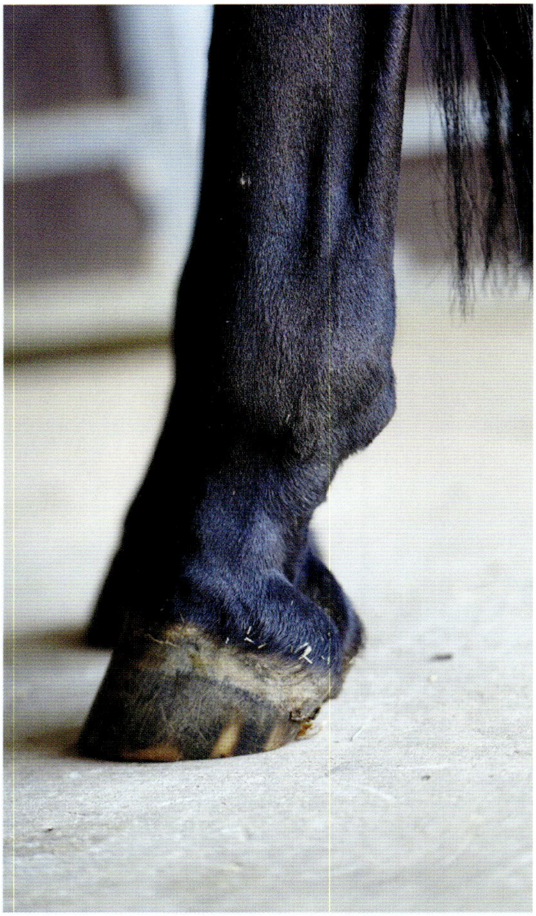

Leichter Spatschub bei einem Barfußpferd. Die Fesselung wird steil, um die Spatgelenke zu entlasten.

URSACHE

Abnützung, Überlastung im Sport, Fehlstellungen, Fütterungsfehler mit zu energiereicher Nahrung bei Fohlen und jungen Pferden.

PROGNOSE

Spat ist nicht heilbar. Ziel ist, ein Fortschreiten der Krankheit zu verhindern. Die Pferde gehen mal schlechter, mal besser und sind immer wieder lahm. Nach 10 bis 20 Minuten läuft sich das Pferd ein und kann oft normal geritten werden. Ständige Bewegung tut gut, enge Wendungen sind zu vermeiden.

KORREKTUR

Kurze Zehe und Zehenrichtung erleichtert das Abrollen und vermindert ein Überstrecken des Gelenkes. Bei akutem Schub den Huf steiler stellen. Gleiches gilt für Barfußpferde. Beim Aufhalten das Pferdebein nah beim anderen Bein halten, damit die inneren kleinen Sprunggelenke nicht zusätzlich belastet werden.

BESCHLAG

Hufeisen mit Zehenrichtung eher auf der inneren Zehenseite. Dies erleichtert ein schmerzfreies Abfußen über die innere Zehe. Keile können im schmerzhaften Akutfall kurzfristig helfen. Ein breiterer äußerer Schenkel erleichtert auf weichem Boden ein leichtes Einsinken am inneren Hufteil und entlastet somit den Spat. Je nach Stadium wird der Beschlag angepasst und modifiziert. Es gibt verschiedene Spathufeisen mit ähnlicher Wirkungsweise. Im schmerzfreien Zustand reicht oft ein Hufeisen mit gutem Abrollverhalten und Zehenrichtung. Kunststoff und Klebehufschutz ist sinnvoll, wenn er derartig modifiziert werden kann.

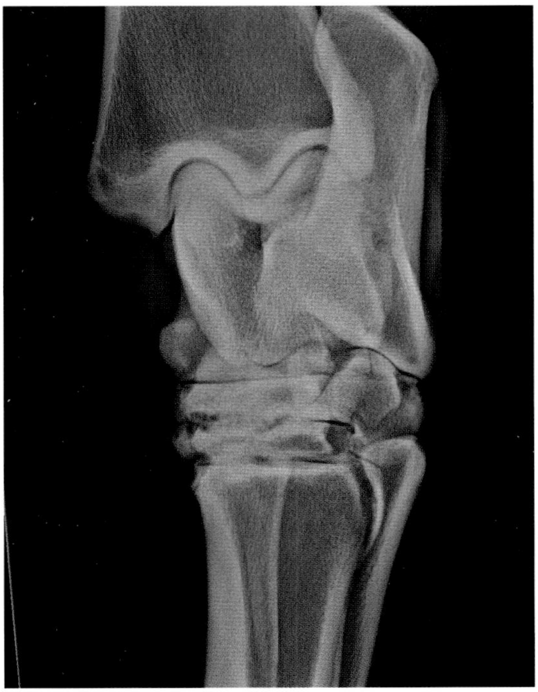

Spat *(Dr. Christine Hinterhofer)*

Hufknorpelfistel

BESCHREIBUNG

Eine Entzündung und Infektion des Hufknorpels, bei der sich das Sekret einen Weg nach außen durch den Kronsaum bahnt. Ähnlich einem Hufabszess. Der Bereich oberhalb der Hornkapsel ist geschwollen, gerötet, schmerzempfindlich und die Mittelfußarterie pulsiert. Infolge dieser Entzündung kommt es zum Absterben der Knorpelzellen.

URSACHE

Verletzungen und das Eindringen von Bakterien z. B. bei einem Nageltritt oder einem durchdringenden Hornspalt.

PROGNOSE

Bei Früherkennung gut. Wird tierärztlich chirurgisch behandelt, damit das Eiter durch den Fistelkanal abfließen kann. Wird diese Entzündung chronisch, wird nicht nur der Knorpel, sondern auch die umliegenden Strukturen zerstört.

Ausschuhen

BESCHREIBUNG

Beim Ausschuhen/Exungulation kommt es zu einer teilweisen oder völligen Ablösung der Hornkapsel von der Lederhaut. Die Loslösung wird am Kronrand sichtbar.

URSACHE

Traumatisch nach einem Unfall oder aufgrund einer hochgradigen Entzündung mit Ödembildung, die zur Trennung führt. Meist bei einer hochgradigen akuten Hufrehe.

PROGNOSE

Ist ein akuter und lebensbedrohlicher Notfall! Tierarzt! Es ist mit antiseptischen Verbänden möglich, die Zehe zu schützen, bis die Hornkapsel nachgewachsen ist. Eine Heilung ist schwierig und langwierig, da es fast ein Jahr dauert, bis die Hornkapsel nachgewachsen ist. Bei traumatischen Verletzungen ist die Prognose besser.

Barfußpferd mit hinaufgetauchten Ballen vor der Korrektur

Verschobene Ballen/ Trachten

BESCHREIBUNG

Ein Ballen ist nach oben verschoben und die dazugehörige Wand ist länger als die gegenüberliegende. Der nach oben gestauchte Ballen ist oft schmäler und verformt. Der Huf ist nicht in der Balance und eine ungleiche Belastung liegt vor. Oft sind die Zehenachsen gebrochen.

URSACHE

Stellungsfehler und die daraus resultierende ungleiche Hufbelastung, falsche Hufkorrektur, Überkorrektur einer Fehlstellung, oft bei Zwanghufen und oft bei starker Strahlfäule, da durch das Fehlen des Strahlkörpers der Huf nicht stabil genug ist.

PROGNOSE

Durch Korrekturfehler entstandene Verschiebungen können gut wieder hergestellt werden. Bei starken Fehlstellungen beim ausgewachsenen Pferd wird immer eine Hufseite mehr belastet werden. Die verschobenen Trachten sind jedoch zumindest weitgehend korrigierbar.

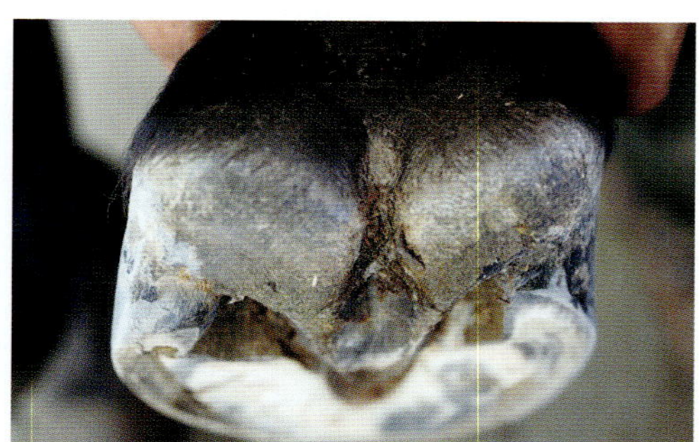

Nach der Korrektur: Der Ballen kann sich absenken.

KORREKTUR/BARHUF

Die beiden Trachtenwände/Ballen müssen wieder auf gleiche Länge korrigiert werden. Der Huf wird vorerst plan fertig korrigiert. Anschließend mit der Hufzwickzange bei der längeren Trachtenwand auf gleicher Länge wie die kürzere Wand, ansetzen und einen Keil auslaufend auf der Höhe des ersten Nagelloches/Hufbeinspitze entfernen. Den Huf abstellen und der hochgeschobene Ballen senkt sich sofort zumindest teilweise ab. Durch die ungleiche Ebene des Tragrandes kann sich der Ballen samt Wand senken, ohne die Zehenachse zu verschlechtern. Bei großen Verschiebungen zuerst die Hälfte ausgleichen, bei der nächsten Korrektur den zweiten Teil korrigieren (F-Balance).

BESCHLAG

Dieselbe Korrektur wendet man auch mit einem offenen, normalen Hufeisen an. Der Keil wird hier erst unmittelbar vor dem Aufnageln herausgezwickt. Da das Hufeisen nur auf der Zehe und der vorher kürzeren Wand aufliegt, werden zuerst die Zehennägel und die Seitenwandnägel dieser Wand genagelt. Dann abstellen und ein paar Schritte mit dem Pferd gehen. Der Ballen samt Wand senkt sich und das Hufeisen wird fertig aufgenagelt. Alternativ zu oben beschriebener Methode kann das Pferd mit einem geschlossenen Hufeisen beschlagen werden, wobei bei der längeren Wand eine Schwebe angebracht wird. Die Wand oberhalb der Schwebe kann sich durch die Belastung absenken.

(Präparat: Vetmeduni Vienna)

Auch diese Tragrandfläche muss völlig plan sein.

Keilförmiges Hohllegen vor dem Aufnageln. Ab der Zehe kippt die plane Auflagefläche.

Die vertikale Beweglichkeit des Hufes ermöglicht eine sofortige Absenkung und Verbesserung.

Unterschobene Trachten

BESCHREIBUNG

Die Trachtenwand an der Eckstrebe weist einen flacheren Winkel als die Zehenwand auf. Dies ist auch an den Hornröhrchen ersichtlich, die an der Trachtenwand zusätzlich nach vorne verbogen sein können. Obwohl die Trachte lang ist, ist der Huf flach. Das Tragrandende ist durch die Schräge in Richtung Hufmitte verschoben. Die Belastungsfläche des Hufes ist verkleinert. Die Ballen werden nach hinten gequetscht.

Unterschobene Trachten, zu kurze Hufeisen und zu lange Beschlagsperiode, der Strahlpolster ist nach hinten gequetscht.

URSACHE

Überlastung des Trachtenbereiches, zu lange Beschlagsperioden, mindere Hornqualität, lang gefesselte Pferde und Beschlagsfehler.

PROGNOSE

Mit guter Hufkorrektur, Beschlag und Hufpflege kann die Situation in jedem Fall verbessert und in vielen Fällen behoben werden.

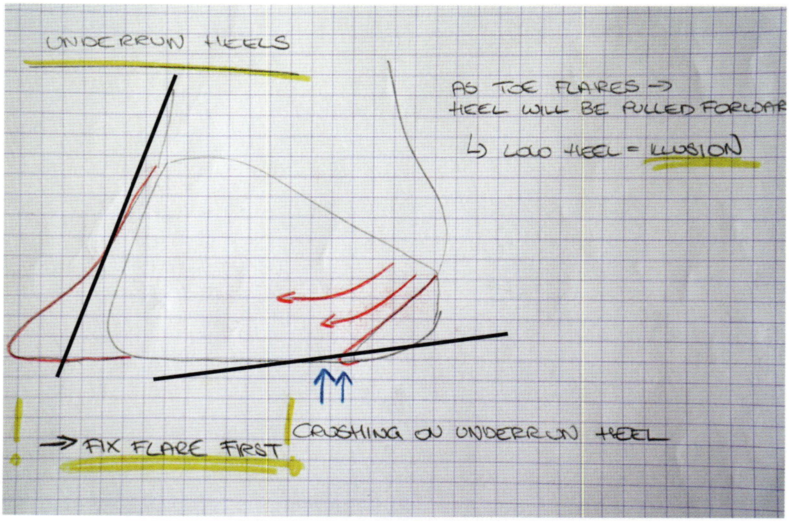

Die Trachten scheinen meist zu nieder, da die Hornröhrchen der Trachten nach vorne gebogen werden und sie kollabieren. Die konkave Zehenwand nach Möglichkeit begradigen. Dass die ausgeschweifte Zehenwand die Trachte nach vorne zieht, ist nur EINE Theorie. Unterschobene Trachten finden sich auch bei geraden Zehenwänden. Die schwarzen Linien zeigen den Korrekturansatz. *(Zeichnung: Alexandra Kammerhuber, Tierärztin)*

KORREKTUR

Kurze Korrekturperioden! Die Trachte wird so weit gekürzt, dass die Auflagefläche des Tragrandes wieder nach hinten verlängert wird. Bis zum weitesten Punkt des Strahls wäre optimal. So wird die Trachte weniger belastet. Die gekürzte Trachte ist auch viel stärker und die Hornröhrchen können wieder gerader nachwachsen.

BESCHLAG

In sehr schwierigen Fällen hilft nach dieser Korrektur ein Beschlag mit Platte/Keilplatte und weichem Polster. Dieser nimmt viel Druck auf, stimuliert die Sohle, fördert das Hornwachstum. Eine Keilplatte sollte nicht zu oft verwendet werden und nach Verbesserung der Situation wieder entfernt werden. Ein früher Abrollpunkt und das Mittragen der Zehenwand ist für solche Hufe wichtig.

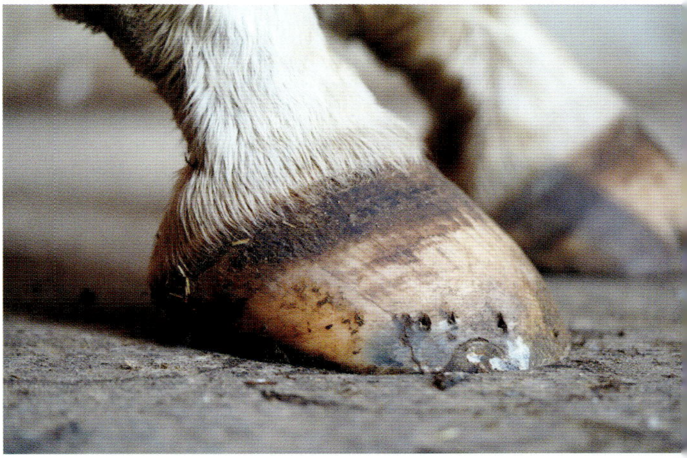

Beispiel Lavendel: Unterschobene Trachten und Bullnose (konvex gewölbte Zehenwand). Um die Balance zu verbessern, wurde die Zehe bis zur weißen Linie zurückgeraspelt. Die Beschlagsperiode war zu lang und die Zehenwand extrem geschwächt. Der gesamte Druck kommt auf die Seiten- und Trachtenwand und die Trachte kollabiert.

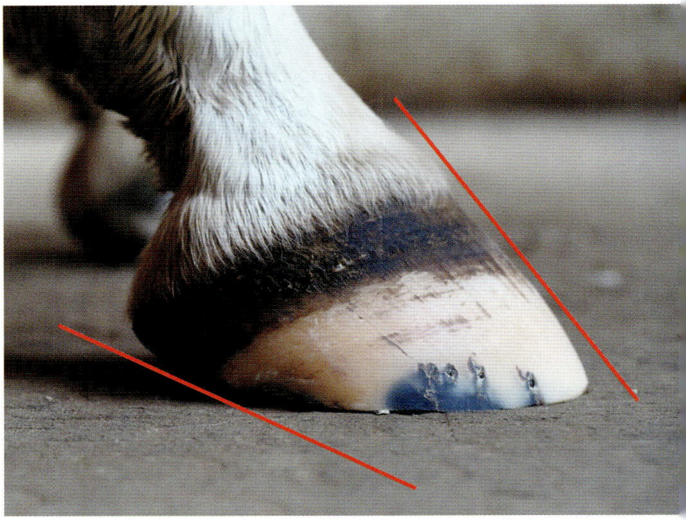

Der Huf nach der Korrektur, Hufwände nur vorsichtig begradigt, die Zehenwand stark belassen.

Beispiel Lavendel

Den Strahl und Sohle stark belassen. Durch das Kürzen ist wieder eine dünne Zehenwand zum Mittragen vorhanden.

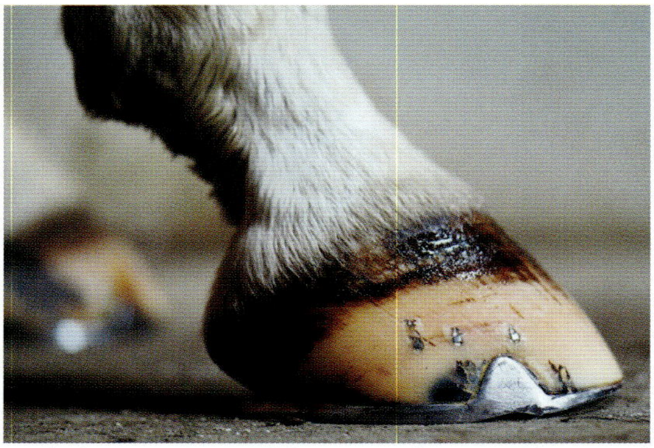

Nach dem ersten Beschlag: Die gebogene Zehenwand ist natürlich noch vorhanden. Eine angeschmiedete Zehenrichtung für eine gute Balance und die Zehenwand wird mit belastet bis zur Spitze!

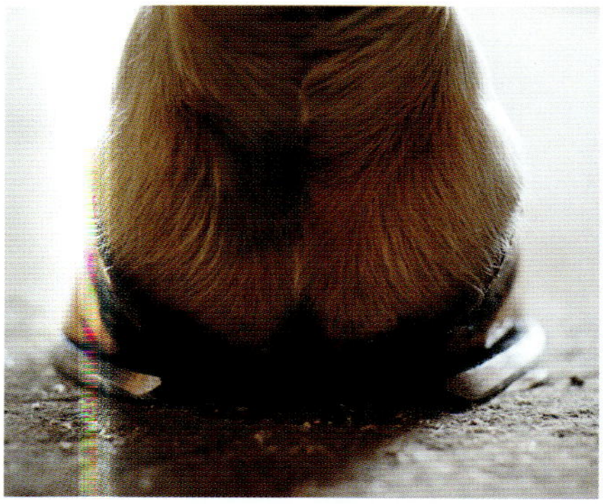

Zur Verbesserung der Balance ist an der äußeren steileren Wand das Hufeisen breiter und weiter.

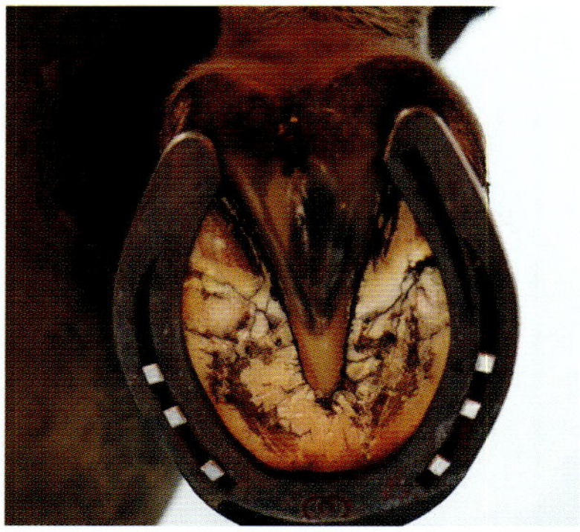

Das Hufeisen ist länger mit einer guten Auflage der Trachten.

Angeschmiedete Zehenrichtung und das Hufeisen nicht zurückgesetzt.

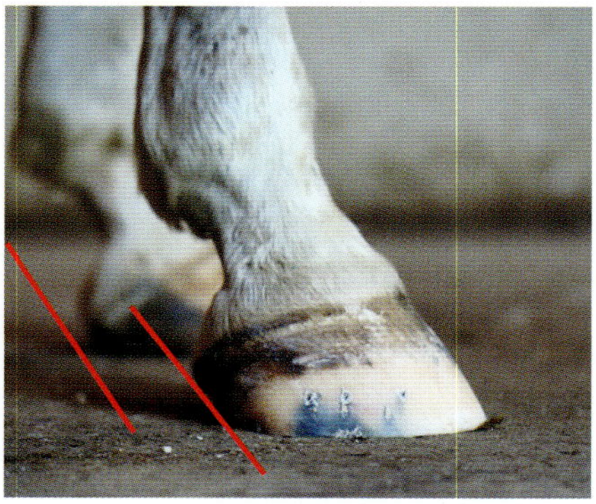

2 Beschläge zu 6 Wochen später: Bereits eine deutliche Verbesserung, die seitliche Zehenachse ist noch leicht gebrochen.

Krummer Huf

(siehe Krummer Huf im Artikel „Vision“ Seite 85)

BESCHREIBUNG

Ein krummer Huf hat eine konkave (nach innen gewölbte) und eine konvexe (nach außen gewölbte) Seitenwand.

URSACHE

In erster Linie Belastungsveränderungen, auch nach Verletzungen oder Erkrankungen, aber auch Korrekturfehler, Balancefehler und zu lange Korrekturabstände.

PROGNOSE

Nach guter Hufkorrektur und Herstellen der Balance bzw. nach Abheilen der Ursache sehr gut.

KORREKTUR

Bei der längeren konvexen Wand wird der Tragrand gekürzt, während die ausschweifende konkave und kürzere Wand an der Seitenwand beraspelt wird, um wieder eine gerade Wand zu bekommen.

BESCHLAG

Um die Hufbalance weiter zu verbessern, wird das Hufeisen an der konvexen etwas weiter angerichtet und an der konkaven Wand enger. Wichtig ist die Gliedmaßen- und Zehenstellung samt der Position des Fesselgelenkes. Da das Gewicht immer senkrecht fällt, ist die Hufbalance ausschlaggebend für eine Verbesserung.

Krummer Huf. Die Linien zeigen die grundsätzliche Korrektur.
(Präparat: Vetmeduni Vienna)

Verbogene und abgetretene Hufeisen sind der Grund vieler Anrufe beim Schmied.

Über die Trachtenecke abgebogene Schenkelenden

Abgeschrägte Enden im Winkel der Trachtenwand *(Präparat: Vetmeduni Vienna)*

Das Einhauen/Greifen

BESCHREIBUNG

Ein Vorderhuf und ein Hinterhuf berühren sich in der Bewegung. Die Hinterhand trifft die Sohle/Bodenfläche eines Hufeisens, die Schenkelenden, den Ballen oder den Fesselkopf. Verletzungen und Abtreten oder Verbiegen des Hufeisens sind die Folge. Der hintere Teil der Vorderhufes trifft auf die Zehenwand des Hinterhufes.

URSACHE

Stellungs- und Gebäudefehler, zu lange Zehen, Wachstum bei jungen Pferden, zu lange Beschlagsintervalle, zu lange Hufeisen.

PROGNOSE

Bei Stellungsfehlern und kurz gebauten Pferden ist das Beheben eher schwierig. Ansonsten ist die Prognose gut.

KORREKTUR

Eine Steilerstellung des Hufes verkürzt den Schritt. Gutes Abrollverhalten ergibt ein früheres Abrollen der Gliedmaße. Eine Flacherstellung bewirkt spätes Abrollen. Je nach Pferd muss unterschiedlich entschieden werden.

BESCHLAG

Hinten Einhaueisen (seitliche Zehenkappen) mit Safety (siehe Zehenrichtung), vorne kürzere Eisen mit abgeschrägten Enden (Hunter Heels) und Zehenrichtung oder zurückversetztem Abrollpunkt. : Die Schenkelenden können auch über der Trachtenecke abgebogen werden, damit die Hinterhand das Eisen nicht abtritt. Aluminium-Eisen haben einen niedrigeren Vorführbogen und ein anderes Fußungsverhalten. Gewichtsunterschiede zwischen Vorder- und Hintereisen verändern ebenso. Oft muss man ausprobieren, um für jedes Pferd die beste Methode zu finden. Trifft das Vordereisen die Hinterzehe, muss diese geschützt werden, z. B. mit aufgeklebten Kunststoffpads. Vorne ein Kunststoffbeschlag ist hier sehr empfehlenswert.

Hinteres Einhaueisen mit Safety (kann noch mehr abgeschrägt werden). Die Zehe ergibt gemeinsam mit dem Hufeisen eine Rundung. Diese verhindert Verletzungen und minimiert die Gefahr des Abtretens. Die obere Kante gibt Grip, um die Kraft beim Abstoßen gut umzusetzen. Sie kann bei Bedarf noch zusätzlich abgerundet werden.

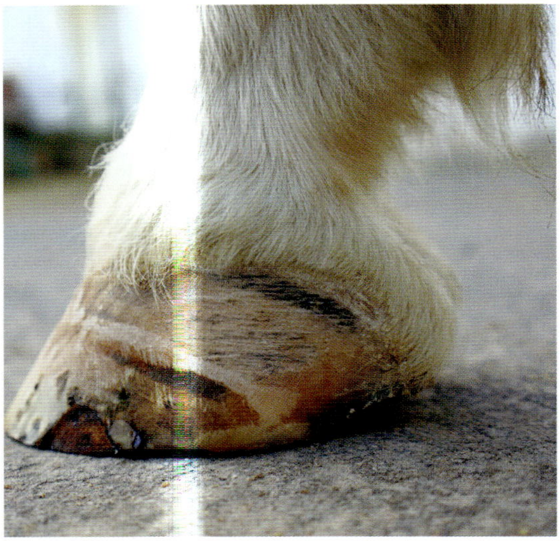

Streifspuren an der Seitenwand

Vorderes Streifeisen zwischen 1. und 4. Nagelloch. Hinter dem letzten Nagelloch wurde noch ein zusätzliches gefertigt.

Das Streifen/Streichen

BESCHREIBUNG

Die vorführende Vorder- oder Hintergliedmaße streift die jeweils am Boden befindliche Gliedmaße. Dies führt zu Verletzungen am Bein und Schäden am Huf. Abschürfungen, Wunden, Entzündungen und Überbeine sind die Folgen.

URSACHE

Stellungsfehler und die daraus resultierende Vorführbewegung. Diese beruht meistens auf einer Asymmetrie der Gelenksflächen. Beschlags- und Korrekturfehler tragen dazu mit bei. Das Gewicht von Hufeisen und Beschlag verstärken das Streifen.

PROGNOSE

Stellungsfehler und asymmetrische Gelenksflächen können am erwachsenen Pferd nicht mehr behoben werden. Mit guter Hufkorrektur und Beschlag kann das Streifen großteils vermieden oder in Zaum gehalten werden. Streifgamaschen helfen in der Bewegung.

KORREKTUR

Kurze Korrekturabstände, Hufbalance und gleich lange Hufwände, die äußere Hufwand auf keinen Fall kürzer als die innere, damit das Bein beim Fußen nicht zu weit in die Mitte kommt und runde Tragrandkanten am Barfußpferd helfen.

Hufseite des Streifeisens, der Huf steht an der Streifstelle 1 mm über.

Streifeisen für ein Pferd, das mit den hinteren Hufeisenschenkeln streift. Je nach Bedarf kann der Schenkel noch schräger geschliffen werden.

BESCHLAG

Streifeisen mit äußerem weiter angerichtetem und breiterem Schenkel und eng angerichtetem innerem Schenkel. Kante am inneren Schenkel bodeneng schleifen. An der Streifstelle evtl. 1 mm enger als der Huf und weder Kappe noch Nagel an der Streifstelle. Diese kann mittels Kreide genau ermittelt werden. Kreide auftragen und das Pferd gehen lassen. Liegt die Streifstelle über dem Huf, wird versucht, die Vorführbewegung zu verändern. Bei Trabern wird auch mit Gewichten in jeder Form experimentiert. Auch Aluminium-Hufeisen sind eine Alternative. An der Wand geklebte Kunststoffeisen werden leicht abgestreift. Genagelter Kunststoff kann zumindest teilweise modifiziert werden.

Abschrägung an der streifenden Stelle.

Das Nachschleifen

BESCHREIBUNG

Das Pferd hebt die Hintergliedmaße nur knapp über den Boden und schleift mit der unteren Zehenwand am Boden. Die Wand sieht in diesem Bereich wie abgeschnitten aus. In schweren Fällen kann die Wand bis zur Huflederhaut weggeschliffen sein.

URSACHE

Oft ältere Pferde mit Rückenproblemen oder Hinterhandproblemen und schlechtem Trainingszustand oder jungen antrainierten Pferden.

PROGNOSE

Kann die Ursache behandelt und verbessert werden, wird das Schleifen weniger.

KORREKTUR

Zehe nicht zusätzlich schwächen. *Achtung:* Die Sohle im Zehenbereich stark lassen. Sie stützt den Huf anstatt der fehlenden Wand. Dies ist auch eine Selbsthilfe der Natur. Die Sohle ist hier sehr fett und widerstandsfähig. Entfernen wir wie gewohnt die Sohle, kollabiert das System Huf.

BESCHLAG

Ein nicht zu schweres Schleifeisen mit Zehenkappe oder breiter niedriger Kappe als Schutz. Kunsthorn zum Ersetzen der fehlenden Wand oder ein aufgeklebtes Kunststoffpad sind gute Möglichkeiten.

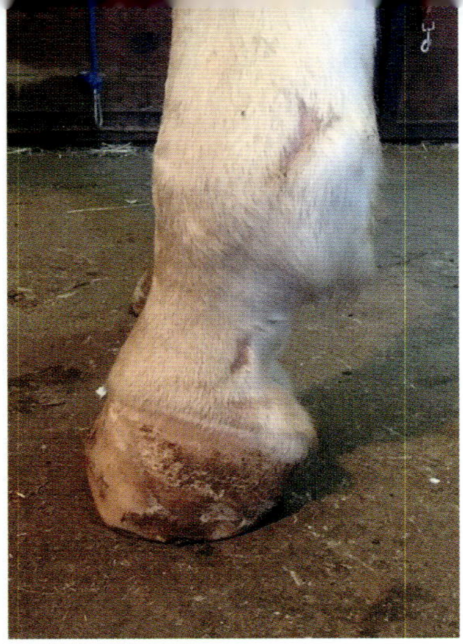

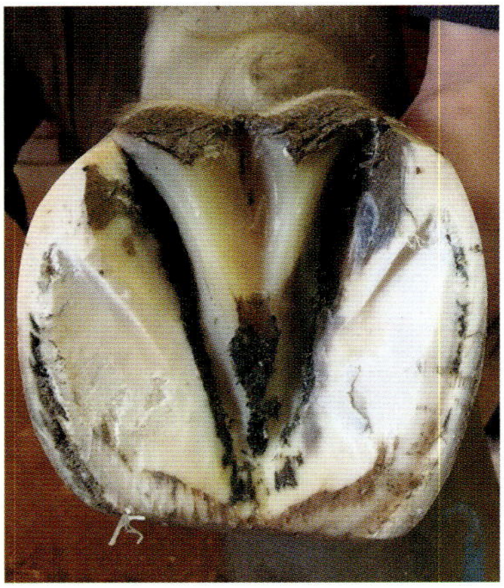

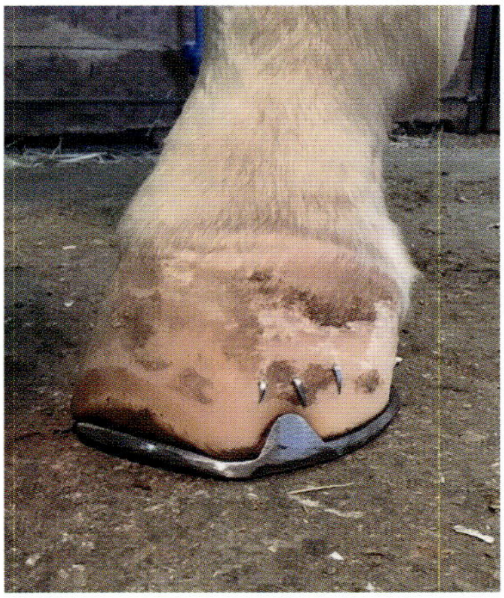

Bei diesem älteren Pferd ist ein Schutz unumgänglich. Die hohe Trachte ist korrigiert. Die Sohle an der Zehe vorsichtig gereinigt. Der Zehenteil des Hufeisens ist HINTER der abgeschliffenen Zehe stark, dem Huf entsprechend als Schutz angebogen.

3 mm dickes Kunststoffpad mittels Sekundenkleber zum Schutz befestigt. Da unterhalb durch das Abschleifen eine große Kante entstand, wurde höher geklebt. 4 Wochen Haltbarkeit hat dem Huf genützt, sich zu erholen.

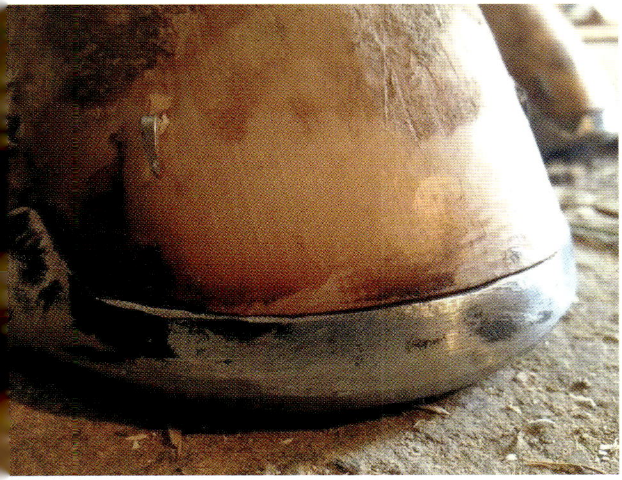

Zehenschutz angeschmiedet (siehe Fabrikeisen umarbeiten). Der 1–2 mm dicke Schutz wird beim Aufrichten mit der Raspel eingelassen und bietet einen harmonischen Schutz der Zehe.

Das Drehen

BESCHREIBUNG

Am Ende der Standphase, vor dem Abfußen, dreht das Pferd den Huf am Boden. Meist an der Hinterhand bei älteren Pferden, jedoch auch bei Fohlen und jungen Pferden. Der Huf hat dadurch eine starke Abnützung.

URSACHE

Kann bei Fehlstellungen der Hintergliedmaße vorkommen. Ist sehr oft ein Kompensieren von Hinterhand und Rückenproblemen. Durch das Drehen weichen sie einem anderen Problem aus.

PROGNOSE

In der Wachstumszeit ist die Prognose sehr gut. Behandlung durch den Tierarzt. Bei älteren Pferden soll das Drehen NICHT unterbunden werden. Ansonsten kann das Pferd gar nicht mehr laufen.

KORREKTUR

Tragrand und auch die Sohle schonen.

BESCHLAG

Glatte Hufeisen, möglichst ohne Gleitschutz, um das Drehen zu erlauben. Kunststoffhufeisen funktionieren in leichten Fällen gut, bei schwereren sind sie zu instabil.

Hornkluft

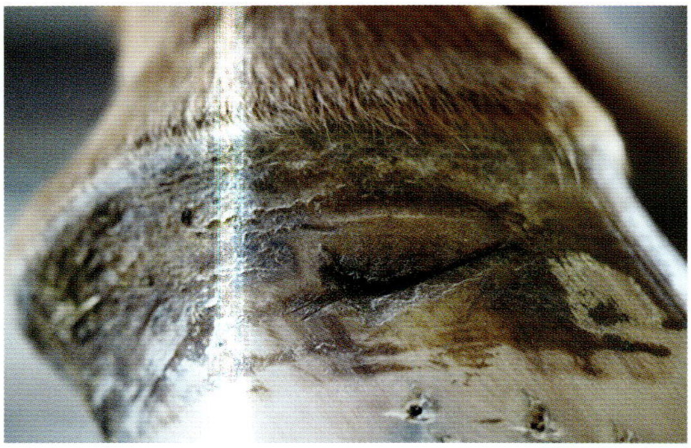

Mittelgroße Hornkluft

Größere Hornkluft bei einem Barhufpferd. Durch einen unsachgemäßen Schritt ist sie frühzeitig weggebrochen.

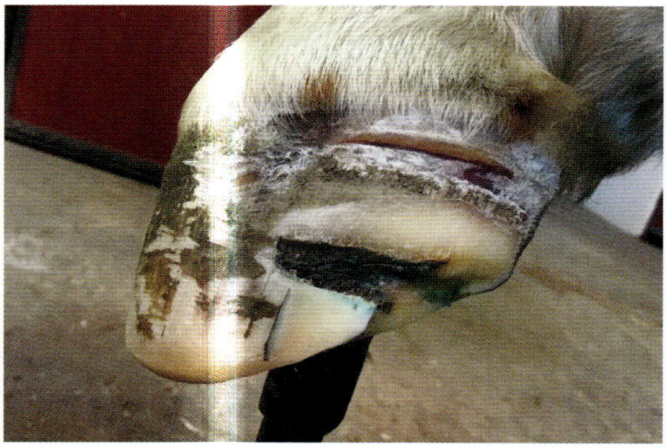

Große versorgte Hornkluft bei einem Barhufpferd. Gut versorgt konnte es weiterhin barfuß gehen. Unter dem Kronrand ist bereits die nächste große Hornkluft sichtbar. Ebenso rote Einblutungen in der Wand. Die Ursache dürfte traumatisch gewesen sein. Dieses Pferd ist weiterhin barfuß geritten worden und völlig genesen.

BESCHREIBUNG

Die Hornkluft ist eine Zusammenhangstrennung/Spalt der Hornwand quer zu den Hornröhrchen. Zu Beginn ist oft fast nichts zu sehen, wenn sie weiter nach unten wächst, ein feiner Strich und dann beginnt sie leicht auseinanderzuklaffen. Bei Kronrandverletzungen ist sie von Beginn an breiter offen.

URSACHE

Hufabszesse, die an der Krone durchbrechen, Kronentritt und durch Anschlagen.

PROGNOSE

Sie sind harmlos. Je weiter sie nach unten wachsen, desto schlimmer sehen sie aus und brechen dann weg. Kronrandverletzungen müssen zuerst tierärztlich versorgt werden.

KORREKTUR

Spaltränder vorsichtig beraspeln, die Kluft mit antibakteriellem und nicht aushärtendem Material ausstreichen. Bevor sie unten angekommen wegbricht, vorsichtig mit dem Hufmesser entfernen und die Kanten abrunden. Bei Barfußpferden den Tragrand neben dem entstehenden Defekt leicht hohllegen, damit die Gefahr weiteren Ausbrechens minimiert wird. Das Auffüllen mit Kunsthorn ist speziell bei größeren Horndefekten möglich.

BESCHLAG

Ganz normal beschlagen und bevor die Hornkluft den Tragrand erreicht, diesen leicht hohl legen, um wiederum ein vorzeitiges Wegbrechen zu verhindern.

Nageltritt

BESCHREIBUNG

Das Eindringen eines Gegenstandes in die Hornkapsel. Die häufigste Stelle sind die seitlichen Strahlfurchen, da der Nagel an den harten Eckstreben abrutscht und in den weichen Strahl eindringt. Das Pferd kann leicht bis hochgradig lahm sein.

URSACHE

Nägel, Schrauben, Draht, Holzstücke, Scherben etc.

PROGNOSE

Im Allgemeinen gut, solange der Gegenstand nicht tiefergehende Strukturen wie Hufgelenk oder Sehnen verletzt.

VORGEHENSWEISE

Vorsichtig die Stelle rund um den Einstich säubern oder freischneiden. Tierarzt verständigen! Foto für genaue Lokalisation machen. Den Gegenstand nicht ohne Tierarzt entfernen! Ansonsten verschließt sich der Kanal und es ist nicht nachvollziehbar, in welchem Winkel der Nagel eingedrungen ist, welchen Weg er genommen hat und was er verletzt hat. Die Bakterien des Gegenstandes würden im Huf verbleiben und viel Schaden anrichten. In schlimmen Fällen muss der Gegenstand operativ entfernt werden.

Hufabszess bei einem Barfußpferd. Grauer Eiter fließt aus der Hornlücke und die Schmerzen werden sofort weniger.

Hufabszess mit schwarzem Sekret bei einem beschlagenen Pferd

Hufabszess

BESCHREIBUNG

Eine Entzündung im Bereich der Lederhaut mit Eiterbildung nennt man Hufabszess. Die Pferde gehen mittel bis hochgradig lahm und haben Entzündungsanzeichen (siehe Entzündungen und Lahmheitsuntersuchung). Da zwischen Hufbein und Hornwand kaum Platz für Eiter und Schwellung ist, kommt es zu einem irrsinnigem Druck und Schmerz (vergleichbar wie wenn du dir auf den Fingernagel schlägst). Häufig fußen die Pferde nur auf der Zehenspitze.

URSACHE

Das Eindringen von kleinen Steinen oder anderen Fremdkörpern in die weiße Linie, Prellungen, Eindringen von Bakterien z. B. bei Steingallen, Vernagelung oder Nageltritt.

PROGNOSE

Die Prognose ist sehr gut. Sobald der schwarz-graue dünnflüssige Eiter abfließen kann, wird der Schmerz weniger. Die Austrittsstelle ist meist in der weißen Linie und manchmal auch in der Sohle. Findet das Sekret an der Bodenseite keinen Ausgang oder wird es nicht geöffnet, bricht es oft am Kronrand durch. Ist der Eiter gelblich und dickflüssiger, können Knochenteilchen beteiligt sein und es besteht die Gefahr einer tiefergehenden Entzündung – Tierarzt! Hornlücken zum Öffnen des Eiterkanals dürfen laut Gesetz nur von Tierärzten oder Hufschmieden im Beisein eines Tierarztes gemacht werden

VORGEHENSWEISE

1. Lahmheitsuntersuchung: siehe Seite 75

2. Lokalisation des Schmerzes und des Eiterkanals: Mithilfe von Hufuntersuchungszange und Infrarotthermometer. Zu Beginn ist der Schmerz leichter lokalisierbar, später strahlt er auf den gesamten Huf aus. Der Eiter bahnt sich den leichtesten Weg aus der Hornkapsel. Drei Punkte der weißen Linie sind prädestiniert – in den beiden Eckstreben genau an der Zehenspitze. Er kann jedoch genauso an einer anderen Stelle austreten. Ist der Grund des Abszesses eine Vernagelung, tritt er bei dem betreffenden Nagel aus. Schlägt z. B. das Pferd mit der Seitenwand gegen eine harte Wand, tritt im Falle eines Abszesses der Eiter gerne durch ein Nagelloch an dieser Stelle aus. In diesem Fall wäre nicht der Nagel Schuld, und das vorhandene Nagelloch ein Vorteil.

3. Hornlücke: Mit einem kleinen Abszessmesser wird vorsichtig an der Stelle eine KLEINE Lücke geschnitten und dabei immer kontrolliert, ob eine Verschmutzung ein Kanal sein kann. Kleine Schmutzteilchen oder Steinchen werden am besten mit einem Hufnagel oder „scharfen Löffel" entfernt und vorsichtig weitergeschnitten. Ist der Kanal gefunden, vorsichtig mit der Untersuchungszange drücken und kontrollieren, ob noch weiter geöffnet werden muss, um ein vollständiges Abfließen des Sekrets gewährleisten zu können. Weniger ist oft mehr! Es ist unsinnig, riesige Lücken zu schneiden, die Monate zum Heilen brauchen! Der Eiter fließt auch so ab! Wird kein Kanal gefunden, ist es besser aufzuhören zu schneiden und den Abszess noch ein oder zwei Tage reifen zu lassen. Sauerkrauteinschläge oder feuchte Hufverbände weichen das Horn auf und helfen dem Abszess durchzubrechen. Der geöffnete Abszesskanal kann mit Jod oder ähnlichem gespült werden.

4. Hufverband: siehe Seite 78

5. Beschlag: Nach einigen Tagen, wenn die Wunde trocken und das Pferd lahmfrei ist, kann es wieder beschlagen werden. Die Hornlücke wird durch eine Ledersohle oder verbreiterten Hufeisen mit Watte/Desinfektionsmaterial geschützt. Bei Barhufpferden sind Hufschuhe sehr empfehlenswert.

Hornlücke bei Hufabszess in der Eckstrebe

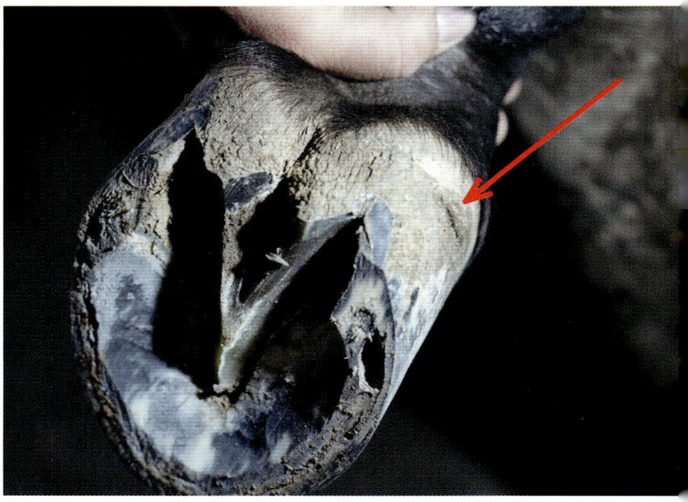

Hufabszess mit Hornlücke. Das Sekret ist hier bereits vor 6–7 Wochen am Kronrand durchgebrochen.

Überbein am Röhrbein

BESCHREIBUNG

Ist eine Knochenzubildung am Knochen. Sie sieht beulenförmig aus und ist leicht zu ertasten. In den meisten Fällen lahmt das Pferd nicht.

URSACHE

Eine Reizung der Knochenhaut, die meist traumatisch z. B. durch Schläge oder durch Überlastung hervorgerufen wird. Auch ein übermäßiger Zug an Ansatzstellen von Sehnen und Bändern kann sie reizen und zu Überbeinen führen. Ebenso sind ungleiche Belastung durch schlechte Korrektur, Gliedmaßenstellung oder Hufbeschlag Verursacher. Die Knochenhaut ist eine straffe dünne Haut über dem Knochen und dafür zuständig, im Verletzungsfall schnell Horn produzieren zu können.

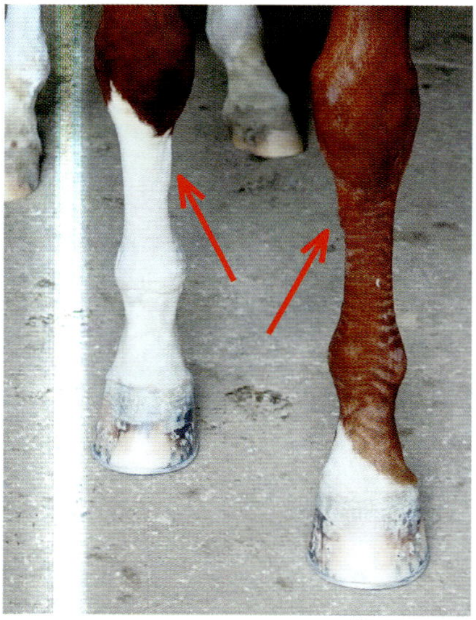

Dieses Pferd hatte 2 walnussgroße Überbeine. Es sind nach erfolgreicher Korrektur und Beschlag mit Aluminium-Eisen nach 6 Wochen nur mehr flache Ausbuchtungen vorhanden.

PROGNOSE

Die Prognose ist günstig, wenn sich die Ursache beseitigen lässt. Ungünstiger bei Lahmheit und schwierigen Stellen. Hier hat der Tierarzt verschiedene Behandlungsmöglichkeiten von der Stoßwellentherapie bis hin zur chirurgischen Entfernung.

KORREKTUR

Die Wandseite unter dem Überbein eine Spur niedriger korrigieren und so das Überbein entlasten, um den Reiz wegzubringen, sofern es aufgrund der Stellung möglich ist.

BESCHLAG

Entlasten der betroffenen Seite z. B. mit Polster oder Breitschenkel. Messungen mit Werkman Black haben gezeigt, dass in weichem Reitplatzboden Aluminium-Hufeisen mit breiteren Schenkeln die Bewegung während der Fußungsphase minimieren und so die Knochenhaut weniger Reizungen ausgesetzt wird.

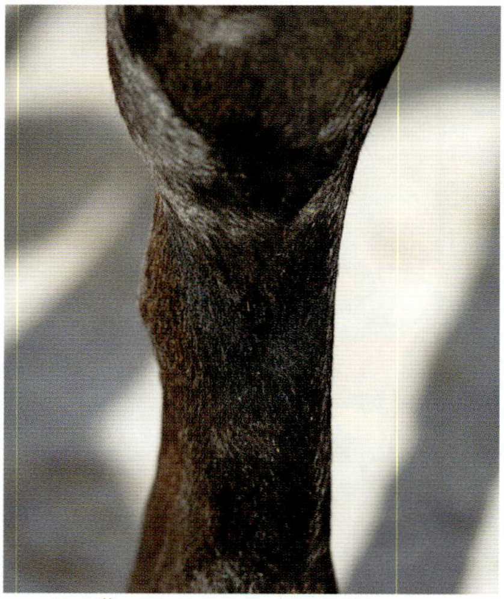

Großes Überbein am Röhrbein

Ringe an der Hornwand

WACHSTUMSRING

Diese entstehen durch Futterumstellung und Stoffwechseländerung. Sie verlaufen parallel zum Kronrand und sind harmlos und treten gleichzeitig auf allen Beinen auf.

FOHLENRING

Ähnlich einem Wachstumsring. Er beginnt vom ersten Lebenstag parallel zum Kronrand runter zu wachsen, bis er schließlich weggewachsen ist.

STRAHLFÄULERING

Vom Strahl zieht er sich bis meist zur Mitte der Seitenwand in Richtung Kronrand und entsteht durch Reizung der Huflederhaut bei starker und tiefer Strahlfäule.

HUFREHERINGE

Verlaufen von der Mitte der Zehenwand in Richtung Trachtenwand und werden weiter. Ursache ist die Stauchung der Zehenwand bei der Hufrehe und die Produktion von minderem Narbenhorn.

STAUCHUNGSRINGE

Können am gesamten Huf durch Überlastung, Druck von Hufeisen, bei Bockhufen, bei Flach- und Vollhufen auftreten. Sie können sowohl gerade als auch wellenartig verbogen sein. Auch bei zu steil gestellten Hufen sieht man durch den Überdruck an den Trachten nach oben gewölbte Stauchungsringe. Meist ist auch der Kronrand nach oben verschoben – Hornspaltgefahr.

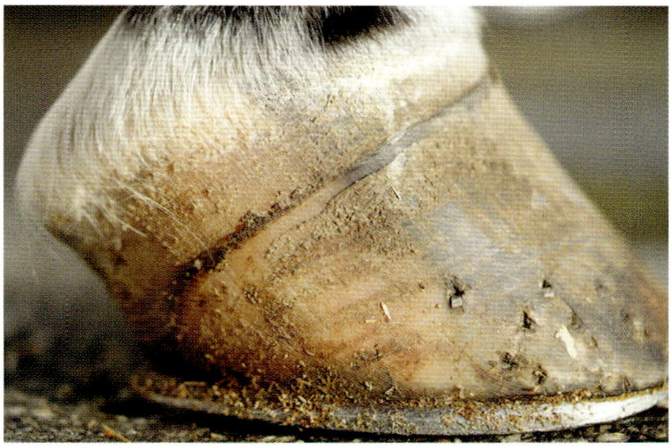

Strahlfäulering, der bis zur Zehe verläuft

Stauchungsringe durch Roller-Hufeisen

Fohlenring bei 4 Monate alten Fohlen, vor der Korrektur

Negativer Palmarer Hufbeinwinkel

BESCHREIBUNG

Normalerweise steht das Hufbein in einem Winkel von 3–5 Grad positiv zum Boden. Das heißt, die Bodenfläche des Hufbeines steht nicht waagrecht zum Boden, sondern leicht nach vorne geneigt. In der vollen Belastungsphase senkt sich der Knochen durch den Druck und den Hufmechanismus, parallel zum Boden ab. Steht das Hufbein in der Standphase waagrecht oder negativ – nach hinten geneigt – spricht man von einem negativen Hufbeinwinkel. Der Huf ist sehr flach und die Trachten oft unterschoben.

URSACHE

Lang und flach gefesselte Pferde mit einer Überlastung im hinteren Hufbereich, vor und unterständige Gliedmaßen, Flachhufe mit dünner Hornkapsel, mindere Hufqualität, zu lange Beschlagsperioden, Beschlagsfehler.

Duo-Elliptical-Eisen mit Gelpolster (meistens ist eine Strahlunterstützung mit Polster empfehlenswert). In weichem Boden helfen breitere Stege.

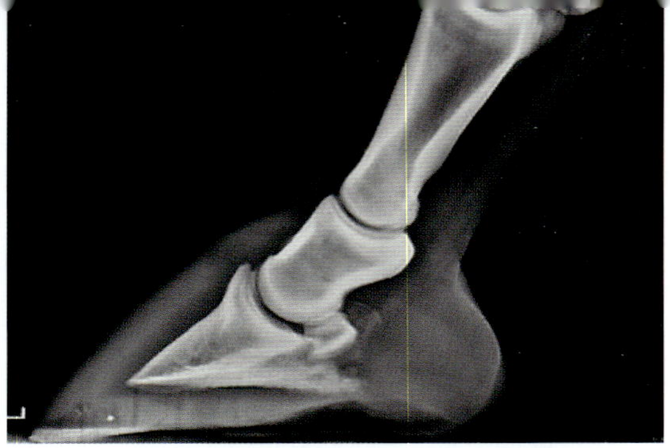

Die Bodenfläche des Hufbeines ist an den Hufbeinästen näher am Boden als bei der Hufbeinspitze. Der Strahlpolster und die Ballen sind nach rückwärts gequetscht. *(Röntgenbild: Katja Kiener)*

KORREKTUR

Sehr kurze Korrekturperioden, zu lange Zehe kürzen – jedoch NICHT zu stark schwächen, gutes Abrollverhalten, Trachte bis zu einer festen Auflage kürzen, Eckstreben schonen und Strahl schonen. Wird die Zehe auch nur ein wenig zu lang, kommt wieder zu viel Druck auf die Trachte und die verbogenen Hornröhrchen können sich nicht aufrichten. Wird die Zehenwand zu stark beraspelt, ist sie geschwächt, die Hornkapsel verliert an Stabilität und die Trachte bekommt wieder zu viel Druck und kollabiert.

BESCHLAG

Das Hufeisen muss auf der Zehenwand aufliegen, damit die Hornkapsel stabil bleibt. Eine stark angeschmiedete oder geschliffene Zehenrichtung und Hufeisen ohne Zehenkappe. Eher breitere Schenkel, um ein Einsinken der Trachte auf weichem Boden zu verringern. Platte und Polster zumindest im hinteren Hufbereich massieren Strahl und Sohle und nehmen Druck. Auch eine Lochplatte mit Polster im hinteren Hufteil hilft ähnlich. Gepolsterte Keilplatten können bei sehr flachen Hufen, wo kaputte Trachten entfernt werden müssen, schnell helfen. Von Keilen alleine ist abzusehen. Sie nehmen den Zug der tiefen Beugesehnen und der Trachtendruck wird verstärkt. Elliptical-Eisen werden ebenfalls erfolgreich verwendet, sind jedoch sehr schwer.

Entlasten der seitlichen Hufgelenksbänder

Hier wird ein seitliches Einsinken der betroffenen Seite verhindert, um ein verletztes Band zu entlasten. Dadurch wird die Spannung des Bandes nicht strapaziert. Am beschlagenen Huf kann auf der schmerzhaften Seite ein Polster bis zum Hufeisenrand der Bodenseite gefüllt werden. Der Huf wird beim Einbringen des Polsters vorsichtig schräg gehalten. Eine andere Möglichkeit ist ein von der Zehe beginnend breiterer Hufeisenschenkel mit gleicher Wirkung. Achtung auf das Ungleichgewicht. Der Beschlag soll an der verletzten Seite nicht zu schwer werden.

Beim Barhufpferd soll die Korrektur nach gleichen Richtlinien durchgeführt werden. Sohle und Tragrand auf der schmerzenden Seite schonen. Der Tragrand wird auf dieser Seite breit gelassen. Es kann auch versucht werden, einen auf der Sohle haftenden Polster auf dieser Seite einzugießen. Das gilt auch für Kunststoff-Hufeisen.

Die Verbreiterung ist auf der Sohlenseite um die Hufbalance zu erhalten. Wenig Gewichtsunterschied durch die Bearbeitung mit dem Falzhammer.

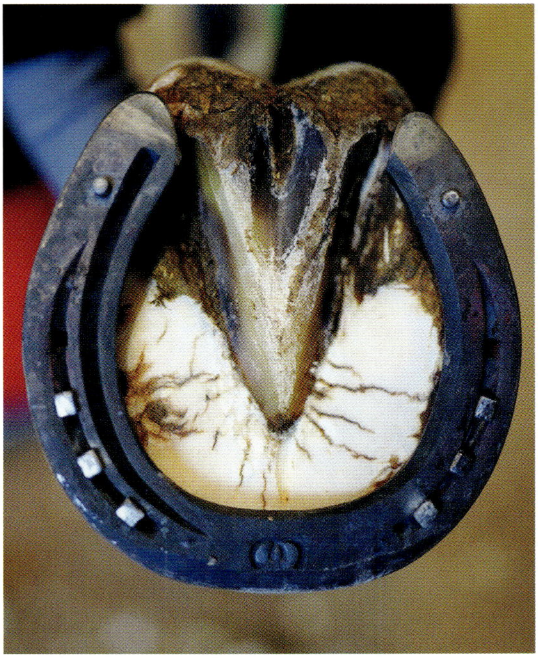

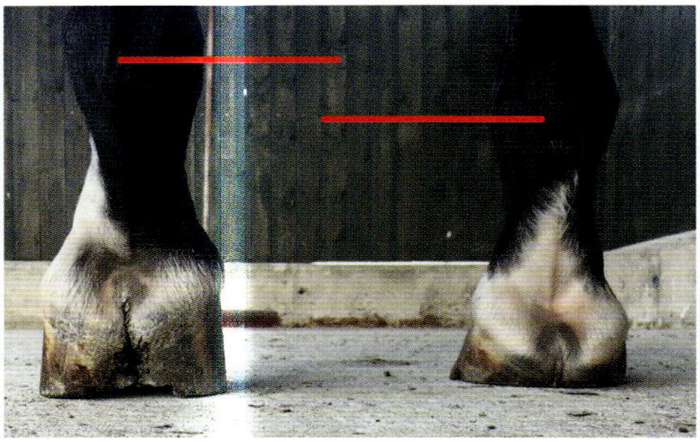

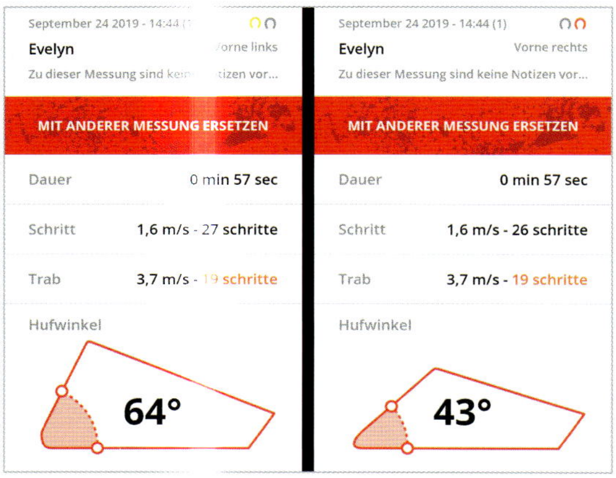

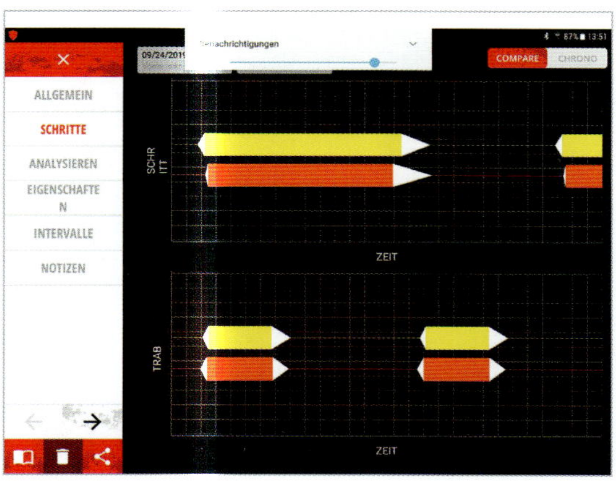

Evelyn vor der Korrektur, 21 Grad unterschiedliche Hufwinkel, und ungleichmäßiger Gang. Die Fesselgelenke und auch die Vorderfußwurzelgelenke sind auf verschiedenen Ebenen. Dies wirkt sich auf die ganze Muskulatur und das Bein aus.

Ein flacher und ein steiler Huf

BESCHREIBUNG

Viele Pferde haben meist an der Vordergliedmaße einen flach gewinkelten Huf und einen steiler gewinkelten Huf. Einige schon als Jungpferde, andere bilden sich im Laufe der Jahre aus. Die Pferde sind nicht lahm und auch ohne Probleme, wenn sie regelmäßig und gut korrigiert werden.

URSACHE

Grashuf beim Fohlen, Vererbung, ungleiche Beinlängen und Bemuskelung, ungleiche Winkel des Fesselbeines und ungleiche Belastung. Bei älteren Pferden ist fast immer der gesunde und mehrbelastete Huf der weitere und auch flachere. Das Bein mit einem Problem hingegen ist immer der engere und steilere Huf. Durch leichte Schonhaltung passt sich das Wachstum an und die Natur hat hier den Huf als Ausgleichsfaktor geschaffen.

PROGNOSE

Die Prognose ist sehr gut, solange man nicht gegen die Natur arbeitet. Bei jungen Pferden kann meist noch etwas ausgeglichen werden. Ungleiche Beine benötigen jedoch ungleiche Hufe. Mit einer Ganganalyse von Werkman Black kann man feststellen, ob ein Angleichen sinnvoll oder schädlich ist, bzw. wie viel angeglichen werden soll. Pferde, die die Hufe nach Beseitigung eines Problems wieder gleichmäßig belasten, bekommen wieder gleiche Hufe. Bei alten Pferden, wo Abnützungserscheinungen mehr werden, ist es an den unterschiedlicher werdenden Hufen ersichtlich. Ungleiche Hufe haben einen Sinn für das Pferd.

KORREKTUR

Grundsätzlich ist es meistens nicht gut aus zwei ungleichen Hufen zwei gleiche zu korrigieren. Wir müssen beobachten, wie sich Pferd und Huf nach einer Korrekturperiode entwickelt haben. Zeigt ein flacher korrigierter steiler Huf eine konkave Zehenwand, wurde er mit Sicherheit zu viel korrigiert. Die Zehe wurde überbelastet und das Pferd hat alles getan, um den Huf wieder steil zu bekommen. Wächst der Huf hingegen mit gleichmäßig starker Wand ohne Ausschweifungen, ist anzunehmen, dass die Korrektur gut war. Der flachere Huf wird während des Korrekturzyklus durch die Belastung eher noch flacher und wird an der Zehe korrigiert. Wichtig für die Beurteilung ist die Winkelung des Fesselbeines. Die Hufkorrektur soll der Stellung des Fesselbeines angepasst werden. Flachere Fesselbeinstellung – flacherer Hufwinkel, steileres Fesselbein – steilerer Hufwinkel. Grundvoraussetzung ist auch das Wissen um eventuelle Vorerkrankungen. Die Gelenksebenen unbedingt beachten.

Mit freiem Auge ist es nicht sichtbar, ob und wie weit man unterschiedliche Hufe korrigieren soll. Mit Werkman Black steht uns ein fantastisches Messgerät zur Verfügung, das uns genau zeigt, wie sich die Korrektur auf den Gang auswirkt.

Black zeigt außerdem, dass beim steilen Huf ein früherer Abrollpunkt oder mehr Zehenrichtung als beim flachen Huf für das Gangbild sehr vorteilhaft ist. Fußt das Pferd mit dem steileren Huf auf der Trachte, ist eine leichte Trachtenrichtung positiv. Dies alles kann auch beim Barhufpferd umgesetzt werden.

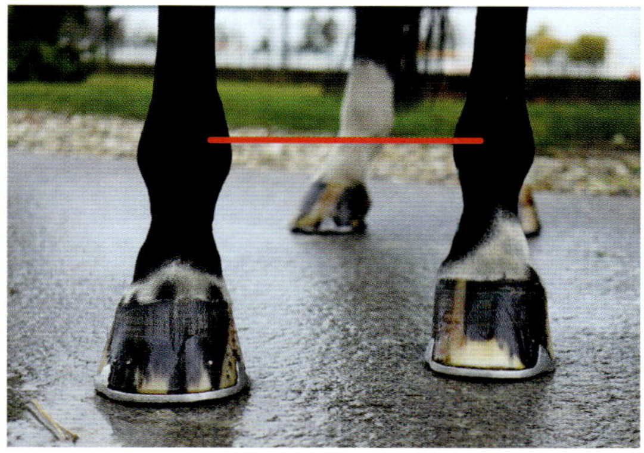

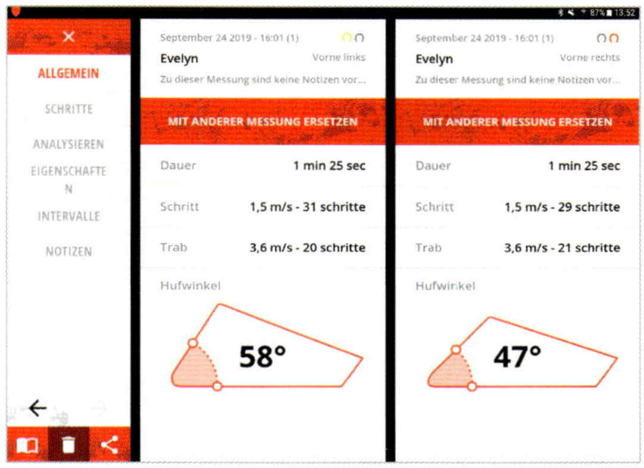

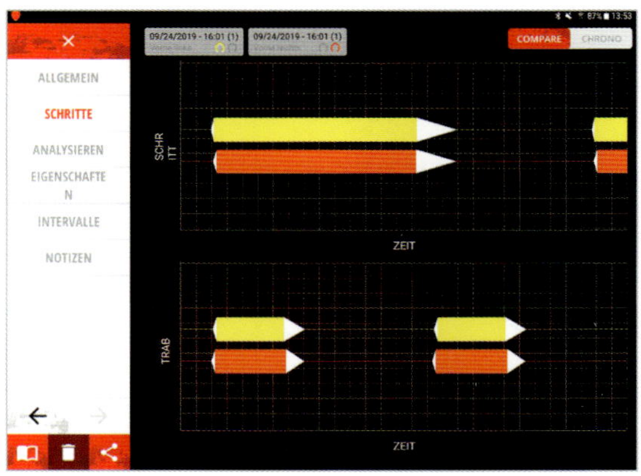

Nach Korrektur und Beschlag: Den flacheren Huf in die Balance gebracht, den steileren nur vorsichtig korrigiert. Die beiden Fesselgelenke sind fast in einer Ebene. Trotz 11 Grad Unterschied, fast völlig gleichmäßiger Gang (siehe auch Bockhuf Seite 214).

BESCHLAG

Ein wichtiger Faktor ist, wie in der Korrektur beschrieben, die Zehenrichtung und der Abrollpunkt. Es beeinflusst und verändert das Gangbild. Ein kappenloses Hufeisen gibt dem Huf am besten die Möglichkeit, sich so zu entwickeln, wie es für ihn optimal ist. Natürlich ist jedes andere Hufeisen auch geeignet. Beim flachen Huf soll das Hufeisen nur so weit zurückgesetzt werden, dass es auf der Zehenwand noch aufliegt. Hängt die Zehe über den Schuss des Hufeisens, kann sie nicht mittragen, die Trachten bekommen noch mehr Druck und der flache Huf wird noch flacher. Um auf weichen Reitböden durch das Einsinken der Trachten noch mehr Ungleichgewicht zu verhindern, können die Schenkelenden leicht verbreitert werden. Dies trägt auch zu einer besseren Druckverteilung am flachen Huf bei. Wie bei der Korrektur ist bei einer Trachtenfußung am steileren Huf eine Trachtenrichtung positiv. Ist eine ungleiche Beinlänge vorhanden, die zu einer unterschiedlichen Muskulatur im Schulterbereich führt, kann nach Absprache mit dem Tierarzt versucht werden, diese mit einer Einlage auszugleichen.

Kurze Beschlagsperioden sind enorm wichtig, da sich das Kräfte-, Winkel- und Druckverhalten ansonsten negativ auswirkt.

Lose wand – White line disease

BESCHREIBUNG

Die lose Wand ist eine Zusammenhangstrennung im Bereich der weißen Linie. Oft bei Flach- und Vollhufen anzutreffen. Bei der White Line Disease oder Erkrankung der weißen Linie ist diese zersetzt und anstatt Horn eine schwarze, schmierige Masse zwischen Sohle und Hornwand. Die weiße Linie verbindet die Sohle mit der Wand und reicht deshalb nicht höher als Sohlendicke!

URSACHE

Bei sehr Flach-/Vollhufen durch die Belastung auf die schräge Hornwand. Durch extreme Vorführbewegungen und der folgenden seitlichen Fußungsbewegung, auch bei Barfußpferden. Bakterien zerfressen bei der White Line Disease das weiche Horn der weißen Linie. Meist ist fehlende Hygiene und zu viel Feuchtigkeit die Ursache. Auch zwischen Hufeisen und Huf kann dies eintreten.

PROGNOSE

Die Prognose ist gut, wenn die Hygiene verbessert wird und die Krankheit behandelt. Gute Hufkorrektur und Hufbeschlag helfen ebenfalls, lose Wände in den Griff zu bekommen.

KORREKTUR

Hufbalance optimieren und für gleichmäßige Tragrandbelastung sorgen. Bei Flach-/Vollhufen die Hornqualität der Sohle und Wand verbessern. Kurze Korrekturabstände. Bakteriendurchseuchte Masse vorsichtig entfernen, ohne zu viel gesundes Material wegzuschneiden. Desinfektionsmaterial in die entstehende Rille geben. Besitzer müssen die Haltungshygiene verbessern.

BESCHLAG

Breitere Hufeisen für eine bessere Lastenverteilung. Kupfernägel verwenden.

Lose Wand

White Line Disease, vorsichtig gereinigt

Von Bakterien völlig zersetzte weiße Linie

Hohle Wand

BESCHREIBUNG

Eine hohle Wand ist eine Zusammenhangstrennung zwischen Röhrchen und Blättchenschicht in der Hornwand. Sie kann bis unmittelbar vor dem Kronrand reichen. Die Wand klingt hohl und oft ist die Höhe von außen durch eine kleine Vorwölbung tastbar. Mit einem Hufnagel oder einem feinen Maßstab ist die Höhe messbar.

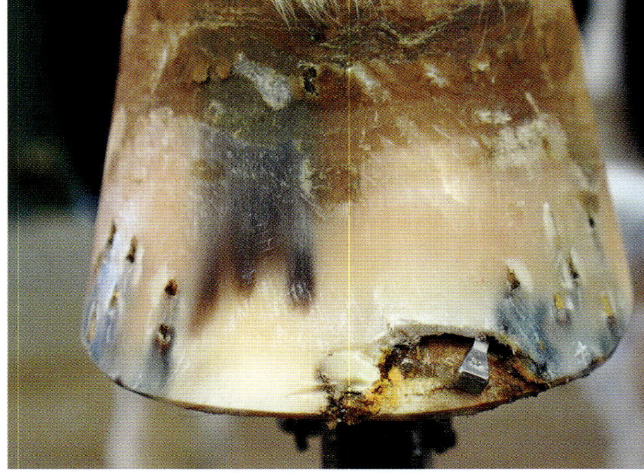

Hufnagel in der hohlen Wand, auch um es dem Besitzer anschaulich zu zeigen.

URSACHE

Eingedrungene Bakterien, auch in Folge einer Erkrankung der weißen Linie, Entzündungen, traumatisch durch Anschlagen oder extreme Zerrungen.

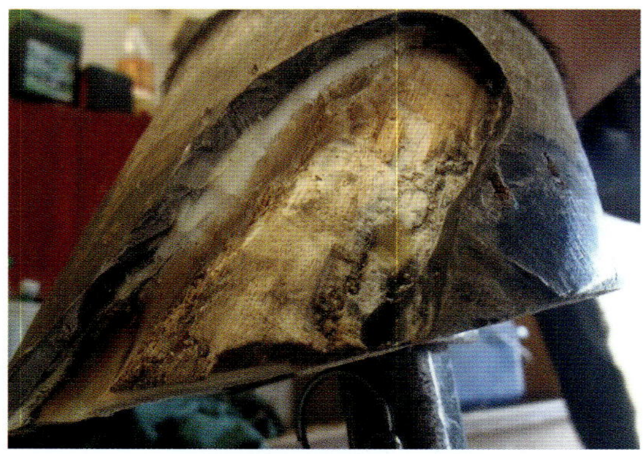

Der hohle Teil der Wand wird bis zu einer gesunden und festen Verbindung abgetragen.

PROGNOSE

Mittelmäßig, je nach Grad. Eine frühe Behandlung kann eine weitere Ausdehnung verhindern. Bei gutem Verlauf und ohne Entzündungen ist eine vollständige Genesung wahrscheinlich und das Pferd kann die ganze Zeit normal bewegt werden. In Verbindung mit Entzündungen oder Hufrehe ist die Prognose weniger gut.

KORREKTUR

Soweit als möglich reinigen. Entweder mit bakterienabtötenden Mitteln mit Depotwirkung und Watte füllen oder in schwierigen Fällen die Hornwand bis zur festen Verbindung abtragen. Ist eine Behandlung ohne Abtragen der Wand nicht erfolgreich, muss sie abgetragen werden. Ätherische Öle sind eine wunderbare Unterstützung zur Behandlung. Den betroffenen Wandteil aus der Belastung nehmen und hohl legen.

BESCHLAG

Je nach Defekt um diesen Wandteil zu entlasten und Sohle und Strahl mehr Belastung zu übertragen. Geschlossene Eisen, Herzeisen, Platte, Polster, Kappen zur Stütze.

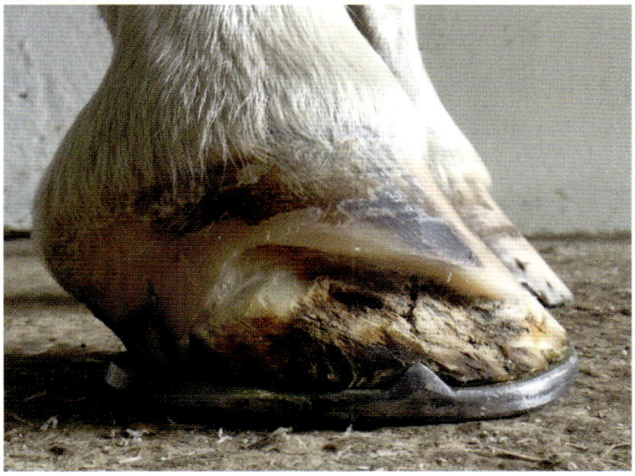

Abgetragene Wand. Mit einem Herzeisen und Sohlenpolster gestützt. *(Bild rechts)*

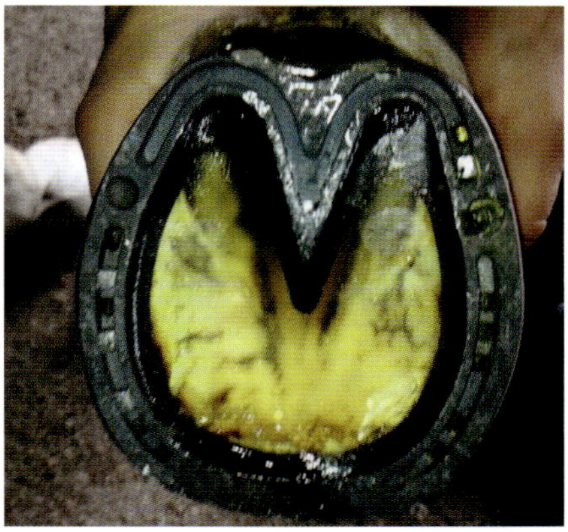

Zusätzliche Nagellöcher im Trachtenbereich leisten wertvolle Hilfe beim Befestigen.

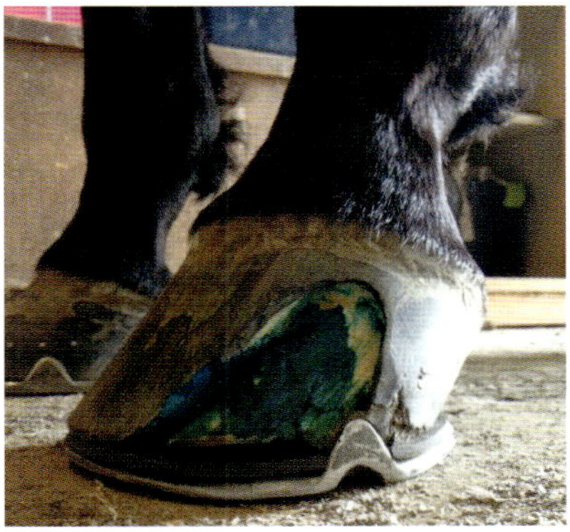

Desinfektion des Wandteiles. Die versetzte Kappe hilft zum Abstützen.

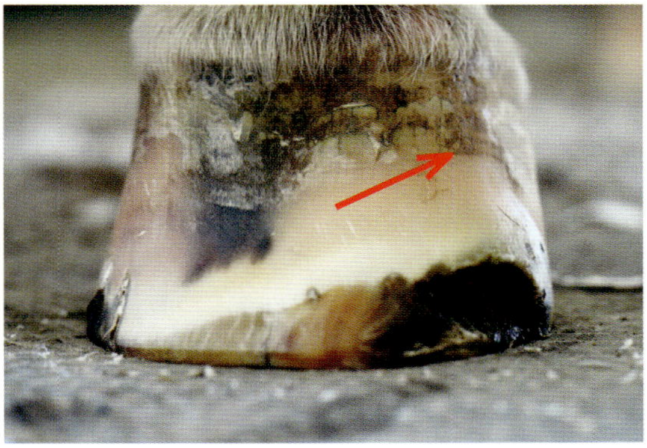

Oft läßt sich die hohle Wand bereits von außen durch die Vorwölbung erkennen und abgrenzen.

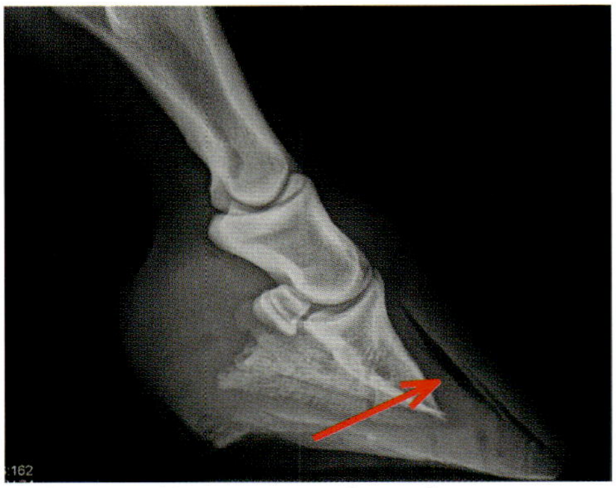

Hohle Wand bis zum Kronbereich am Röntgenbild sichtbar *(Tierärztin Alexandra Kammerhuber)*

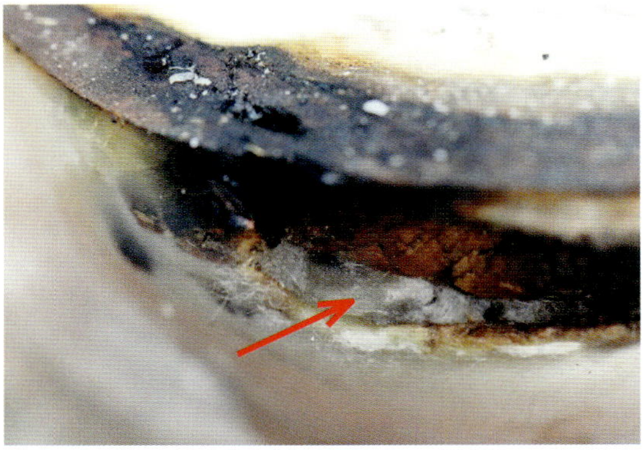

Die Wand wird nicht abgetragen und bleibt erhalten. Der hohle Bereich wird gereinigt, gespült mit Desinfektionsmittel, mit Watte aufgefüllt und nochmals desinfiziert (Depotwirkung).

Tragrandspalt bei einem Barfußpferd. Ist mit einem Hufeisen einfach zu stabilisieren. Der Spaltbereich wird hohl gelegt. Auch barfuß möglich, wenn es die Bedingungen zulassen.

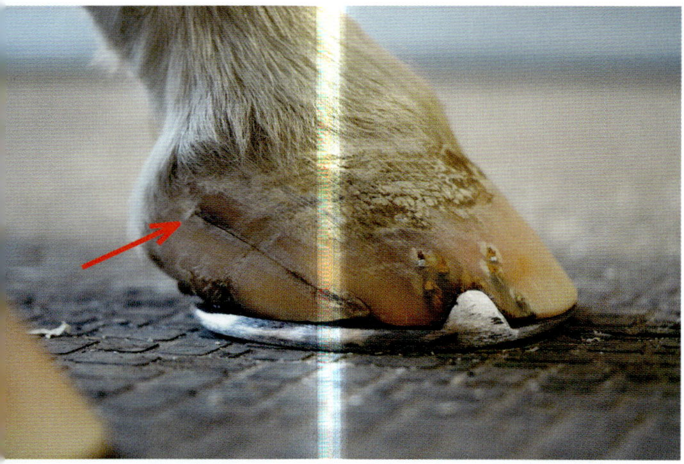

Blutiger Kronrandspalt bei einem flachgewinkelten Huf. Der Huf wurde in Balance gebracht, die innen zu lange Wand gekürzt und ein geschlossenes Hufeisen mit Sohlenpolster verwendet. Hier nach 6 Wochen ist der Huf bereits gut vom Kronrand nachgewachsen.

Hornspalten

BESCHREIBUNG

Als Hornspalten bezeichnet man Zusammenhangstrennungen/Risse im Verlauf der Hornröhrchen an der Hornkapsel. Sie werden nach ihrer Lage, ihrer Tiefe und ihrer Ausdehnung bezeichnet und treten an Barfußpferden und beschlagenen Pferden auf.

- Zehenwand, Seitenwand, Trachtenwand und Eckstrebenspalten
- Oberflächliche, durchdringende und blutige Spalten
- Tragrand-, Kronrand- und durchlaufende Spalten

URSACHE

Steiniger Boden, ungleiche Belastung, geschwächte Hufe und überlange Hufe sind Ursachen für Tragrandspalten. Schwache und dünne Hornkapseln, schlechte Hufbalance, mangelhafte Hornqualität und Fehlstellungen sind Ursachen für alle Arten von Spalten. Schlechte Hufkorrektur und Hufbeschlag begünstigen diese ebenfalls. Zu stark beraspelte Wände, geschwächte Sohle und zu stark beschnittener Strahl nehmen dem Huf die Stabilität. Hochgeschobene Seiten- und Trachtenwände lassen die Hufknorpel tief in der Hornkapsel verschwinden. Die seitliche Bewegung dieser während der Belastungsphase führt zu oft blutigen Kronrandspalten. Bei Fehlstellungen kommt es zur vermehrten Belastung einer Hufhälfte und das Fesselgelenk bewegt sich beim Durchfußen seitlich bei der mehr belasteten Seite. Zu kurze Hufeisen üben punktuell Druck auf die Trachten. Pferde mit weiten Hufen, die für weiche Böden geschaffen sind, halten oft der Belastung auf hartem Boden nicht Stand und reißen. Überlastung lässt die Hornwand ebenfalls springen. Traumatische Ursachen wie das Ausschlagen gegen harte Gegenstände und Unfälle rufen Hornspalten hervor. Oberflächliche Hornspalten sind bei jungen Pferden während der Wachstumsphase durch Verformung zu beobachten und bei älteren Pferden durch Umformung aufgrund einer Belastungsveränderung.

Eine nicht plane Fußung ist selten die Ursache für einen Hornspalt. Vielmehr ist die Hufbalance während der Belastungsphase ausschlaggebend, da die Phase der Fußung nur sehr kurz und mit sehr wenig Belastung stattfindet. Bei Barhufpferden sind selten schwierige Hornspalten anzutreffen. Die Ursache ist, dass Pferde, die hohen Belastungen ausgesetzt sind, meistens beschlagen sind.

Genauso verhält es sich mit schwierigen Hufen und schlechter Hufqualität. Saumbandentzündungen sind Ursache für schuppiges, poröses Horn, das leicht reißt.

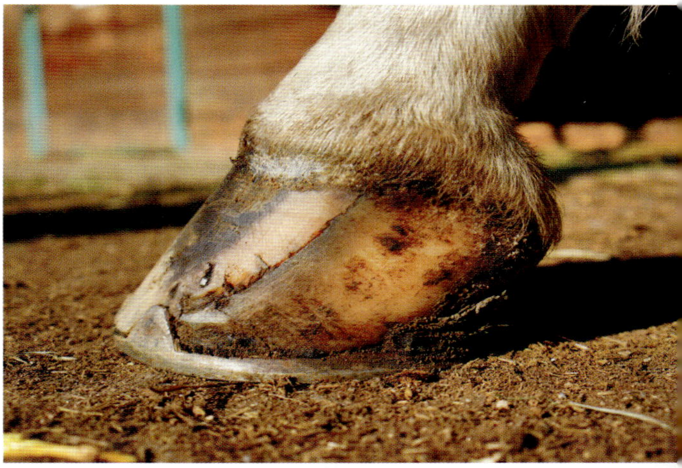

Beispiel Chicago: Immer wieder aufplatzender, durchdringender Kronrandspalt. Die Ursache ist eine Gliedmaßenfehlstellung.

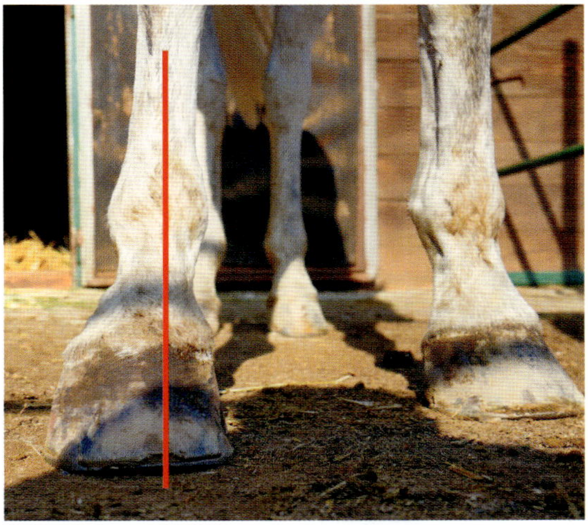

Chicago 2: Vorne rechts: Das Fesselgelenk steht über der inneren Trachte, wo die Hornkapsel reißt. Das Gewicht fällt immer senkrecht, die innere Hufwand trägt das zweifache Gewicht der äußeren. In der Belastungsphase bringt die absinkende Fessel an der inneren Trachte zu viel Bewegung.

PROGNOSE

Die Prognose ist gut, wenn die Ursache beseitigt werden kann. Deshalb ist es so wichtig zu ergründen, warum der Spalt entstanden ist. Bei Fehlstellungen ist die Prognose gut, wenn die Hufqualität und die Hufbalance verbessert wird.

Tragrandspalten sind harmlos und leicht zu stabilisieren. Kronrandspalten sind oft schwierig und die Behandlung langwierig, da sie fast ein Jahr benötigen, um völlig weg zu wachsen.

KORREKTUR

Da ein Hornspalt eine massive Schwächung für den Huf bedeutet, ist die genaue Hufkorrektur umso wichtiger. Kein Teil des Hufes darf zusätzlich geschwächt werden. Die jeweilige Ursache muss soweit möglich, be-

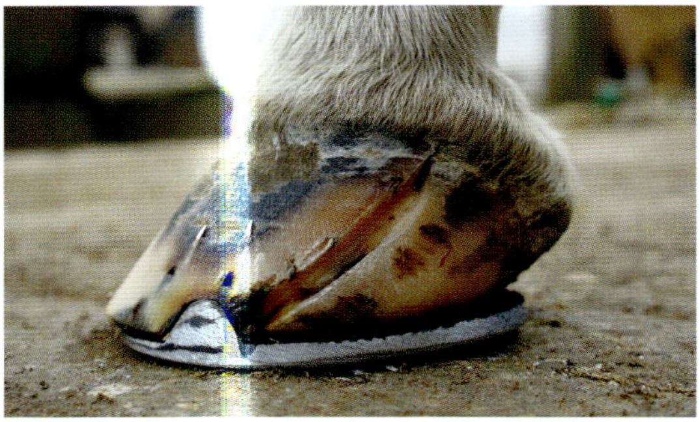

Chicago 3: Nach bestmöglicher Korrektur der Beschlag mit geschlossenen Hufeisen, Sohlenpolster und keilförmiger Entlastung von der Trachte bis zur Kappe. Der schräg verlaufende Spalt ist nachgeschnitten.

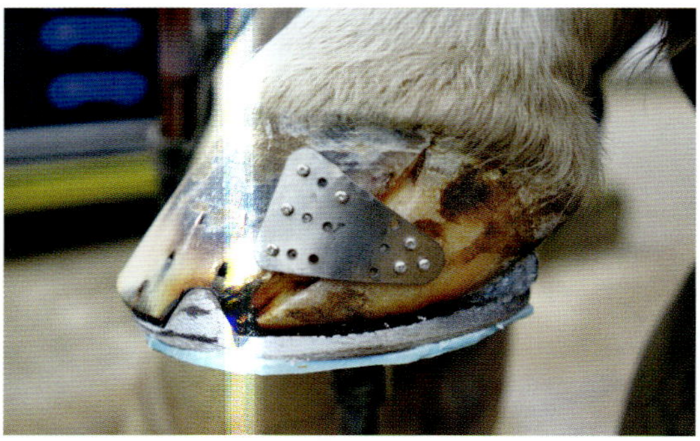

Chicago 4: Verschraubung

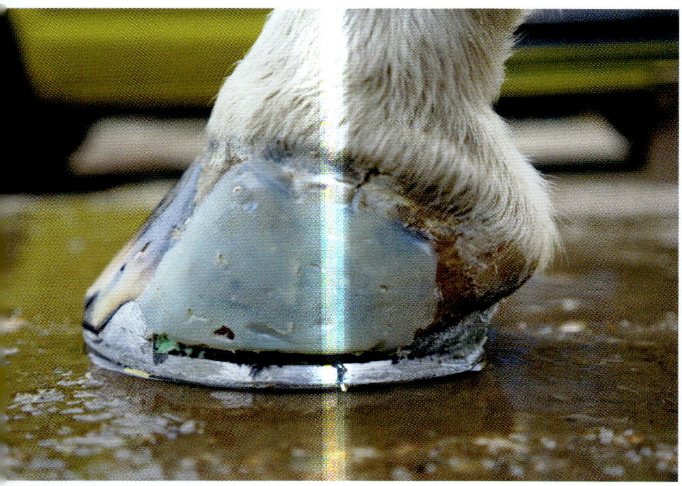

Chicago 5: Abschließend wird der Hornspalt mit der Verschraubung verklebt.

seitigt werden. Der Tragrand wird im Spaltbereich hohl gelegt, um keinen zusätzlichen Druck zu erzeugen. Eine Senkrechte von Spaltbeginn bis Spaltende zum Tragrand markiert diesen Bereich. Die Übergänge sollen harmonisch, ohne Kanten sein und den markierten Bereich um ein paar Millimeter verlängern. Einkerbungen quer oder halbmondförmig am Ende des Spaltes können ohne Beseitigung der Ursache ein weiteres Reißen nicht oder nur kurzfristig verhindern. Rillen links und rechts, parallel zum Spalt, sollen ein Erweitern der Hornkapsel erleichtern. Auch dies ist nur in wenigen Fällen erfolgversprechend. Eine Hufölbehandlung und Verbesserung der Hornqualität ist bestens investiertes Geld.

VERKLEBEN/VERSCHRAUBEN/ HORNSPALT-KLAMMER

Dies macht nur Sinn, wenn auch die Ursache beseitigt oder verbessert wird. Andernfalls platzt er wieder auf. Eine Verklebung darf nur bei nicht oder nicht mehr blutigen Spalten erfolgen. Soll trotzdem verklebt werden, muss eine Drainage eingebaut werden. Wird die richtige Ursache gefunden und diese entsprechend korrigiert, sollte jeder Spalt auch ohne Verklebung oder Verschraubung weg wachsen. Deshalb wird sie nur in schwierigen Fällen benötigt oder wenn ein Pferd trotz Hornspalt viel belastet wird.

Vor dem Verkleben wird der Spalt mit einem schmalen Hufmesser oder Loop-Messer nachgeschnitten. So können die Spaltränder nicht reiben und die Verklebung hat einen besseren Halt. Am besten funktionieren Klebematerialien, die eine ähnliche Härte wie das Wandhorn aufweisen – z. B. Equilox. Zu weiches Material bringt nichts und zu hartes führt zu Spannungen. Das Kunsthorn muss ca. 15 mm vom Kronrand entfernt bleiben, in den Spalt gefüllt und beidseits des Spaltes 2–3 cm an der Wand aufgetragen werden.

Glasfasermatte dünn oder in kleinen Schnipsel erhöhen die Festigkeit. Sie werden entweder nach einer dünnen Schicht Kleber/Kunsthorn aufgebracht oder vorher eingemischt. Abschließend wird der bereits harte Kleber mit der Raspel in Form gebracht. Unter dem Kunsthorn können auch Hornspaltklammern zusätzlich eingeschlagen werden.

Verschraubungen mit einer kleinen Lochplatte oder auch mit verspanntem Draht führen zu einer starren Verbindung. Dies kann bei schwierigen Fällen notwendig sein, wo ein Wandteil völlig durchgerissen ist und sich die Wandteile bereits verschieben lassen. Die Platte wird an die Wandwölbung angepasst und mit Schrauben der richtigen Länge befestigt. Wird das Ganze noch mit Kunsthorn überzogen, bietet es zusätzlichen Halt und minimiert die Verletzungsgefahr.

Grundsätzlich funktionieren die Spaltbehandlungen auch bei Barfußpferden. Dies muss je nach Fall und Situation entschieden werden.

BESCHLAG

Bei leichten Tragrandspalten reichen oft normale Hufeisen. Der Spaltbereich wird leicht hohl gelegt, damit kein zusätzlicher Druck von unten kommt. Kappen im Spaltbereich sind nicht sinnvoll. Seitenkappen bei Zehenwandspalten können stützen. Bei Seitenwandspalten sollen keine Seitenkappen verwendet werden. Sie halten den vorderen Bereich stabil, wogegen sich der hintere Bereich mehr bewegt.

Bei Kronrandspalten empfiehlt sich ein geschlossenes Hufeisen, wobei der Spaltbereich entlastet wird. Dies kann auf mehrere Arten gemacht werden. Vor dem Aufnageln wird mit dem Hufmesser oder der Hufzwickzange eine Schwebe gemacht. Hier wird der Spaltbereich ca. 5 mm hohl gelegt

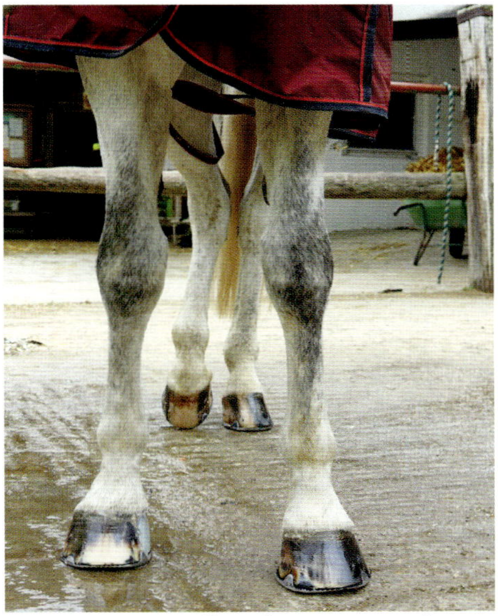

Chicago 6: Die Stellung konnte zumindest verbessert werden und der Spalt verheilen.

Herzeisen mit Strahlpolsterung

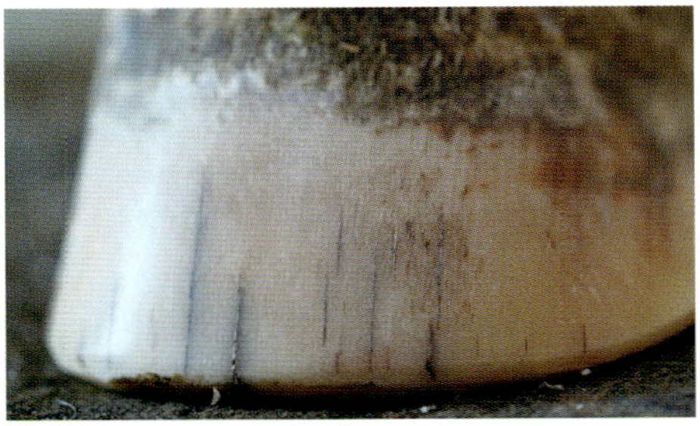

Windrisse sind oberflächliche und harmlose Spalten, die nur an der Wandoberfläche auftreten.

oder bei Trachtenspalten die ganze Trachte. Bei aufgeschobenen Hufwänden empfiehlt sich ein keilförmiges Hohllegen der gesamten Seitenwand um die Größe der Überlänge der Wand. Ist ein Wandteil völlig losgelöst durch einen durchdringenden und durchlaufenden Spalt, ist es manchmal besser, den Spalt nicht hohl zu legen, um den Wandteil zu stützen. Bei einer Hohllegung kommen große Scherkräfte bei jedem Schritt des Pferdes auf den Spalt und er beginnt zu bluten. Wieder ist es wichtig, die Ursache zu finden und zu beheben. Anstatt eines geschlossenen Hufeisens kann auch ein Herzeisen verwendet werden.

Mit dem Hufeisen kann durch Weiterlegen eines Schenkels die Belastung auf die gegenüberliegende Wand übertragen werden. Achtung auf genügend Auflagefläche am Tragrand. Das Weiterlegen soll schon im Zehenbereich beginnen. Einfaches Modifizieren macht hier einen erheblichen Unterschied. Der zweite Schenkel wird eng angerichtet.

Einlagen und Polster entlasten die Hornwand und übertragen Gewicht und Energie auf Sohle und Strahl. Mittelharter Polster bei empfindlichen Hufen und den meisten Spalten. Harter Polster, wenn viel Stabilisierung notwendig ist.

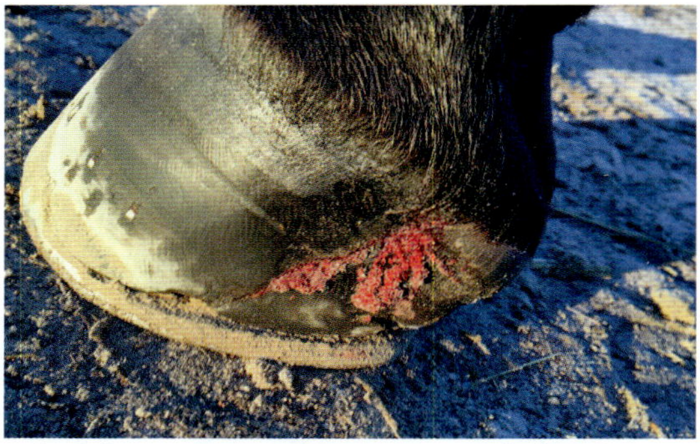

Beispiel Romanov 1: Blutiger Hornspalt, bei dem kein Lösungsansatz funktioniert hat und die Ursache nicht greifbar war. *(Foto: Brigitte Polonia)*

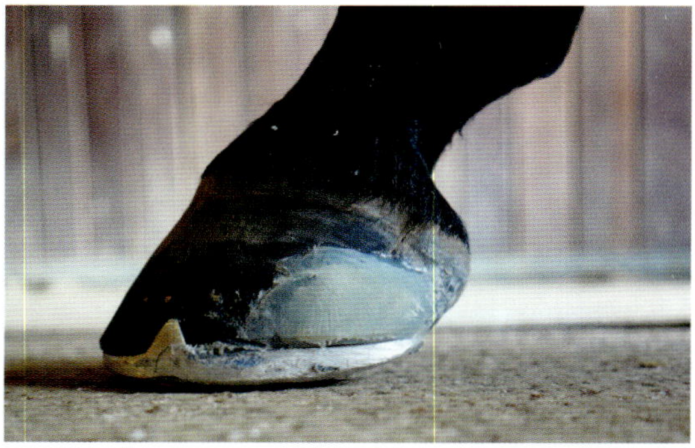

Romanov 2: Lösung mit Hilfe von Werkman Black. Durch das Erkennen der genauen Bewegungslinie wird hier sowohl die Bewegung als auch die Belastung ins gesunde Hufzentrum verlegt. Die Aluminium-Roller-Eisen sind nach den Messergebnissen dementsprechend modifiziert worden.

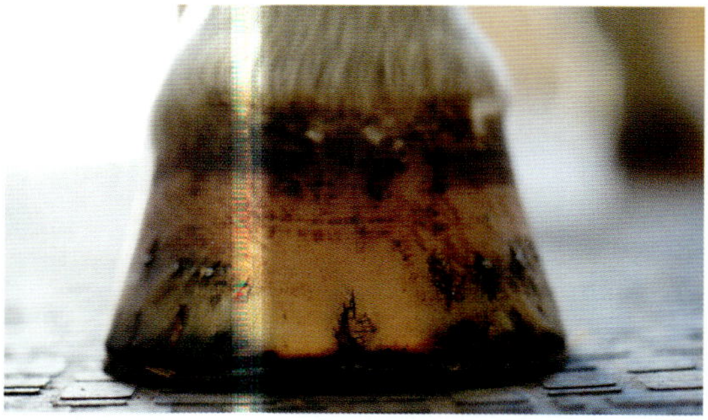

Beispiel Zehentragrandspalt: Hier wurde der steilere Huf zu flach korrigiert, die konkave mehr belastete Zehenwand sehr dünn beraspelt.

Zehentragrandspalt 2: Hier ist immer noch die dünne Zehenwand zu sehen, die der Belastung nicht standhält. Die Lösung ist – steiler stellen und Zehenwand entlasten und natürlich die weiße Linie behandeln.

Abnormitäten

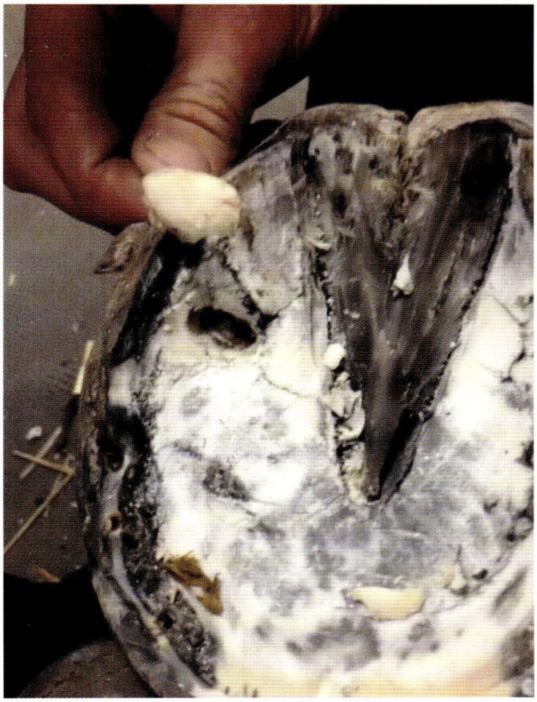

Keratom in der Eckstrebe. Keine Einschränkung oder Lahmheit und keine Folgen.

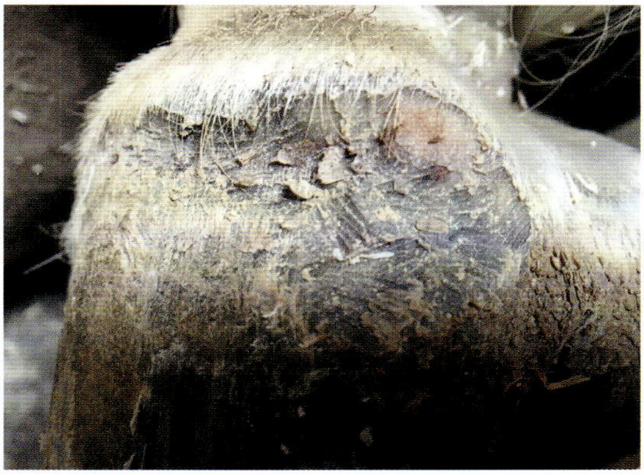

Nagespuren von Ratten

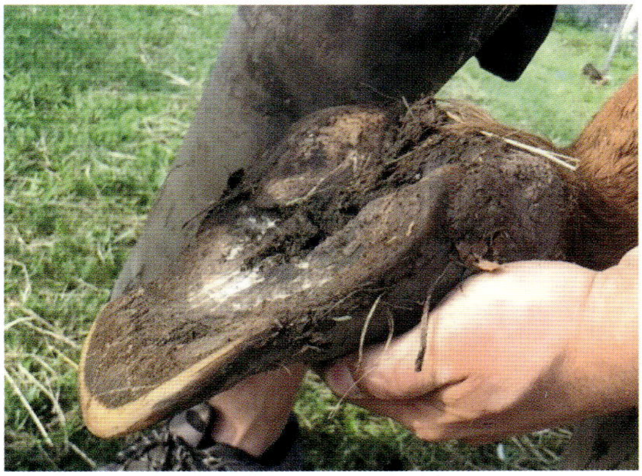

Vernachlässigte Hufe

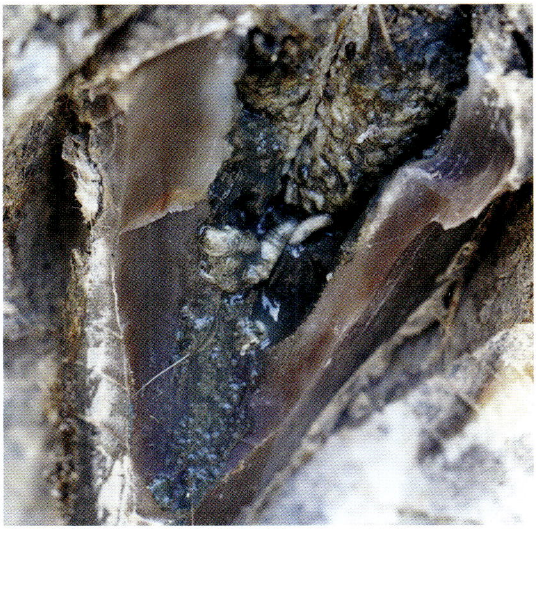

Maden in einer unbehandelten Strahlfäule an der Grenze zum Hufkrebs.

Werkman Black

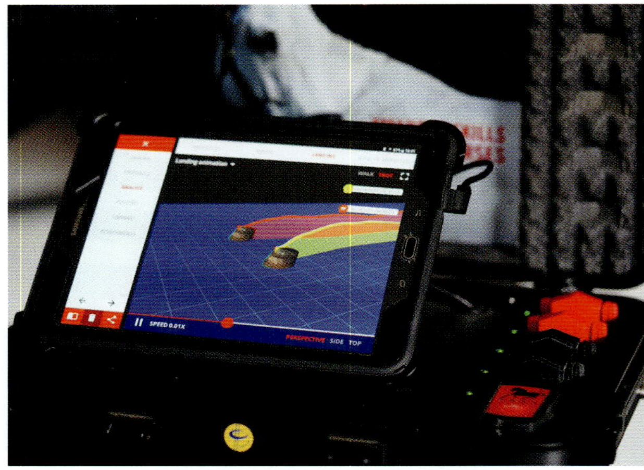

WAS IST DAS?

Mit Werkman Black wird der Gang eines Pferdes vermessen und aufgezeichnet. Dies funktioniert sowohl auf hartem wie weichem Boden sowie im Schritt und Trab. Sensoren werden mittels selbstklebenden Klett an der Hornwand befestigt. Mit der Fernbedienung wird die Aufnahme und das Übertragen auf das Tablet gesteuert.

Die Sensoren und die Fernbedienung werden kabellos im Koffer mittels Akku geladen und sind schmutz- und wasserfest. Eine Aufzeichnung dauert samt Übertragung und Vorbereitung nur 5–7 Minuten. Die Messung kann per Mail an Kunden und Tierarzt versendet werden. Alle Messungen werden zusätzlich in einer Cloud gespeichert.

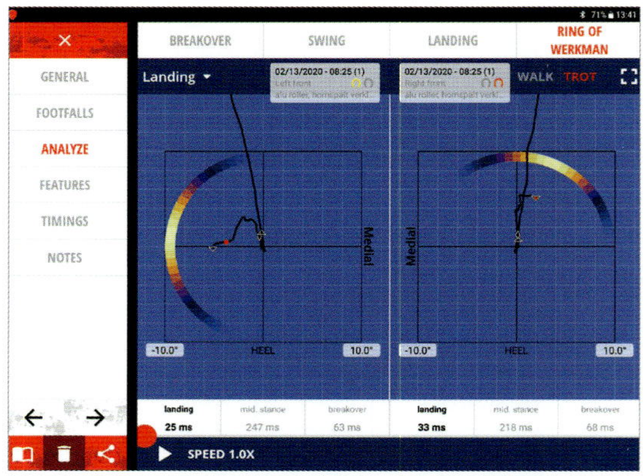

Der Ring of Werkman zeigt die genaue Bewegung der Hufe vom ersten Bodenkontakt bis zum Abrollen.

WAS SIEHT MAN?

4 Phasen des Ganges: Landung, Standphase, Abrollen und Vorführphase. Die Bewegung im Ring of Werkman während Landung, Standphase und Abrollen. Zehenwandwinkel, Schrittlänge, Schritthöhe, Geschwindigkeit, Zeit jeder Phase, Vergleich rechts und links, vorher und nachher, 3D-Animationen und vieles mehr.

WOZU?

Es sieht viel mehr als unser menschliches Auge und macht die Auswirkungen der Korrektur und des Beschlages sichtbar. Wir können unsere Arbeit verbessern und dies auch den Kunden zeigen. Wir sehen die Auswirkungen von unterschiedlicher Korrektur und Beschlägen. Geht ein Pferd später nicht gut oder lahm, können wir vergleichen. Black dokumentiert unsere Arbeit auch im Streitfall. Black ist objektiv und kann nicht lügen.

Wie und wo der Huf in der Belastungsphase im weichen Reitboden einsinkt, sehen wir weder mit den Augen noch mit einer Kamera. Doch gerade hier wird das Pferd gearbeitet. Black zeigt es uns.

SEHEN

Black misst mit 1140 Hz. Wir Menschen sehen mit ca. 25 Hz. Ein Kinofilm hat 24 Hz. Das heißt, wir sehen 25 Bilder/Sekunde. Alle 40 ms ein Bild. Eine Landung oder Fußung dauert durchschnittlich 18 ms! Wir können sie mehr erahnen als sehen.

WARUM UNS UNSER AUGE TRÜGT UND ANDERE EINE LAHMHEIT ANDERS SEHEN

Wir sehen alle 40 ms ein Bild und unser Gehirn fügt diese Bilder zu dem Film, den wir schließlich sehen. Unser Gehirn ist beeinflusst von unserem Wissen und Denken. Das heißt, dass bei jedem dieser Film geringfügig unterschiedlich ist. So kann das, was ich sehe, ein anderer anders sehen. Wenn ich weiß, dass das Pferd z. B. vorne links ein Problem gehabt hat, wird mein Sehen davon beeinflusst. Und es kann passieren, dass jeder eine Lahmheit verschieden sieht. Oder eine Fußung oder das ganze Gangbild.

WIR HABEN UNSERE STANDARD-LÖSUNGEN. SIND SIE IMMER GUT?

Wir korrigieren nach bewährten Schemata, machen unsere Standard-Zehenrichtung und unsere Beschläge so, wie wir sie für richtig halten. Und so wie unser Auge das sieht, passt es auch. Black zeigt, dass nicht jede Zehenrichtung für jedes Pferd ideal ist und nicht jede Korrektur und jeder Beschlag für jedes Pferd gleich passt. Und Black zeigt, wie massiv wir den Gang des Pferdes beeinflussen können. Positiv und negativ. Die Footfalls/Schritte zeigen, wie gleichmäßig das Pferd geht. Je gleichmäßiger es geht, desto gleichmäßiger ist die Belastung auf Huf und allen Strukturen und desto gleichmäßiger wachsen die Hufe.

18 Millisekunden dauert eine durchschnittliche Landung. Manche Pferde fußen im Schritt anders als im Trab und auf weichem Boden wiederum anders.

Unterschiedliche Zehenrichtungen zwischen rechtem und linkem Bein können einen gleichmäßigeren Gang erzielen. So minimale Unterschiede helfen dem Pferd.

WIE KÖNNEN WIR DIE 4 PHASEN EINES SCHRITTES BEEINFLUSSEN?

Black zeigt uns von jeder Phase die Zeit und die Bewegung.

- ***Standphase:*** Korrektur, Hufbalance, Hufeisen, Abrollpunkt, Zehenrichtung
- ***Abrollen:*** Korrektur, Abrollpunkt, Zehenrichtung, Position des Hufeisen
- ***Vorführbewegung:*** Korrektur, Gewicht und Dicke des Hufeisen/Hufschutz, Abrollpunkt
- ***Fußung:*** Korrektur, Gewicht, Dicke, Hufeisen, Enden

Wenn wir eine Phase verändern, wird immer auch eine zweite oder alle Phasen der Bewegung beeinflusst. Es greift ineinander wie ein Zahnradsystem. Die Korrektur verändert alles. Ein gutes Beispiel ist auch der Abrollpunkt: Durch einen früheren Abrollpunkt wird die Standphase verkürzt, das Abrollen beginnt früher und dauert länger, der Schritt kürzer und dadurch kommt der Huf auch anders zur Landung. Jedoch ist jedes Pferd anders. Je nach Ursache reagieren die Pferde auf unsere Modifikationen.

Auch die Sehnen werden in jeder Phase unterschiedlich belastet. Wir können uns das bei Sehnenverletzungen zunutze machen.

- ***Tiefe Beugesehne:*** Am Ende der Standphase, unmittelbar vor dem Abrollen
- ***Oberflächliche Beugesehne:*** Zu Beginn der Standphase
- ***Fesselträger:*** Beim stärksten Durchtreten, er trägt die Fessel

Der blaue Pfeil in der Abbildung unten zeigt die Kraft, die auf die Zehe einwirkt. Wir sehen, dass die einwirkende Kraft bei der Fußung relativ gering ist und im Schnitt nur 18 ms andauert. Hingegen dauert die Standphase ungleich länger und die Belastung ist ein Vielfaches. Deshalb ist es in den meisten Fällen besser, das Pferd für eine ausbalancierte Standphase zu korrigieren und weniger für eine plane Fußung. Diese kann durch Abschmieden oder Schleifen deutlich erleichtert werden.

WAS SIEHT BLACK NICHT?

Black sieht nicht, wie gut der Beschlag ist, es sieht, wie das Pferd geht. Black sieht nicht, wie gut die Hufbalance ist. Black sieht eine Lahmheit nicht, solange die Gliedmaßen gleich lang belastet werden. Black sagt dir nicht, wie du korrigieren oder beschlagen sollst.

ERKENNTNISSE VON MESSUNGEN

- Mit Abrollpunkt und Zehenrichtung wird die Standphase massiv verändert. Lahme Pferde rollen am betroffenen Bein meist langsamer ab.
- Lange Hufeisen auf hartem Boden werfen das Bein bei Trachtenfußung völlig aus der Balance.

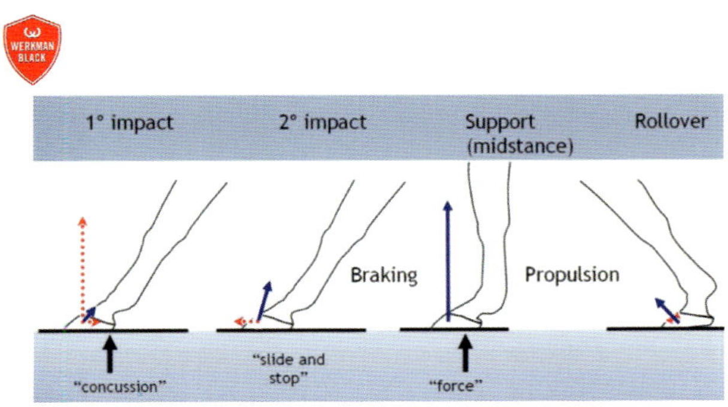

- Mit Black siehst du bei Pferden mit einem steilen und einem flachen Huf, ob sich ein vorsichtiges Angleichen der Winkel positiv auswirkt oder ob es besser mit unterschiedlichen Hufwinkeln läuft.
- Aluminium-Hufeisen verkürzen meist die Standphase, das Abrollen beginnt früher und auch der Vorführbogen wird flacher.
- Stollen beeinflussen durch die Steilerstellung auf hartem Boden und bremsen vor allem auf weichem Boden stark. Der Ring of Werkman zeigt die Bewegung der Kapsel und die damit verbundenen Spannungen. Modifikationen am Hufeisen wirken mit Stollen auf hartem Grund nicht.
- Barfuß ist der Gang oft gleichmäßiger und die Vorführbewegung fast immer geradliniger. Gewicht und Dicke wirken sich negativ aus. Sowohl bei Hufeisen als auch bei Kunststoff.

„Wir brauchen eine ***Symbiose:*** *Von dem, was wir sehen, vom Reiter hören, unseren Erfahrungen und von Black!"*

- Leichtes Abschrägen des Tragrandes oder am jeweiligen Punkt des Auffußens, erleichtert die Fußung und führt zu einer ruhigeren Bewegung und wirkt effizienter als ein rundherum abgerundetes Hufeisen.
- Pferde fußen sehr oft im Schritt und Trab unterschiedlich und gegensätzlich. Unser Auge kann das nicht erkennen.

ERWARTE DAS UNERWARTETE

Wenn du glaubst, dass ein Pferd gut geht, heißt das nicht, dass es wirklich gut geht. Manchmal geht ein Pferd viel besser und gleichmäßiger, als du es je erwartet hättest. Einige Pferde brauchen Zeit, sich an eine geänderte Korrektur anzupassen. Muskulatur und Sehnenapparat ändern sich nicht so schnell. Speziell ältere Pferde ändern ein Gangbild nicht so schnell.

Zusätzliches Gewicht durch schwerere Hufeisen und Einlagen wirken sich genauso auf den Gang aus wie lange Hufeisen auf die Fußung.

Mit Black musst du offen sein für eine andere Perspektive und bereit sein, weiter zu lernen.

Black ist objektiv und eine zusätzliche Perspektive. **Vergessen wir jedoch nicht auf das Pferd!**

Spezialhufeisen

Herzeisen Aluminium

KLEINE AUSWAHL AN AKTUELLEN UND KLASSIKERN

Geschlossene Hufeisen stabilisieren den Huf, schränken jedoch auch den Hufmechanismus ein. Während die Schenkelenden eines offenen Hufeisens noch ganz leichte vertikale Bewegungen der Trachten zulassen, werden diese beim geschlossenen Eisen völlig gestoppt. Ein Einsinken des hinteren Hufbereiches wird vermindert. Durch das zusätzliche Gewicht bei Stahl entsteht vermehrt Trachtenfußung.

Ei-Eisen stabilisieren ähnlich dem geschlossenen Hufeisen, doch nicht so effektiv. Der Bügel verhindert noch mehr ein Einsinken der Trachten. Ein zu langer Ei-Bügel bringt zu viel Druck auf die Trachte.

Herzeisen stabilisieren und verteilen den Druck von der Wand auf den Strahl oder stützen diesen nach oben. Sie können verschieden angepasst werden: a) mit kleinem Abstand von 1–2 mm vom Strahl. Hier nimmt das Herz bei Belastung Druck auf. b) eben mit dem Strahlniveau. Auch beim Stehen wird Druck übertragen. c) mit 1–2 mm Vorspannung, so dass bereits beim Aufnageln der Strahl Druck bekommt. Dies funktioniert nur, wenn der Strahl diesen Druck verträgt. Zum Testen einfach das Pferd mit dem Strahl auf einen Messergriff oder auf ein Holzstück steigen lassen. Es werden auch halbe Herzeisen verwendet, die mit dem zweiten Schenkel nicht verbunden sind. Die Spitze des Herzes reicht nicht ganz bis zur Strahlspitze. Diese muss frei von Druck bleiben!

Geschlossenes Hintereisen mit Zehenrichtung, breitem Schenkel und Strahlunterstützung

Ei-Eisen Aluminium

Roller-Eisen ermöglichen ein leichtes Abrollen. Vom leichten Rolleffekt bis zum 20 mm dicken Aluminiumroller gibt es viele Varianten. Andere Varianten sind Rock'n-Roller oder auch der Wherli Traktion Shoe, wo die höchste Stelle auf das Hufbein ausgerichtet wird. Roller-Hufeisen sollen auf Hufe angebracht werden, die sie auch benötigen. Hier haben sie ihre absoluten Vorzüge. Jedes Einzelne davon! Ein gesundes Pferd mit gesunden Hufen benötigt Stabilität und soll nicht rollen!

Zwiebel-Eisen unterstützen die Trachte, verteilen Druck und verhindern zu tiefes Einsinken in weichen Boden. In leichterer Form ist sie anschmiedbar. Bei stärkeren Zwiebel-Eisen sind Aluminiumvarianten aufgrund des Gewichtvorteils zu bevorzugen. Die Strahlfurchen müssen frei bleiben und das Hufeisen verläuft entlang der Strahlfurche.

Stern-Eisen sind geschlossene Hufeisen mit einer Art eingeschweißtem Stern. Dieser stützt das Hufgelenk von unten ab.

Elliptical-Eisen sind Roller-Eisen und keilförmig. Zwei halbe Eisenschenkel/Stege werden vom Endl zur Zehe eingeschweißt. Gut bei negativem Hufbeinwinkel einzusetzen.

Roller-Eisen um das Zentrum, Schenkel auch nach außen abfallend

Einseitiges Roller-Eisen für einseitiges Landen und Abrollen

Leichtes geschlossenes Roller aus Aluminium

Stern-Eisen aus Aluminium, zur Abstützung des Hufgelenkes und Stabilisation

Duo-Elliptical-Eisen: Hier mit 2 Halbrundstegen, um Gewicht zu sparen

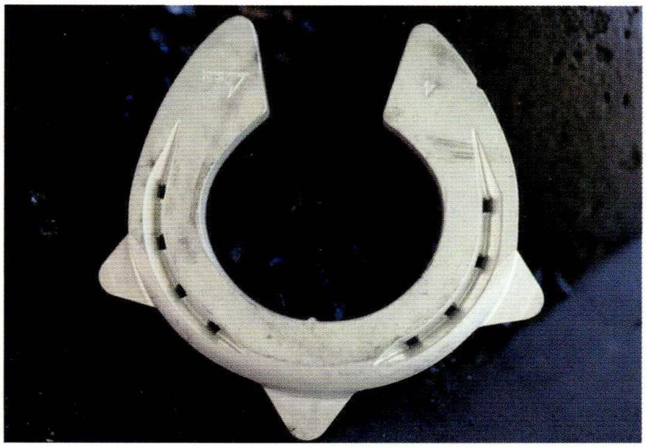

Zwiebel-Eisen aus Aluminium, zur Trachtenunterstützung und gegen das Einsinken auf weichem Boden im hinteren Hufbereich

Einseitiges Breitschenkel-Eisen, um ein Einsinken auf dieser Seite zu verhindern und z. B. Seitenbänder zu entlasten.

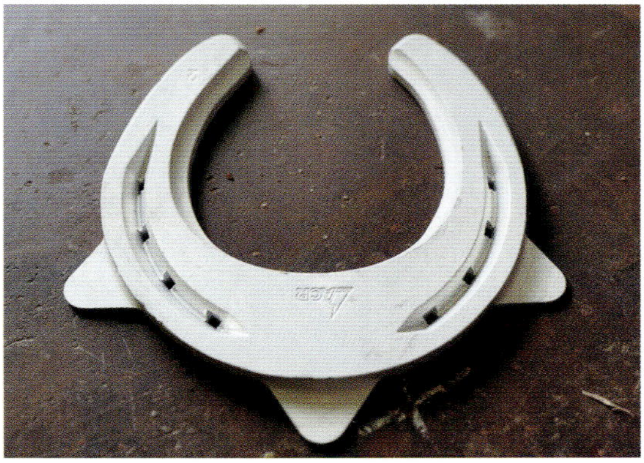

Fesselträger-Eisen aus Aluminium

Geschlossenes Dreiviertel-Eisen, zur völligen Entlastung einer Trachte

Pilz-Eisen, zur Entlastung beider Trachten und Mitbelastung des Strahls

Dreiviertel-Eisen werden verwendet, um eine Trachte komplett zu entlasten. Ist nur zur Therapie geeignet.

Pilz-Eisen entlasten beide Trachten und belasten den Strahl.

Halbmond-Eisen ermöglichen ein Abnutzen einer zu hohen Trachte.

Breitschenkel-Eisen unterstützen eine Hufseite und verlagern Gewicht auf die andere Seite – Hufbalance. Sie verhindern ein Einsinken auf weichem Boden an der Breitschenkelseite. Ein solches Hufeisen kann sowohl zum Weiterlegen des Schenkels angerichtet werden oder eng angerichtet.

Mona-Lisa-Eisen sind am äußeren und inneren Hufeisenrand gegengleich abgeschrägt, um die Hufbalance zu verbessern.

Diamond-Toe-Hintereisen für Pferde, die mit der inneren Zehe gegen den Vorderhuf einhauen. Durch Abschmieden wird dies verhindert. Um auf weichem Boden eine Symmetrie zu erreichen, wird der äußere Zehenteil ebenso ausgeführt. In der Zehenmitte bleibt ein zentraler kleiner Steg, der ein kräftiges Abfußen erlaubt. Der Vorteil bei diesem Eisen ist, dass die Zehe voll mitbelastet wird.

Mona-Lisa-Eisen

Diamond-Toe-Eisen

Messerförmiges Halbmondeisen
(Hufeisen: Vetmeduni Vienna)

Zehenoffenes Eisen, um den Zehenbereich zu entlasten, z. B. bei Hufrehe

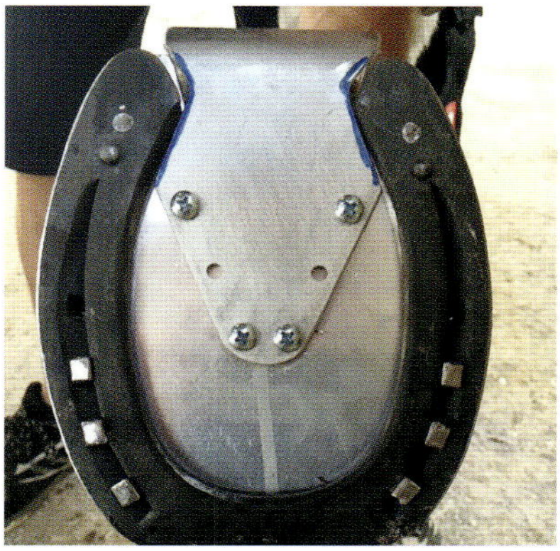

Deckel-Eisen-System, für Verletzungen oder Hufkrebs. Aluplatte mit Gummi Dämpfung

Klassischer Deckel für ein Deckeleisen aus Stahlblech, wird mit kleinen Stollen befestigt

Kasten-Eisen, zur kurzzeitigen Sehnenentlastung

Zehenoffenes Herzeisen, für Zehenentlastung

Zehengewichts-Eisen, für Gangkorrektur

Zehengewichts-Eisen, Traber
(Hufeisen: Vetmeduni Vienna)

Geschlossenes Eisen mit Zehenverlängerung

Zehenschutz-Eisen

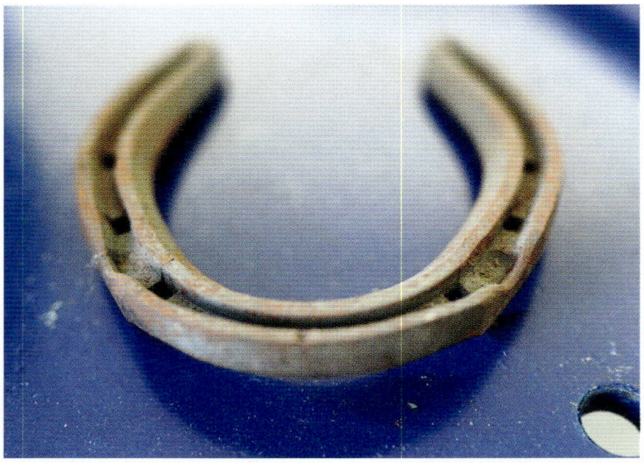

Profil-Eisen, für Traktion auf weichem Boden

Geschlossenes-Eisen mit Trailer, um die Landephase zu beeinflussen

Trailer-Eisen, im Rennsport

Keil-Eisen aus Aluminium, für eine Trachtenerhöhung

Centre Fit-Eisen, für Belastung mehr im Zentrum und gutes Abrollen

Bügel-Eisen mit hohen Stollen, für kurzfristige Sehnenentlastung und um ein überkippen nach vorne zu vermeiden *(Hufeisen: Vetmeduni Vienna)*

Schnabel-Eisen mit hohen Stollen, ähnlich dem Bügel-Eisen *(Hufeisen: Vetmeduni Vienna)*

Lateinische Ausdrücke

Medial	Zur Körpermitte hin – Innenseite der Beine
Lateral	Von der Körpermitte weg – Außenseite der Beine
Proximal	Körpernahe – zum Körper
Distal	Körperfern – Richtung Boden
Dorsal	Fuß/Hand Rückenwärts
Palmar	Handflächenwärts – Hinterer Teil des Vorderbeines
Plantar	Fußflächenwärts – Hinterer Teil des Hinterbeines
Axial	Zur Gliedmaßenachse hin
Abaxial	Von der Gliedmassenachse weg
Valgus	Gliedmassenabweichung, z. B. – x-beinig/kuhhessig
Varus	Gliedmassenabweichung, z. B. – o-beinig/fassbeinig
Caudal	zum Schweif hin – beim stehenden Pferd nach hinten
Cranial	zum Schädel hin – beim stehenden Pferd nach vorne
Laminitis	Hufrehe

Podotrochlose	Hufrollensyndrom
Musculus Interosseus	Fesselträger
Matrix	Huflederhaut
Epidermis	Oberhaut
Ligamentum	Band
Flexor	Beugesehne
M. Flexor digitalis superfisicalis	Oberflächliche Beugesehne
M. Flexor digitalis profundus	Tiefe Beugesehne
M. Extensor digitalis communis	Gemeinsame Strecksehne
Os sesamoideum distale	Strahlbein
Phalanx distalis	Hufbein
Phalanx proximalis	Fesselbein
Phalanx media	Kronbein
Bursa podotrochlearis	Hufrollenschleimbeutel

Das 11. Gebot

DU SOLLST DICH NICHT TÄUSCHEN …

Es gibt nicht immer nur eine Lösung für das Problem eines Pferdes. Ein schöner Beschlag ist nicht immer ein guter Beschlag. Manchmal bin ich überzeugt, ein Pferd schön und gut beschlagen zu haben und es geht trotzdem nicht gut. Oder Werkman Black zeigt es mir bei einer Ganganalyse. Ich habe mich schon oft getäuscht! Deshalb bin ich sehr vorsichtig mit manchen Aussagen. Wenn etwas nicht funktioniert, ist man enttäuscht. Wenn ein Pferd aus meinem Kundenkreis von einem Kollegen beschlagen wird und viel besser läuft, hat er offensichtlich eine bessere Lösung gefunden. Die anfängliche Enttäuschung wird zu Neugier und ich versuche neu zu verstehen und zu lernen. Solche Erfahrungen macht jeder durch und diese bieten gleichzeitig eine Chance.

- Du sollst dich nicht täuschen, wenn das Pferd als schmiedefromm bezeichnet wird.
- Du sollst dich nicht täuschen, wenn du glaubst, eine Frau ist zu schwach als Hufschmied.
- Du sollst dich nicht täuschen, wenn du glaubst, die Jugend von heute ist nichts mehr wert. Das haben sie vor 50 Jahren auch schon gesagt.
- Du sollst dich nicht täuschen, wenn ein Neukunde zahlungskräftig aussieht.
- Du sollst dich nicht täuschen, wenn du glaubst, es kann dir jemand etwas lernen – LERNEN MUSST DU SELBER!

Und Vieles mehr …

„Nimm nicht alles zu persönlich. Glaube an deine Fähigkeiten und dein Wissen und sei tolerant gegenüber deinen Enttäuschungen. Sie sind wichtig für unsere Weiterentwicklung und erweitern unseren Horizont.“

Humor

BURLI IST LAHM

(Ein kleines verrücktes frei erfundenes Märchen)

***Mitwirkende:** Hugo der Hufschmied, Wanda die Tierärztin, die verzweifelte Frieda, Else die Gelse und Burli das Pferd*

Mit quietschenden Reifen bleibt Hugo Hufschmied vor dem Stall stehen. Alle sind bereits versammelt. Die Tierärztin Wanda wandert mit Sorgenfalten um Burli. Frieda ist verzweifelt, denn ihr Burli ist lahm. Alle Social-Media-Gruppen sind informiert und die ersten Diagnosen treffen bereits ein. Hugo Hufschmied mit den markanten runden Dollar-Augen checkt Burlis Hufe. Er findet ebenso wenig wie Wanda, die immer noch wandert. Burli versteht nix. Er ist einfach nur müde vom Turnier und hat Muskelkater. Inzwischen sucht Frieda am Handy nach anderen Tierärzten. Endlich ringt sich Wanda zu einer Hufgelenksentzündung durch und ordnet einen dicken, fetten Spezialbeschlag an. Gerade noch rechtzeitig und die verzweifelte Frieda löscht die Anfrage an den nächsten Tierarzt wieder.

Hugo der Hufschmied findet die Tierärztin Wanda sehr sympathisch und seine Dollar-Augen leuchten. Else, die Gelse, am Weg zur süßen Wanda, zerkugelt sich vor lauter Lachen und kann nur mit Mühe am Touchscreen von Fridas iPhone notlanden. Die sensible Oberfläche schaltet auf Facebook und gibt den entscheidenden Tipp für Frieda frei: Schreib positive Gedanken auf und hänge diese in der Box auf, damit Burli sie lesen kann. Das wird ihn gesund machen.

Burli fragt sich derweil, ob der Hufschmied und die Tierärztin Geschwister sind, denn sie haben die gleichen Augen. Hugo beginnt zu arbeiten und Burli reibt seine Nüstern an ihm, um den furchtbaren Gestank von Mähnenspray und Pferdelotions vom Turnierwochenende irgendwie weg zu bekommen. „Ist der süß!!!", schreit die verzweifelte Frieda verzückt. Niemand weiß genau, wen sie jetzt meint. Sowohl Hugo Hufschmied als auch Burli fühlen sich angesprochen. Auch Wanda, die Tierärztin, strahlt trotz Gelsendippel am Hals und die Situation entspannt sich. Frida schreibt: „Lieber Burli, ich werde dich verwöhnen" und hängt den Zettel über die Tränke in Burlis Box.

Burli wiederum versteht überhaupt nicht, warum er als Strafe für das Turnier mit so schweren Patschen an den Hufen herumlaufen muss. Wanda wandert zum nächsten Notfall. Die Gelse Else hat sich in die süße Tierärztin Wanda verliebt und fährt mit ihr mit. Hugo mit den Dollar-Augen weiß noch nicht, dass er mit einem verspannten Rücken zu Hause ankommen wird, da die Geldbörse in der rechten hinteren Hosentasche sehr dick ist.

Burli freut sich, dass er endlich Ruhe hat, und hofft, dass der Muskelkater morgen besser ist. Frieda schreibt einen letzten Zettel mit: „Ich hab dich lieb Burli" und hängt ihn in seiner Box auf.

Stay hungry stay foolish

(Steve Jobs)

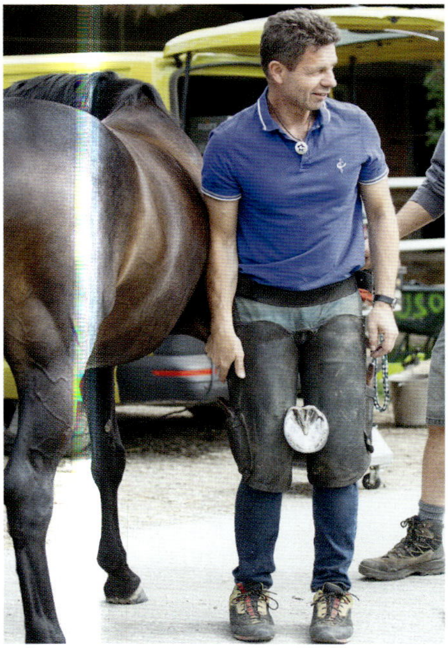

(Foto: Kathrin Werth)

Bleibe hungrig – nach dem Leben. Bleibe ein wenig verrückt – sprenge Grenzen und hab den Mut, Neues zu probieren.

Der schädlichste Satz in jeder Sprache ist: So haben wir das immer schon gemacht. *(Grace Hopper)*

Die Welt entwickelt sich weiter. Bleib neugierig und springe über deinen Schatten. Noch immer ist so Vieles unerforscht und zugleich viel Wissen von früher verloren gegangen. Diese Neugierde gibt dir Energie und Kraft. In unserem Job können wir sie gut gebrauchen :) Lass dich nicht aufhalten, wenn du eine Idee hast. Mach den ersten Schritt, dann hast du schon das schwierigste hinter dir. Gib nie, nie, nie auf! (Winston Churchill) Lass die anderen reden, was sie wollen. Wenn Kollegen oder Kunden über dich reden, hast du schon mehr erreicht, als andere, über die nie gesprochen wird! Akzeptiere, dass es viele Meinungen gibt, nicht nur deine. Wenn deine Meinung bis jetzt falsch war, dann ändere sie. Nur wer Fehler macht, wird besser. Sieh deine Fehler zumindest ab und zu positiv. Nimm an einem Wettbewerb teil. Der Letzte eines Wettbewerbes ist besser, als alle anderen, die gar nicht hinfahren – und das ist eine Menge ... :) Sag deine Meinung, auch wenn du riskierst, einmal blöd dazustehen. Wie gesagt, du kannst sie ja ändern. Buche die nächste Fortbildung. Sie wird dich inspirieren. Lerne von den Pferden und der Natur. Horche auf deinen sechsten Sinn – er weiß mehr als du! Halte deinen Body scharf. Buche einen Urlaub. Wir brauchen auch Abstand, um wieder frei zu werden. Die Dinge aus einer anderen Perspektive zu sehen. Viele gute Ideen entstehen in der Freizeit oder im Urlaub. Verbringe Zeit mit deiner Familie und deinen Freunden. Sie sind das „Red Bull“ und verleihen dir Flügel und Rückhalt. Vergiss auf unsere Umwelt nicht. Wir brauchen sie zum Leben.

Mach ab und zu Blödsinn – du weisst nie, wofür er gut ist ... :)

Hannes

Danke

Danke allen, die mich in meinem bisherigen Berufsleben begleitet haben. Ich habe von jedem gelernt. Danke an die unzähligen Referenten auf den Tagungen und den Veranstaltern und Sponsoren, die es möglich gemacht haben. Euer Einsatz ist verantwortlich für die Weiterentwicklung des Hufbeschlages. Danke allen Lehrlingen, vor allem jenen, die mich mit Fragen gelöchert haben. Danke allen Kollegen und Tierärzten für die Zusammenarbeit. Danke allen Pferdebesitzern für ihr Vertrauen. Danke an die Pferde, sie haben mir so viel gelernt.

Danke Kathrin Mautner für die tollen Fotos, der Vetmeduni Vienna für die Erlaubnis, die Präparate zu fotografieren, Theresia Licka, Christine Hinterhofer für die Röntgenbilder, Alex Kammerhuber, Charlotte von Zadow, Michaela Jungwirth vom Verlag Berger für das Vertrauen und die Unterstützung, meinem super Team und all den vielen anderen, die mich unterstützt haben.

Danke allen, die mich unterstützt haben bei diesem Buch und mir Mut zugesprochen haben. Danke an meine Familie, die es akzeptiert hat, wenn ich unzählige Abende und Wochenenden vor dem Computer verbracht habe!

SCHLUSS

In diesem Buch sind meine Erfahrungen und mein Wissen dargestellt. Für eventuelle fachliche Fehler entschuldige ich mich und bin für Hinweise dankbar. Zu meinen Meinungen stehe ich voll und ganz! Nicht immer habe ich passende Fotos zur Verfügung, da diese fast ausschließlich in den letzten 20 Monaten entstanden sind und nicht jede Art von Erkrankung und Arbeit aufgetreten ist.

Ich habe versucht, ein positives Buch zu schreiben, das den Pferden, unserem Beruf und jedem einzelnen Leser zugutekommt. Damit will ich einen Beitrag zur Aufwertung dieses wunderbaren Handwerks leisten.

Viel Spaß
bei der Arbeit :)

Hufschmiede, von denen ich viel lernen durfte

ÖSTERREICH

Mein Vater

Mein Großvater

Karl Reinschädl

Hans Wallner

ITALIEN

Hans Castelijns

FRANKREICH

Denis Leveillard

DEUTSCHLAND

Dieter Kröhnert

Jenny Hagen

Daniel Anz

Charlotte von Zadow

GROSSBRITANIEN

Grant Moon

Paul Robinson

Jon Atkinon

Billy Crothers

David Varini

Jonathan Nunn

Mark Caldwell

Simon Curtis

SCHWEIZ

Uli Wenger

Simon Alt

Stefan Wehrli

HOLLAND

Joop Wijnen

Rob Renirie

AUSTRALIEN

Christopher Pollit

USA

Scott Lampert

Mike Savoldi

Quellenverzeichnis

Hufbeschlagsskriptum Dr. Christine Hinterhofer

Essential Principles of Horseshoeing, Butler

Shoeing In Your Right Mind, Butler

Werkman Hufcare

Des Hufschmieds Werkzeug, Simon Gotthold Bodner

E-hoof

Serge Falck

Dr. Thomas Wörz, Sportpsychologe

NHL Institut Power Talking und Rhetorik

Grant Moon

Charlotte von Zadow

Simon Curtis

Daniel Anz

Vetmed Wien

David Varini

Jenny Hagen

Monty Roberts, Die Sprache der Pferde